3ds Max 2020 标准实例教程

梁秀娟　胡仁喜　等编著

机械工业出版社

本书由浅入深、循序渐进地介绍了用 3ds Max 2020 制作模型和动画的基础知识。全书共分 14 章，内容涵盖了 3ds Max 2020 简介、对象的基本操作、利用二维图形建模、几何体建模、复合和多边形建模、NURBS 建模、物体的修改、材质的使用、贴图的使用、灯光与摄像机、空间变形和粒子系统、环境效果、动画制作初步以及渲染与输出。本书最大的特色在于图文并茂，大量的图片都做了标示和对比，力求让读者通过有限的篇幅，学习尽可能多的知识。基础部分采用参数讲解与举例应用相结合的方法，使读者在明白参数意义的同时，能最大限度地学会应用。每章后面都附有实战训练，能帮助读者熟练地掌握操作技巧，独立制作出各种美妙的三维模型，获得精彩的动画效果。

　　为了满足广大读者的不同需求，本书每一个命令既有英文名称介绍，也有相应的中文解释。本书适用于初、中级用户，同时也可用作高校相关专业师生和社会培训班的效果图与动画制作培训教材。

图书在版编目（CIP）数据

3ds Max 2020标准实例教程/梁秀娟等编著.—北京：机械工业出版社，2021.8

ISBN 978-7-111-68083-3

Ⅰ.①3⋯　Ⅱ.①梁⋯　Ⅲ.①三维动画软件－教材　Ⅳ.①TP391.414

中国版本图书馆 CIP 数据核字 (2021) 第 078215 号

机械工业出版社（北京市百万庄大街 22 号　邮政编码 100037）
策划编辑：曲彩云　　责任编辑：曲彩云
责任校对：潘　蕊　　责任印制：郜　敏
北京中兴印刷有限公司印刷
2021 年 6 月第 1 版第 1 次印刷
184mm×260mm ・ 20 印张 ・ 495 千字
标准书号：ISBN 978-7-111-68083-3
定价：69.00 元

电话服务　　　　　　　网络服务
客服电话：010-88361066　机 工 官 网：www.cmpbook.com
　　　　　 010-88379833　机 工 官 博：weibo.com/cmp1952
　　　　　 010-68326294　金 书 网：www.golden-book.com
封底无防伪标均为盗版　机工教育服务网：www.cmpedu.com

前　言

随着计算机软件各种性能的提高和游戏、影视、娱乐业的蓬勃发展，计算机图形技术的应用越来越广泛。特别是计算机三维动画设计，在多媒体设计中占据着相当重要的地位。计算机三维动画设计软件一次又一次地将设计者的想象力发挥得淋漓尽致。

3ds Max 2020 是由著名的 Autodesk 公司麾下的 Discreet 子公司开发的应用最广、最成功的动画制作软件之一。它是目前世界上销量最大的三维场景制作及动画渲染软件，被广泛应用于电影特技、影视广告、计算机游戏、教育娱乐、建筑装潢等方面。3ds Max 2020 由于其功能强大、使用方便、界面交互性强而成为专业制作人员及业余爱好者的首选。

本书由浅入深、循序渐进，较全面地介绍了 3ds Max 2020 的相关内容。全书共分 14 章。第 1 章介绍了 3ds Max 2020 的应用领域、新增功能以及软件界面，最后通过一段简单的动画制作讲述了制作动画的一般流程。第 2 章介绍了对象的基本操作。包括对象简介、对象的选择、对象的轴向固定变换、对象的复制以及对象的对齐与缩放。第 3 章～第 7 章带领读者走进建模的天地。其中第 3 章介绍利用二维图形建模的相关知识，包括二维图形的绘制、二维图形的参数区简介、二维图形的编辑以及二维图形转换成三维物体的方法。第 4 章介绍几何体建模的相关知识，内容涵盖标准几何体的创建、扩展基本体的创建、门的创建、窗的创建以及楼梯的创建。第 5 章讲解复合和多边形建模，包括放样生成三维物体、变形放样对象、布尔运算、变形物体与变形动画以及多边形网格建模。第 6 章又带领读者迈入 NURBS 建模的殿堂，包括 NURBS 曲线的创建与修改、NURBS 曲面的创建与修改、NURBS 工具箱的使用以及 NURBS 建模的方法。第 7 章为物体的修改，全面介绍修改器堆栈的使用和常用编辑修改器的应用，极大地开拓了读者的思路。第 8 章介绍材质的使用，包括材质编辑器的简单介绍、标准材质的使用和复合材质的使用。第 9 章是贴图的使用，全面介绍了贴图类型、贴图通道以及 UVW map 修改功能。第 10 章讲解灯光与摄像机的相关知识。包括标准光源的建立、光源的控制、灯光特效以及摄像机的使用。第 11 章介绍空间变形和粒子系统。让读者对用 3ds Max 2020 制作大自然景象有一定的了解，并具备较强的操作技能。第 12 章是环境效果。内容包括环境特效面板的介绍、环境贴图的运用、雾效和体积光的使用、火效果的制作。第 13 章介绍动画制作初步。内容涵盖动画的简单制作、使用功能曲线编辑动画轨迹、使用控制器制作动画。第 14 章讲解渲染与输出的相关知识。包括渲染工具的使用和后期合成。

本书最大的特色在于图文并茂，大量的图片都做了标示和对比，力求让读者通过有限的篇幅，学习尽可能多的知识。基础部分采用参数讲解与举例应用相结合的方法，使读者在明白参数意义的同时，能最大限度地学会应用。每章后面都附有实战训练，能帮助读者熟练地掌握操作技巧，独立制作出各种美妙的三维模型，创作出精彩的动画效果。为了满足广大读者的不同需求，本书每一个命令既有英文名称介绍，也有相应的中文解释。

为了配合各学校师生利用此书进行教学的需要，随书配送了电子资料包，内含全书实例操作过程录屏讲解 MP4 文件和实例源文件。读者可以登录下面百度网盘地址：https://pan.baidu.com/s/1b6TGe09umSODe_1UGO0qoQ 下载，密码：swsw（如果没有百度网盘，需要先注册一个才能下载）。

本书由三维书屋工作室总策划，广东海洋大学的梁秀娟和河北交通职业技术学院的胡仁喜主要编写，其中梁秀娟执笔编写第 1～12 章，胡仁喜执笔编写了第 13、14 章。

尽管我们对书稿进行了多次校审，由于水平所限，难免有不足甚至错误之处，恳请广大读者登录 www.sjzswsw.com 或联系 714491436@qq.com 不吝斧正，也欢迎加入三维书屋图书学习交流群 QQ：512809405 交流探讨。

编　者

目录

前言

第1章 3ds Max 2020 简介 1

1.1 3ds Max 2020 的应用领域 1

    1.1.1 片头广告 1

    1.1.2 影视特效 1

    1.1.3 建筑装潢 2

    1.1.4 游戏开发 2

1.2 3ds Max 2020 的新增功能 3

    1.2.1 更新及增加 OSL 贴图 3

    1.2.2 三色调色彩校正 3

    1.2.3 预览动画渲染加速 3

    1.2.4 全新卡通效果 3

    1.2.5 更多 UV 编辑工具集 4

    1.2.6 云数据导入导出的改进 4

1.3 3ds Max 2020 界面介绍 4

    1.3.1 菜单栏 4

    1.3.2 工具栏 5

    1.3.3 命令面板 8

    1.3.4 窗口 10

    1.3.5 视图导航面板 11

    1.3.6 时间滑块 11

    1.3.7 动画记录控制区 12

1.4 简单三维动画实例 12

    1.4.1 确定情节 12

    1.4.2 制作模型及场景 13

    1.4.3 制作动画 13

    1.4.4 为模型和场景添加材质和贴图 15

1.5 课后习题 17

第2章 对象的基本操作 18

2.1 对象简介 18

    2.1.1 参数化对象 18

    2.1.2 主对象与次对象 19

2.2 对象的选择 20

    2.2.1 使用单击选择 20

    2.2.2 使用区域选择 21

    2.2.3 根据名字选择 22

    2.2.4 根据颜色选择 22

    2.2.5 利用选择过滤器选择 23

2.2.6 建立命名选择集 24

2.2.7 编辑命名选择集 24

2.2.8 选择并组合对象 25

2.3 对象的轴向固定变换 26

2.3.1 3ds Max 2020 中的坐标系 26

2.3.2 沿单一坐标轴移动 26

2.3.3 在特定坐标平面内移动 28

2.3.4 绕单一坐标轴旋转 28

2.3.5 绕坐标平面旋转 29

2.3.6 绕点对象旋转 29

2.3.7 多个对象的变换问题 30

2.4 对象的复制 31

2.4.1 对象的直接复制 31

2.4.2 对象的镜像复制 32

2.4.3 对象的阵列复制 33

2.4.4 对象的空间复制 34

2.4.5 对象的快照复制 35

2.5 对象的对齐与缩放 35

2.5.1 对象的对齐 35

2.5.2 对象的缩放 36

2.6 课后习题 37

第3章 利用二维图形建模 39

3.1 二维图形的绘制 39

3.1.1 【Line】（线）的绘制 39

3.1.2 【Rectangle】（矩形）的绘制 41

3.1.3 【Arc】（弧）的绘制 41

3.1.4 【Circle】（圆）的绘制 41

3.1.5 【Ellipse】（椭圆）的绘制 42

3.1.6 【Donut】（圆环）的绘制 42

3.1.7 【NGon】 (多边形)的绘制 42

3.1.8 【Star】（星形）的绘制 43

3.1.9 【Section】(截面)的创建 43

3.1.10 【Text】（文字）的创建 43

3.1.11 【Helix】（螺旋线）的绘制 43

3.2 二维图形的参数区简介 44

3.2.1 【Name and Color】（名称和颜色）卷展栏 45

3.2.2 【Rendering】（渲染）卷展栏 45

3.2.3 【Interpolation】(插值)卷展栏 45

3.2.4 【Creation Method】（创建方法）卷展栏 46

3.2.5 【Keyboard Entry】（键盘输入）卷展栏 46

3.2.6 【Parameters】（参数）卷展栏 ………………………………………… 46

3.3 二维图形的编辑 …………………………………………………………………… 47

3.3.1 在物体层次编辑曲线 …………………………………………………… 47

3.3.2 在节点层次编辑曲线 …………………………………………………… 48

3.3.3 在线段层次编辑曲线 …………………………………………………… 52

3.3.4 在样条曲线层次编辑曲线 ……………………………………………… 53

3.3.5 二维图形的布尔操作 …………………………………………………… 53

3.4 二维图形转换成三维物体 ………………………………………………………… 55

3.4.1 【Extrude】（挤出）建模 ……………………………………………… 55

3.4.2 【Lathe】（车削）建模 ………………………………………………… 56

3.4.3 【Bevel】(倒角)建模 ………………………………………………… 57

3.4.4 【Bevel pro3DS】（倒角剖面）建模 ………………………………… 58

3.5 实战训练——候车亭 ……………………………………………………………… 60

3.5.1 柱子的制作 ……………………………………………………………… 60

3.5.2 亭顶的制作 ……………………………………………………………… 61

3.5.3 亭壁的制作 ……………………………………………………………… 62

3.5.4 候车亭的合成 …………………………………………………………… 62

3.6 课后习题 …………………………………………………………………………… 63

第4章 几何体建模 …………………………………………………………………………… 64

4.1 标准几何体的创建 ………………………………………………………………… 64

4.1.1 【Box】长方体的创建 ………………………………………………… 64

4.1.2 【Sphere】(球体)的创建 ……………………………………………… 65

4.1.3 【Geosphere】(几何球体)的创建 …………………………………… 67

4.1.4 【Cylinder】（圆柱体）的创建 ……………………………………… 67

4.1.5 【Cone】（圆锥体）的创建 …………………………………………… 68

4.1.6 【Tube】（管状体）的创建 …………………………………………… 69

4.1.7 【Torus】（圆环）的创建 ……………………………………………… 70

4.1.8 【Pyramid】（四棱锥）的创建 ……………………………………… 71

4.1.9 【Plane】（平面）的创建 ……………………………………………… 72

4.1.10 【Teapot】(茶壶)的创建 …………………………………………… 72

4.2 扩展基本体的创建 ………………………………………………………………… 73

4.2.1 【Hedra】（异面体）的创建 ………………………………………… 73

4.2.2 【ChamferBox】（倒角长方体）的创建 …………………………… 74

4.2.3 【ChamferCyl】（切角圆柱体）的创建 …………………………… 75

4.2.4 【Oiltank】(桶状体)的创建 ………………………………………… 76

4.2.5 【Gengon】(倒角棱柱体)的创建 …………………………………… 77

4.2.6 【Spindle】（纺锤体）的创建 ……………………………………… 78

4.2.7 【Capsile】(胶囊体)的创建 ………………………………………… 79

4.2.8 【L-Ext】(L 形延伸体)的创建 ……………………………………… 79

4.2.9 【C-Ext】（C 形延伸体）的创建 …………………………………… 80

4.2.10 【Torus Knot】（环形节）的创建 80

4.2.11 【Ringwave】(环形波)的创建 81

4.2.12 【Hose】（软管）的创建 83

4.2.13 【Prism】 （棱柱）的创建 84

4.3 门的创建 85

4.3.1 【Pivot】(枢轴门)的创建 85

4.3.2 【Sliding】（推拉门）的创建 86

4.3.3 【BiFold】(折叠门)的创建 86

4.4 窗的创建 86

4.4.1 【Awning】(遮篷式窗)的创建 86

4.4.2 【Fixed】(固定窗)的创建 87

4.4.3 【Projected】（伸出式窗）的创建 88

4.4.4 【Sliding】(推拉窗)的创建 88

4.4.5 【Pivoted】（旋开式窗）的创建 89

4.4.6 【Casement】(平式窗)的创建 89

4.5 楼梯的创建 89

4.5.1 【L type Stair】（L 形楼梯）的创建 89

4.5.2 【Straight Stair】（直线楼梯）的创建 91

4.5.3 【U-Type Stair】(U 形楼梯)的创建 91

4.5.4 【Spiral Stair】（螺旋楼梯）的创建 91

4.6 实战训练——沙发 92

4.6.1 沙发底座的制作 92

4.6.2 沙发垫的制作 92

4.6.3 沙发扶手的制作 93

4.6.4 沙发靠背的制作 94

4.7 课后习题 96

第 5 章 复合和多边形建模 97

5.1 放样生成三维物体 97

5.1.1 放样的一个例子 97

5.1.2 创建放样的截面 98

5.1.3 创建放样的路径 99

5.1.4 放样生成物体 99

5.1.5 编辑放样对象的表面特性 100

5.1.6 变截面放样变形 102

5.2 变形放样对象 103

5.2.1 使用【Scale】（缩放）变形工具 103

5.2.2 使用【Twist】（扭曲）变形工具 105

5.2.3 使用【Teeter】（倾斜）变形工具 106

5.2.4 使用【Bevel】（倒角）变形工具 107

5.2.5 使用【Fit】（拟合）变形工具 108

5.3 布尔运算 109
　　5.3.1 布尔运算的概念 109
　　5.3.2 制作运算物体 110
　　5.3.3 布尔并运算 111
　　5.3.4 布尔交运算 112
　　5.3.5 布尔减运算 112
　　5.3.6 剪切运算 113
5.4 变形物体与变形动画 113
　　5.4.1 制作变形物体 114
　　5.4.2 制作变形动画 115
5.5 多边形网格建模 115
　　5.5.1 多边形网格子对象的选择 115
　　5.5.2 多边形网格顶点子对象的编辑 116
5.6 椅子的制作 117
　　5.6.1 挤压椅子靠背 117
　　5.6.2 调整椅子靠背 120
　　5.6.3 椅子腿的挤出与调整 121
　　5.6.4 细化椅子造型 124
　　5.6.5 加入椅子坐垫 124
　　5.6.6 添加材质和贴图 125
5.7 实战训练 125
　　5.7.1 圆桌 125
　　5.7.2 水龙头 127
5.8 课后习题 129
第 6 章 NURBS 建模 130
6.1 NURBS 曲线的创建与修改 130
　　6.1.1 点曲线的创建 130
　　6.1.2 控制点曲线（CV 曲线）的创建 132
　　6.1.3 用样条曲线建立 NURBS 曲线 133
　　6.1.4 点曲线的修改 133
　　6.1.5 控制点曲线的修改 135
6.2 NURBS 曲面的创建与修改 136
　　6.2.1 点曲面的创建 136
　　6.2.2 CV 曲面的创建 137
　　6.2.3 NURBS 曲面的修改 138
6.3 NURBS 工具箱 140
　　6.3.1 建立曲线次物体 140
　　6.3.2 建立曲面次物体 142
6.4 NURBS 建模的方法 144
6.5 实战训练——易拉罐 146

6.6　课后习题 147

第7章　物体的修改 149

7.1　初识修改器面板 149

7.2　修改器堆栈的使用 150

7.2.1　应用编辑修改器 150

7.2.2　开关编辑修改器 151

7.2.3　复制和粘贴修改器 151

7.2.4　重命名编辑修改器 153

7.2.5　删除编辑修改器 153

7.2.6　修改器的范围框 154

7.2.7　塌陷堆栈操作 154

7.2.8　修改器堆栈的其他命令简介 155

7.3　常用编辑修改器的使用 156

7.3.1　【Bend】（弯曲）编辑器的使用 156

7.3.2　Taper（锥化）编辑器的使用 157

7.3.3　【Twist】（扭曲）编辑器的使用 159

7.3.4　【Noise】（噪波）编辑器的使用 160

7.3.5　【Lattice】（晶格）编辑器的使用 161

7.3.6　【Displace】（置换）编辑器的使用 163

7.3.7　【Ripple】（涟漪）编辑器的使用 165

7.3.8　【Mesh Smooth】（网格平滑）编辑器的使用 166

7.3.9　【Edit Mesh】（编辑网格）编辑器的使用 167

7.4　实战训练——山峰旭日 169

7.5　课后习题 170

第8章　材质的使用 171

8.1　材质编辑器简单介绍 171

8.1.1　使用材质编辑器 172

8.1.2　使用样本球 172

8.1.3　使用材质编辑器工具选项 173

8.1.4　应用材质与重命名材质 175

8.2　标准材质的使用 176

8.2.1　【Shader Basic Parameters】（明暗器基本参数）卷展栏 176

8.2.2　【Blinn Basic Parameters】（Blinn 基本参数）卷展栏 177

8.2.3　【Extended Parameters】（扩展参数）卷展栏 178

8.2.4　【Super Sampling】（超级采样）卷展栏 179

8.2.5　【Maps】（贴图）卷展栏 180

8.3　复合材质的使用 181

8.3.1　复合材质的概念及类型 181

8.3.2　创建【Blend】（混合材质） 181

8.3.3　创建【Double-Sided】（双面）材质 184

8.3.4　创建【Multi/Sub-object】（多维/子对象）材质 185

8.3.5　创建【Top/bottom】（顶／底）材质 187

8.3.6　创建【Matte/Shadow】（无光/投影）材质 189

8.3.7　创建【Composite Material】（合成材质）材质 190

8.3.8　创建【Shellac】（虫漆材质）材质 191

8.3.9　创建【Raytrace】（光线跟踪）材质 192

8.4　实战训练——茶几 193

8.4.1　茶几模型的制作 193

8.4.2　茶几材质的制作 194

8.5　课后习题 195

第 9 章　贴图的使用 197

9.1　贴图类型 197

9.1.1　二维贴图 197

9.1.2　三维贴图 200

9.1.3　合成贴图 204

9.1.4　其他贴图 206

9.2　贴图通道 207

9.2.1　【Diffuse Color】（漫反射颜色）贴图通道 207

9.2.2　【Specular Color】（高光颜色）贴图通道 207

9.2.3　【Specular Level】（高光级别）贴图通道 208

9.2.4　【Glossiness】（光泽度）贴图通道 209

9.2.5　【Self-Illumination】（自发光）贴图通道 210

9.2.6　【Opacity】（不透明度）贴图通道 211

9.2.7　【Bump】（凹凸）贴图通道 212

9.2.8　【Reflection】（反射）贴图通道 213

9.2.9　【Refraction】（折射）贴图通道 214

9.3　UVW map 修改功能简介 215

9.3.1　初识【UVW map】（UVW 贴图）修改器 215

9.3.2　贴图方式 216

9.3.3　相关参数调整 220

9.3.4　对齐方式 220

9.4　实战训练——镜框 220

9.5　课后习题 222

第 10 章　灯光与摄像机 224

10.1　标准光源的建立 224

10.1.1　创建【Target Spot】（目标聚光灯） 224

10.1.2　创建【Free Spot】（自由聚光灯） 226

10.1.3　创建【Target Direct】（目标平行光灯） 227

10.1.4　创建【Omni】（泛光灯） 229

10.2　光源的控制 229

　　　10.2.1　常规参数卷展栏 230

　　　10.2.2　强度 / 颜色 / 衰减卷展栏 232

　　　10.2.3　聚光灯参数卷展栏 233

　　　10.2.4　高级效果参数卷展栏 235

　　　10.2.5　阴影参数卷展栏 236

　　　10.2.6　阴影贴图参数卷展栏 237

　　　10.2.7　大气和效果卷展栏 238

　　10.3　灯光特效 238

　　10.4　摄像机的使用 240

　　　10.4.1　摄像机的类型 240

　　　10.4.2　创建摄像机 241

　　　10.4.3　设置摄像机 242

　　　10.4.4　控制摄像机 243

　　　10.4.5　移动摄像机 245

　　10.5　实战训练——吸顶灯 247

　　　10.5.1　顶灯模型的制作 247

　　　10.5.2　顶灯材质的制作 247

　　10.6　课后习题 249

第 11 章　空间变形和粒子系统 250

　　11.1　空间变形 250

　　　11.1.1　初识空间变形 250

　　　11.1.2　【Bomb】（爆炸）变形 252

　　　11.1.3　【Ripple】（涟漪）变形 253

　　11.2　粒子系统 255

　　　11.2.1　初识粒子系统 255

　　　11.2.2　【Spray】（喷射）粒子系统 257

　　11.3　实战训练——海底气泡 259

　　11.4　课后习题 261

第 12 章　环境效果 262

　　12.1　初识环境特效面板 262

　　12.2　环境贴图的运用 263

　　12.3　雾效的使用 265

　　　12.3.1　【Fog】（雾）.......................... 265

　　　12.3.2　【Layered Fog】（分层雾）...... 267

　　　12.3.3　【Volume Fog】（体积雾）...... 268

　　12.4　体积光的使用 270

　　　12.4.1　聚光灯的体积效果 271

　　　12.4.2　泛光灯的体积效果 273

　　　12.4.3　平行光灯的体积效果 274

　　12.5　火效果 276

12.6　实战训练——燃烧的蜡烛 278

12.7　课后习题 280

第13章　动画制作初步 281

13.1　动画的简单制作 281

13.1.1　各按钮的功能说明 281

13.1.2　时间配置对话框 281

13.1.3　制作简单的动画效果 282

13.2　使用功能曲线编辑动画轨迹 284

13.3　使用控制器制作动画 286

13.3.1　线性位置控制器 286

13.3.2　路径限制控制器 287

13.3.3　朝向控制器 288

13.3.4　噪波位置控制器 289

13.3.5　位置列表控制器 290

13.3.6　表达式控制器 292

13.4　实战训练——篮球入篮 294

13.5　课后习题 294

第14章　渲染与输出 296

14.1　渲染工具的使用 296

14.1.1　使用快速渲染工具 296

14.1.2　使用渲染场景工具 298

14.2　后期合成 298

14.2.1　静态图像的合成 298

14.2.2　动态视频合成 300

14.3　课后习题 304

部分习题答案 305

第 1 章　3ds Max 2020 简介

教学目标

初学者通过本章的学习可以对 3ds Max 2020 有一个感性的认识，为以后的学习打下坚实的基础。有过其他版本学习经验的 3ds Max 爱好者可以初步认识 3ds Max 2020 的新功能。

教学重点与难点

➢ 3ds Max 2020 的应用领域
➢ 3ds Max 2020 的新增功能
➢ 3ds Max 2020 的界面
➢ 3ds Max 2020 制作动画的步骤

1.1　3ds Max 2020 的应用领域

1.1.1　片头广告

在市场经济推动下，商业广告、电视片头的需求量剧增。3ds Max 2020 是广告制作者的有力工具。针对广告业的特点，3ds Max2020 开发了特有的文字创建系统和完善的后期工具，令广告制作者几乎不需要其他后期软件就可以制作出漂亮的广告片头来。如图 1-1 和图 1-2 所示为用 3ds Max2020 制作的片头。

图1-1　片头一

图1-2　片头二

1.1.2　影视特效

3ds Max2020 在影视制作中应用相当广泛，它与 Discreet 公司推出的 3ds 影视特效合成软件 combustion2.0 完美结合，从而提供了理想的动画及 3D 合成方案。同时，

1

采用 3ds Max 制作特效并获奖的电影作品也在不断增多。如《角斗士》《碟中碟 2》《星战前传》《黑客帝国》等就是其中的精品。如图 1-3 所示为电影中的特效镜头。

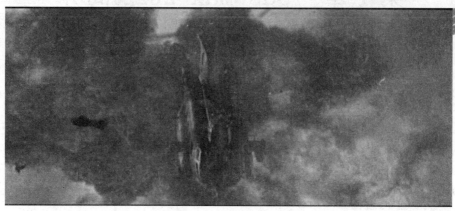

图1-3　特效镜头

📖1.1.3　建筑装潢

3ds Max 2020 在建筑装潢行业中有着相当广泛的应用，它以其强大的建模工具配合快速的渲染功能，尤其在新版本中加入了各种高级的渲染器之后使其能够快速地制作出可与彩照相媲美的效果图作品。而且可以利用 3ds Max 2020 强大的动画制作功能制作建筑景观的环游动画。由于使用 3ds Max 制作效果图相对比较容易上手，所以它吸引了越来越多的建筑、装潢工作者，已成为建筑效果图及环境处理的完整解决方案。如图 1-4 和图 1-5 所示为建筑与装潢效果图。

图1-4　建筑装潢效果图一

图1-5　建筑装潢效果图二

📖1.1.4　游戏开发

3ds Max 2020 强大的动画制作功能，使它受到了游戏开发者的青睐。在 3ds Max 2020 游戏开发领域中，3ds Max 2020 和 character studio 是最佳的开发解决方案。它们可以提供更多的建立和调整角色的方法。3ds Max 2020 还可以使用众多的插件，从而给游戏开发者提供了各种各样的特殊效果及高效工具。如图 1-6 和图 1-7 所示为用 3ds Max 制作的游戏角色。

图1-6　游戏一

图1-7　游戏二

1.2　3ds Max 2020 的新增功能

1.2.1　更新及增加 OSL 贴图

与 3ds Max 2019 版相比，全新的 3ds Max 2020 中文版更新了更多的 OSL 贴图材质，包括一个基本的绿幕键色和颜色校正器。原在 OSL 着色3ds Max 2019 中引入的新功能已得到进一步扩展，可以支持 3ds Max 的 Quicksilver 硬件渲染器。

还增加了 14 个新的 OSL Maps，引入了一系列有趣的新功能。

1.2.2　三色调色彩校正

在 3ds Max 2020 中文版之中更新的新功能三色调色彩校正，能够使用高光、中间色调或阴影来校正输入颜色。

单独的 Color Space 可在不同颜色空间之间转换素材，包括 RGB，HSL 和 YIQ。

1.2.3　预览动画渲染加速

全新 3ds Max 2020 中文版设计的引擎，有助于更快的视窗动画播放和预览动画渲染加速。在引擎下，视窗动画播放性能提高 2 倍，渲染预览动画的速度现在提高了 3 倍。用户还可以在渲染 AVI 文件时选择一系列标准的解码器，包括 MJPEG 和 Microsoft、Intel 和 TechSmith 解码器，并且可以捕获比视窗更大尺寸的动画。

1.2.4　全新卡通效果

新的半色调和卡通阴影效果也是 3ds Max 2020 中文版令人瞩目的新功能之一。插画师可使用新的非写实的着色选项，包括 Toon Width 和 Halftone。Halftone 可产生漂亮的点图案和阴影效果。

1.2.5 更多 UV 编辑工具集

建模和 UV 编辑工具集的更新给 3ds Max 2020 中文版带来了更多的新功能。在建模工具中，斜面修改器已更新，用户可以选择固定斜面宽度，或使用锐化权重按每条边进行加权。斜切现在也可以生成直斜角或倒曲线，并且用"末端偏移"设置控制斜切和未斜切边缘之间的几何体流。

1.2.6 云数据导入导出的改进

在全新的 3ds Max 2020 中文版中改进了 Revit 文件的导入，以及 Alembic 和点云数据的导出。管线改进包括导入 Revit 文件时支持 Revit Camera、Sun 和 Sky，新的 Combine By 选项可以有选择地导入 Revit 材质。还可以在使用其他 Revit 互操作性组件时，从 Revit 2017，2018 和 2019 中导入文件而无需升级。

此外，现在可以以.ply 和.e57 文件格式导出点云数据。

1.3 3ds Max 2020 界面介绍

3ds Max 2020 是运行在 Windows 系统之下的三维动画制作软件，具有一般窗口式的软件特征，即窗口式的操作界面。3ds Max 2020 的主窗口如图 1-8 所示。

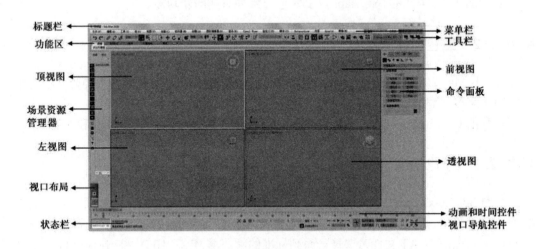

图1-8 3ds Max 2020的主窗口操作界面

1.3.1 菜单栏

3ds Max 2020 采用了标准的下拉菜单。它包括的菜单具体如下：

◇ 【File】(文件)菜单：该菜单包含用于管理文件的命令。

◇ 【Edit】(编辑)菜单：用于选择和编辑对象。主要包括对操作步骤的撤消、临时保存、删除、复制和全选、反选等命令。

◆ 【Tools】(工具)菜单：提供了较为高级的对象变换和管理工具，如镜像、对齐等。

◆ 【Group】(组)菜单：用于对象成组，包括成组、分离、加入等命令。

◆ 【Views】(视图)菜单：包含了对视图工作区的操作命令。

◆ 【Create】(创建)菜单：用于创建二维图形、标准几何体、扩展几何体、灯光等。

◆ 【Modifiers】(修改器)菜单：用于修改造型或接口元素等设置。按照选择编辑、曲线编辑、网格编辑等类别，提供全部内置的修改器。

◆ 【Animation】(动画)菜单：用于设置动画，包含各种动画控制器、IK 设置、创建预览、观看预览等命令。

◆ 【Graph Editors】(图形编辑器)菜单：包含 3ds Max 2020 中以图形的方式形象地展示与操作场景中各元素相关的各种编辑器。

◆ 【Rendering】(渲染)菜单：包含与渲染相关的工具和控制器。

◆ 【Civil View】菜单：要使用 Civil View，必须将其初始化，然后重新启动 3ds Max。

◆ 【Customize】(自定义)菜单：可以自定义改变用户界面，包含与其有关的所有命令。

◆ 【Scripting】(脚本)菜单：MAXScript 是 3ds Max 2020 内置的脚本语言。用该菜单可以进行各种与 Max 对象相关的编程工作，从而提高工作效率。

◆ 【Interactive】菜单：3ds Max 特有的 VR 插件中。

◆ 【Content】(内容)菜单：可以通过此菜单启动 3ds Max 资源库。

◆ 【Arnold】菜单：3ds Max 2020 可以跟 Arnold 渲染器搭配使用，从而创建出更加出色的场景和惊人的视觉效果。

◆ 【Help】(帮助)菜单：为用户提供各种相关的帮助。

📖1.3.2　工具栏

　　默认情况下 3ds Max 2020 只显示主要工具栏。主要工具栏工具图标按钮包括选择类工具图标、操作类工具图标、选择及锁定工具图标、坐标类工具图标、连接关系类工具图标和其他一些诸如帮助、对齐、数组复制等工具图标。当前选中的工具按钮呈蓝底显示。要打开其他的工具栏可以在工具栏上单击右键，在弹出菜单中选择或配置要显示的工具项和标签工具条，如图 1-9 所示。

01 选择类图标

◆ 全部 ▾ 【Selection Filter】（选择过滤器）：用来设置过滤器种类。

◆ 🔲 【Select Object】（选择对象）：单击它以后，在任意一个视图内，鼠标变成一白色十字游标。单击

图1-9　配置菜单

要选择的物体即可选中它。

◆ ▤【Select by Name】（按名称选择）：该图标的功能允许使用者按照场景中对象的名称选择物体。

◆ ▦【Rectangular Selection Region】（矩形选择区域）：单击此图标时按住鼠标左键不动，会弹出 4 个选取方式，矩形选择是其中之一。

◆ ◯【Circular Selection Region】（圆形选择区域）：用它在视图中拉出的选择区域为一个圆。

◆ ▧【Fence Selection Region】（围栏选择区域）：在视图中，用鼠标选定第一点，拉出直线再选定第二点，如此拉出不规则的区域将所要编辑区域全部选中。

◆ ◌【Lassoa Selection Region】（套索选择区域）：在视图中，用鼠标滑过视图，会产生一个轨迹，以这条轨迹为选择区域的选择方法就是套索区域选择。

◆ ▮【Paint Selection Region】（绘制选择区域）:在视图中进行拖拽而出现的区域中物体被选中。

◆ ▣ ▣【Window/Crossing】（窗口/交叉）：可以在窗口和交叉模式之间进行切换。交叉选择是只需要框住任意局部或全部就能选择物体，而窗口选择模式只能框住物体的全部才能选择物体。

◆ 【Edit Named Selection Sets】（编辑命名选择集）ʄ：将工具栏向左拖拽，可以找到此图标。通过选择集对话框进行物体的选择、合并和删除等操作。

02 选择与操作类图标

◆ ✛【Select and Move】（选择并移动）：用它选择了对象后，能对所选对象进行移动操作。

◆ ↻【Select and Rotate】（选择并旋转）：用它选择了对象后，能对所选对象进行旋转操作。

◆ ▦【Select and Uniform Scale】（选择并均匀缩放）：用它选择了对象后，能对所选对象进行缩放操作。它下面还有两个缩放工具，一个是正比例缩放，一个是非比例缩放，按住缩放工具按钮就可以看到这两个缩放的图标。

◆ ◉【Select and Place】（选择并放置）：使用"选择并放置"工具将对象准确地定位到另一个对象的曲面上。此方法大致相当于"自动栅格"选项，但随时可以使用，而不仅限于在创建对象时。

◆ ◉【Select and Rotate】（选择并旋转）：与"选择并放置"的方法类似，这里不再赘述。

◆ ▦【Use Pivot Point Center】（使用轴点中心）：可以围绕其各自的轴点旋转或缩放一个或多个对象。自动关键点处于活动状态时"使用轴点中心"将自动关闭，同时其他选项均处于不可用状态。

◆ ▦【Use Selection Center】（使用选择中心）：可以围绕其共同的几何中心旋转或缩放一个或多个对象。如果变换多个对象，3ds Max Design 会计算所有对象的平均几何中心，并将此几何中心用作变换中心。

◆ ▦【Use Transform Coordinate Center】（使用变换坐标中心）：可以围绕当前坐标系的中心旋转或缩放一个或多个对象。当使用"拾取"功能将其他对象指定为坐标系时（请参见指定参考坐标系），坐标中心是该对象轴的位置。

03 连接关系类图标

◆ 【Select and Link】（选择并链接）：将两个物体连接成父子关系，第一个被选择的物体是第二个物体的子体，这种连接关系是 3d studio max 中的动画基础。

◆ 【Unlink Selection】（断开当前选择链接）：单击此按钮时，上述的父子关系将不复存在。

◆ 【Bind to Space Warp】（绑定到空间扭曲）：将空间扭曲结合到指定对象上，使物体产生空间扭曲和空间扭曲动画。

04 复制、视图工具图标

◆ 【Mirror Selected Objects】（镜像）：第一个工具按钮是对当前选择的物体进行镜像操作。

◆ 【Align】（对齐）：第二个工具按钮用于对齐当前的对象，其下还有五种对齐方式，可应用于不同的情况。

◆ 【Quick Align】（快速对齐）：使用"快速对齐"可将当前选择的位置与目标对象的位置立即对齐。

◆ 【Normal Align】（法线对齐）：使用"法线对齐"对话框基于每个对象上面或选择的法线方向将两个对象对齐。

◆ 【Place Highlight】（放置高光）：使用"对齐"弹出按钮上的"放置高光"，可将灯光或对象对齐到另一对象，以便可以精确定位其高光或反射。

◆ 【Align Camera】（对齐摄像机）：使用"对齐"弹出按钮中的"对齐摄影机"，可以将摄影机与选定的面法线对齐。

◆ 【Align to View】（对齐到视图）：使用"对齐"弹出按钮中的"对齐到视图"可用于显示"对齐到视图"对话框,可以将对象或子对象选择的局部轴与当前视口对齐。

◆ 【Toggle Scene Explorer】（切换场景资源管理器）：按下此按钮，打开"场景资源管理器"对话框。"场景资源管理器"提供了一个无模式对话框,可用于查看、排序、过滤和选择对象，还提供了其他功能，可用于重命名、删除、隐藏和冻结对象，创建和修改对象层次，以及编辑对象属性。

◆ 【Toggle Layer Explorer】（切换层资源管理器）：按下此按钮，打开"层资源管理器"对话框。"层资源管理器"是一种显示层及其关联对象和属性的"场景资源管理器"模式。可以使用它来创建、删除和嵌套层，以及在层之间移动对象。还可以查看和编辑场景中所有层的设置，以及与其相关联的对象。

◆ 【Toggle Ribbon】（切换功能区）：第二个按钮打开层级视图以显示关联物体的父子关系。

◆ 【Curve Editer】（曲线编辑器）：第一个按钮打开轨迹窗口。

◆ 【Schematic View】（图解视图）：是基于节点的场景图，通过它可以访问对象属性、材质、控制器、修改器、层次和不可见场景关系，如连线参数和实例。

❖ 【Material Editer】（材质编辑器）：打开材质编辑器，快捷键为 M。

05 捕捉类工具图标

❖ 【Snap Toggle】（捕捉开关）：单击打开/关闭三维捕捉模式开关。

❖ 【Angle Snap Toggle】（角度捕捉切换）：单击打开/关闭角度捕捉模式开关。

❖ 【Percent snap Toggle】（百分比捕捉切换）：单击打开/关闭百分比捕捉模式开关。

❖ 【Spinner Snap Toggle】（微调器捕捉切换）：单击打开/关闭旋转器锁定开关。

06 其他工具图标

❖ 【Render Setup】（渲染设置）：使用"渲染"可以基于 3D 场景创建 2D 图像或动画。从而可以使用所设置的灯光、所应用的材质及环境设置（如背景和大气）为场景的几何体着色。

❖ 【Rendereed Frame Window】（渲染帧窗口）："渲染帧窗口"会显示渲染输出。

❖ 【Render Production】（渲染产品）：可以通过"渲染产品"命令，使用当前产品级渲染设置渲染场景，而无需打开"渲染设置"对话框。

❖ 【Render in the Cloud】（在线渲染）：A360 渲染使用云资源,用云渲染可以把渲染的步骤放到云上，不占用电脑 CPU，并且渲染速度快，作图效率可大大提高。

1.3.3 命令面板

在 3ds Max 2020 主窗口操作界面的右侧是 3ds Max 2020 的命令面板区域，可以通过控制按钮 ✚（创建）、 （修改）、 （层次）、 （运动）、 （显示）、 （实用程序）等在不同的命令面板中进行切换。

命令面板是一种可以卷起或展开的板状结构，上面布满当前操作各种相关参数的各种设定。当选择某个控制按钮后，便弹出相应的命令面板，上面有一些标有功能名称的横条状卷页框，左侧带有"＋"或"－"号。"＋"号表示此卷页框控制的命令已经关闭，相反，"－"号表示此卷页框控制的命令是展开的。如图 1-10～图 1-13 所示为各控制面板的截图。

> 技巧：鼠标在命令面板某些区域呈现手形图标，此时可以按住鼠标左键上下移动命令面板到相应的位置，以选择相应的命令按钮、编辑参数以及各种设定等。

01 【Create】（创建）命令面板

下面分别介绍其中的子面板。Create 面板如图 1-10 所示。

❖ 【Geometry】（几何体）：Geometry 按钮可以生成标准几何体、扩展基本体、合成物体、粒子系统、网格面片、NURBS 曲面、动力学物体等。

♦ 【Shapes】（图形）：Shapes 按钮可以生成二维图形，并沿某个路径放样生成三维造型。

♦ 【Lights】（灯光）：包括泛光灯、聚光灯等，模拟现实生活中各种灯光造型。

♦ 【Cameras】（摄像机）：生成目标摄像机或自由摄像机。

♦ 【Helpers】（辅助对象）：生成一系列起到辅助制作功能的特殊对象。

♦ 【Space Warps】（空间扭曲）：生成空间扭曲以模拟风、引力等特殊效果。

♦ 【Systems】（系统）：具有特殊功能的组合工具，生成日光、骨骼等系统。

02 【Modify】（修改）命令面板

如果要修改对象的参数，就需要进入修改命令面板，在面板中可以对物体应用各种修改器，每次应用的修改器都会记录下来，保存在修改器堆栈中。修改命令面板一般由四部分组成，如图 1-11 所示。

♦ 名字和颜色区：名字和颜色区显示了修改对象的名字和颜色。

♦ 修改命令区：可以选择相应的修改器。单击【Configure Modifier Sets】（修改器配置） ，通过它来配置有个性的修改器面板。

♦ 堆栈区：在这里记录了对物体每次进行的修改，以便随时对以前的修改作出更正。

♦ 参数区：显示了当前堆栈区中被选对象的参数，随物体和修改器的不同而不同。

03 【Hierarchy】（层次）命令面板

这个命令面板方便地提供了对物体连接控制的功能，如图 1-12 所示。通过它可以生成 IK 链，可以创建物体间的父子关系，多个物体的链接可以形成非常复杂的层次树。提供了正向运动和反向运动双向控制的功能。层级命令面板包括三部分：

♦ 【Pivot】（轴）：3ds Max 中的所有物体都只有一个轴心点，轴心点的作用主要是作为变动修改中心的默认位置。当为物体施加一个变动修改时，进入它的 Center（中心）次物体级，在默认的情况下轴心点将成为变动的中心；作为缩放和旋转变换的中心点可以以此为中心进行缩放和旋转变换；作为父物体与其子物体链接的中心，子物体将针对此中心进行变换操作；作为反向链接运动的链接坐标中心，可以进行反向链接操作。

♦ 【IK】（反向运动）：是根据反向运动学的原理，对复合链接的物体进行运动控制。我们知道，当移动父对象的时候，它的子对象也会随之运动，而当移动子对象的时候，如果父对象不跟着运动，称为正向运动，否则称为反向运动。简单地说，IK 反向运动就是当移动子对象的时候，父对象也跟着一起运动。使用 IK 可以快速准确地完成复杂的复合动画。

♦ 【Link Info】（链接信息）：链接信息是用来控制物体在移动、旋转、缩放时，在三个坐标轴上的锁定和继承情况。

04 【Motion】（运动）命令面板

通过运动命令面板可以控制被选择物体的运动轨迹，还可以为它指定各种动画控制器，同时对各关键点的信息进行编辑操作，如图 1-13 所示。运动命令面板包括两部分：

图1-10 创建面板 　　图1-11 修改面板 　　图1-12 层次命令面板 　　图1-13 运动命令面板

◇ 【Parameters】（参数）：在参数面板内可以为物体指定各种动画控制器，还可以建立或删除动画的关键点。

◇ 【Motion Paths】（运动路径）：进入轨迹控制面板，可以在视图中显示物体的运动轨迹，在轨迹曲线上白点代表过渡帧的位置点，白色方框点代表关键点。可以通过变换工具对关键点进行移动、缩放、旋转以改变物体运动轨迹的形态，还可以将其他的曲线替换为运动轨迹。

📖1.3.4　窗口

在 3ds Max 2020 主窗口中的 4 个视图是三维空间内同一物体在不同视角的一种反映。3ds Max 2020 系统本身默认视图设置为 4 个。

◇ 【Top】（顶）视图：即从物体上方往下观察的空间，默认布置在视图区的左上角。在这个空间里没有深度的概念，只能编辑对象的上表面，在顶视图里移动物体，只能在 XZ 平面内移动，不能在 Y 方向移动。

◇ 【Front】（前）视图：即从物体正前方看过去的空间，默认布置在视图区的右上角。在这个视图中没有宽的概念，物体只能在 XY 平面内移动。

◇ 【Left】（左）视图：从物体左面看过去的空间，默认布置在视图区左下角。在这个空间没有宽的概念，物体只能在 XZ 平面内移动。

◇ 【Perspective】（透）视图：通常所讲的三视图就是上面的三个。在一个三维空间里，操作一个三维物体比二维物体要复杂得多，于是设计出三视图。在三视图的任何一个中，对对象的操作都与二维空间中相同。而【Perspective】（透）视图充分体现不出了 3D 软件的特点。

说明：观察一栋楼房，总是感到离观察者远的地方要比离得近的地方矮一些，而实际上是一样高，
这就是透视效果。

透视是一个视力正常的人看到空间物体的比例关系。因为有了透视效果，才会有空间上的深度和广度感觉。Perspective（透）视图加上前面的三个视图，就构成了计算机模拟三维空间的基本内容。默认的 4 个视图不是固定不变的，可以通过快捷键来进行切换。快捷键与视图对应关系如下：

T=Top（顶）视图；B=Bottom（底）视图；L=Left（左）视图；R=Right（右）视图；

F=Front（前）视图；K=Back（后）视图；C=Camera（摄像机）视图；

U=User（用户）视图；P=Perspective（透）视图。

1.3.5　视图导航面板

视图导航面板上的各按钮用于控制视图中显示图像的大小状态。熟练地运用这些按钮，可以大大提高工作效率。

- ❖ 【Zoom】（缩放）按钮 🔍：单击此按钮，在任意视图中按住鼠标左键不放，上下拖动鼠标，可以拉近或推远场景。
- ❖ 【Zoom All】（缩放所有视图）按钮 ：和【Zoom】用法相同，但它只能影响所有可见的视图。
- ❖ 【Zoom Extents】（最大化显示选定对象）按钮 ：单击此按钮，当前视图以最大方式显示。
- ❖ 【Zoom Extents All Selected】（所有视图最大化显示选定对象）按钮 ：单击此按钮，在所有视图中，被选择的物体均以最大方式显示。
- ❖ 【Zoom Region】（缩放区域）按钮 ：单击此按钮，用鼠标在想放大的区域拉出一个矩形框，矩形框内的所有物体组成的整体以最大方式在本视图中显示，不影响其他视图。
- ❖ 【Pan View】（平移视图）按钮 ：单击此按钮，在任意视图拖动鼠标，可以移动视图观察窗。
- ❖ 【Orbit Subobject】（环绕子对象）按钮 ：单击此按钮，视图中出现一个黄圈，可以在圈内、圈外或圈上的 4 个顶点上拖动鼠标以改变物体在视图中的角度。在透视图以外的视图应用此命令，视图自动切换为用户视图。如果想恢复原来的视图，可以用快捷键来实现。
- ❖ 【Min/Max Toggle】（最小化/最大化视口切换）按钮 ：单击此按钮，当前视图最小或全屏显示。再次单击，可恢复为原来状态。

1.3.6　时间滑块

时间滑块主要用在动画制作中。可以在每一帧设置不同的物体状态，按照时间的先后顺序播放，这是动画的基本原理。时间滑块就是我们需要调整某一帧的状态时的工具，如图 1-14 所示。

图1-14 时间滑块

📖1.3.6 信息提示栏

信息提示栏给出了目前操作的状态。其中 X、Y、Z 文本框分别表示当前游标在当前窗口中的具体坐标位置，读者可通过移动游标查看文本框的变化。提示区给出了目前操作工具的扩展描述及使用方法。如当用户选中"选择并移动"按钮➕时，提示区就会出现提示信息栏【Click and drag to select and scale】（单击并拖动以选择并移动对象），如图1-15 所示。

图1-15 信息提示栏

📖1.3.7 动画记录控制区

❖ 【Auto Key】（自动关键点）自动关键点：单击开始制作动画，再次单击退出动画制作。

❖ 【Go to Start】（转至开头）⏮：退到第 0 帧动画帧。

❖ 【Previous Frame】（上一帧）◀⏸：回到前一动画帧。

❖ 【Play Animation】（播放动画）▶：在当前视图窗口播放制作的动画。

❖ 【Next Frame】（下一帧）⏸▶：前进到后一动画帧。

❖ 【Go to End】（转至结尾）⏭：回到最后的动画帧。

❖ 【Key Mode Toggle】（关键点模式切换）◀▶：单击此图表，仅对动画关键帧进行操作。

❖ （时间控制器）0：输入数值后，进至相应的动画帧。

❖ 【Time Configuration】（时间配置）⏱：单击图标，可以在对话框中设置动画模式和总帧数。

1.4 简单三维动画实例

下面用一个弹跳小球的动画制作来介绍动画制作的全过程。

📖1.4.1 确定情节

该动画的情节是在风景优美的原野上有一条狭长的木质轨道。从远处飞过来一个布质小球，正好打在木质轨道上，弹了两下之后，向木板的另一端滚去。

1.4.2　制作模型及场景

❶单击菜单栏中的文件|【Reset】（重置）命令，重新设置系统。按快捷键 G，关闭栅格。

❷在 Top（顶）视图单击鼠标，激活视图。单击【Create】（创建）面板|【Geometry】（几何体）|【Box】（长方体），在【Top】（顶）视图拉出一个长方体，作为小球运动的轨道。

❸在【Front】（前）视图的空白处单击鼠标右键，激活视图。单击【Create】（创建）面板|【Geometry】（几何体）|【Sphere】（球体），在轨道的左上方建立一个球体。

❹单击【Select and Move】（选择并移动）按钮✛，选中球体，将球体移到合适位置。单击右下方的视图调整工具【Zoom Extents All Selected】（所有视图最大化显示选定对象）按钮，如图 1-16 所示。

❺模型及场景制作完毕。

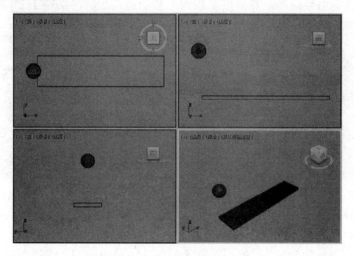

图1-16　小球模型及轨道

1.4.3　制作动画

❶ 激活【Front】（前）视图，单击右下方的视图调整工具【Maximize Viewport Toggle】（最大化视口切换）按钮，或者按快捷键 Alt+W，将【Front】（前）视图最大化。

❷单击【Auto Key】（自动关键点）按钮开始制作动画。

❸单击选中小球，将时间划块移动到第 10 帧。选取移动按钮✛，将小球沿 X 轴向右、沿 Y 轴向下移动适当距离，使其刚好与轨道接触。如图 1-17 所示。

❹将时间滑块拖动到第 12 帧，按住【Select and Uniform Scale】（选择并均匀缩放）按钮不放，在弹出的下拉菜单中选择【Select and Non Uniform Scale】（选择并非均匀缩放）按钮，将鼠标移动到 Y 轴上，当 Y 轴变成黄色而 X 轴依然为红色时，单击左键并拖动鼠标，沿 Y 轴方向压缩小球，如图 1-18 所示。

❺可以看到，非等比压缩后，小球和轨道之间产生了一些距离，这不是我们想看到的。选取【Select and Move】（选择并移动）✛，沿 Y 轴向下移动小球，使小球与轨道

接触，如图 1-19 所示。

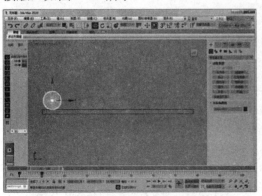 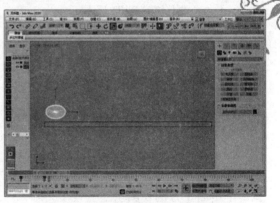

图1-17　第一次移动小球后前视图　　　　图1-18　第一次压缩小球后前视图

❻将时间划块移动到第 30 帧。选取【Select and Move】（选择并移动）➕，将小球向右沿 X 轴移动适当距离，然后沿 Y 轴向上移动适当距离，如图 1-20 所示。

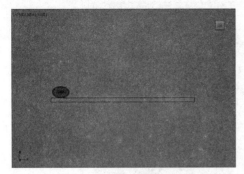 

图1-19　压缩后移至与平板接触　　　　　图1-20　第二次移动后的位置

❼选取【Select and Uniform Scale】（选择并均匀缩放）按钮，沿 Y 轴将压扁的小球复原，如图 1-21 所示。

❽将时间划块移动到第 50 帧。选取【Select and Move】（选择并移动）➕，将小球向右沿 X 轴移动适当距离，然后沿 Y 轴向下移动适当距离，如图 1-22 所示。

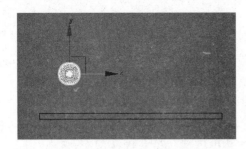 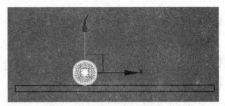

图1-21　将压扁的小球复原　　　　　　图1-22　移动后的小球

❾将时间划块移动到第 52 帧，选取【Select and Non- uniform Scale】（选择并均匀缩放）按钮，沿 Y 轴将小球压扁，如图 1-23 所示。

❿按照第 5 步操作，将小球移动到与轨道接触，如图 1-24 所示。

⓫按照第❻步～第❽步的操作，给小球在 70 帧～90 帧之间添加同第 10 帧～50 帧之间一样的动画，最后结果如图 1-25、图 1-26 所示。

图1-23　压缩后的小球

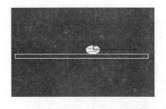

图1-24　压缩后移动至与板面相接

图1-25　弹起后的小球

图1-26　落地后的小球

⑫将时间划块移动到第 100 帧。用移动工具将小球移至轨道的末端，并在【Select and Rotate】（选择并旋转）按钮 C 上单击右键，此时弹出对话框，如图 1-27 所示。在图标位置输入 90，然后按回车键，结果如图 1-28 所示。

图1-27　旋转对话框

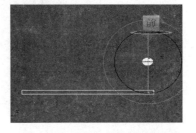

图1-28　最后一帧的小球位置

⑬单击【Auto Key】（自动关键点）按钮，结束动画制作。此时，可以单击【Play Animation】（播放动画）按钮 ▶，在【Perspective】（透）视图观看制作完成的动画。

📖 1.4.4　为模型和场景添加材质和贴图

❶选中小球，单击【Material Editor】（材质编辑器）按钮 ▦，打开材质编辑器，如图 1-29 所示。选择第一个材质球，单击【Blinn Basic Parameters】（Blinn 基本参数）卷展栏下【Diffuse】（漫反射）旁边的小灰块。在弹出的对话框中双击选择【Bitmap】（位图）贴图方式。从弹出的对话框中选择一副布料图片（网盘中的贴图/ PAT0127. tga 文件），点【OK】（确定）按钮，可以看到材质球发生了变化。

❷单击【Assign Material to Selection】（将材质指定给选定对象）按钮 ⬆▪，即把材质赋给了小球。单击【Show Map in Viewport】（在视口中显示明暗处理材质）按钮 ▣，观看【Perspective】（透视图），可见小球被贴上了纤维样的图片，如图 1-30 所示。

❸采用同样方法，给轨道贴上木板材质，如图 1-31 所示。

❹单击菜单栏中的【Rendring】（渲染）/【Enviroment】（环境），打开环境贴图面

板，单击如图 1-32 所示的按钮选择一幅背景图片。

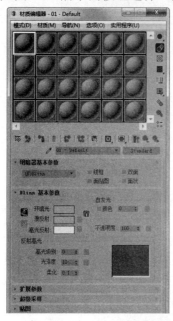

图1-29　材质编辑器

图1-30　赋了材质和贴图的小球

图1-31　贴了图的小球和轨道

❺场景中的模型贴图完毕。渲染透视图，可以看到效果图，如图 1-33 所示。

图1-32　环境贴图框

图1-33　环境贴图后的渲染效果

1.5 课后习题

1．填空题

（1）3ds Max 2020 的应用领域主要包括_____、_____、_____和_____。

（2）在影视制作中，3ds Max 2020 常与_____软件结合使用。

（3）在 3D 游戏开发领域中，3ds Max 2020 和_____是最佳的开发解决方案。

2．问答题

（1）3ds Max 2020 工作界面有哪些方面的改进？

（2）3ds Max 2020 在渲染方面有哪些新功能？

（3）3ds Max 2020 默认有几个视图，各代表什么含义？

（4）制作动画的步骤一般包括哪些步骤？

3．操作题

（1）运行 3ds Max 2020 ，观察并熟悉用户界面。

（2）建立一个简单的三维物体，观察四个视图中的形状。

（3）仿照 1.4 节中的方法，制作一段简单动画。

第 2 章　对象的基本操作

教学目标

在利用 3ds Max 2020 进行建模、动画设计的过程中，我们必须掌握一定的技巧，但是这些技巧是建立在很好地掌握基本概念、基本变换的基础之上的。所以只有抓住核心概念，熟练掌握基本操作、基本变换，并能举一反三，才不会迷失在技巧的海洋里。本章着重介绍三维设计中对象的概念、对象的选择、对象的基本空间变换以及对象的复制等基础知识。可以说，这些知识都是学好 3ds Max 必须具备的，初学者对此应予以足够的重视。

教学重点与难点

- ➢ 对象的概念
- ➢ 对象的空间变换技巧
- ➢ 对象的几种复制方式

2.1　对象简介

3ds Max 是开放的、面向对象的设计软件，从编程的角度讲，不仅创建的三维场景属于对象，灯光镜头属于对象，材质编辑器属于对象，甚至贴图和外部插件也属于对象。对象分为两类：

- ✧ 场景中创建的几何体、灯光、镜头及虚拟物体。为了方便学习，我们将视图中创建的称为场景对象。
- ✧ 菜单栏、下拉框、材质编辑器、编辑修改器、动画控制器和贴图等，称为特定对象。

2.1.1　参数化对象

3ds Max 2020 提供了强大的精细定义或修改对象的参数功能，可以准确地确定对象的各种属性。参数化的对象极大地加强了 3ds Max 的建模、修改和动画能力。当用户在视图中建立一个对象的时候，系统自动生成与之相关的参数。当修改这些参数时，视图中的对象也会发生变化。

下面举例说明。

❶单击【Create】（创建）命令面板，按下【Geometry】（几何体）按钮，在【Object Type】（对象类型）卷展栏里选择【Cylinder】（圆柱体）。

❷在【Perspective】（透视图）中按住鼠标左键并拖动，拉出圆柱体的底面，松开

鼠标，向上或向下移动鼠标至合适位置，再次单击鼠标左键，完成圆柱体的创建，结果如图 2-1 所示。

❸系统已经为刚刚创建好的盒子生成了各种参数，如图 2-2 所示。

❹调整这些参数，发现视图中的圆柱也发生了相应的变化。初学者可边调节边观察圆柱在透视图中的形状，从而熟悉各参数的作用。需要注意的是，有些参数在小范围内对对象的影响不大，读者可大胆调节，观察变化。

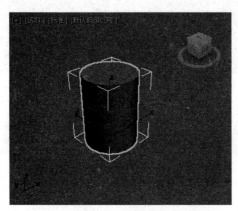 

图2-1　透视图中的对象　　　　图2-2　系统为对象生成的参数

2.1.2　主对象与次对象

- ❖　主对象：指用【Create】（创建）命令面板的各种功能创建的带有参数的原始对象。
- ❖　主对象的类型：二维形体、放样路径、三维造型、运动轨迹、灯光、摄像机等。
- ❖　次对象：指主对象中可以被选定并且可操作的组件。
- ❖　常见的次对象：组成形体的点、线、面和运动轨迹中的关键点。
- ❖　其他类型的次对象：有网格或片面对象的节点、边和面，放样对象的路径及型，布尔运算和变形的目标，【NURBS】对象的控制点、控制节点、导入点、曲线、表面等。

> 说明：所有的次对象都能通过【Modify】（修改）命令面板的【Sub-Object】（次物体对象）选项进行操作。

下面通过例子来展现主对象与次对象：

❶单击【Create】（创建）命令面板，按下【Geometry】（几何体）按钮，在【Object Type】（对象类型）卷展栏里选择【Sphere】（球体）。

❷在【Perspective】（透视图）中按住鼠标左键并拖动，创建一个球体，结果如图 2-3 所示。视图中的球体即为主对象。

❸选中球体，点击【Modify】（修改）命令面板，在【Modifier List】（修改器列表）中单击【Edit mesh】（编辑网格）选项，在参数区【Selection】（选择）下选择【Polygon】（多边形）选项，按住 Shift 键选择几个四方形面片，如图 2-4 所示。这些面片即为球的次对象。

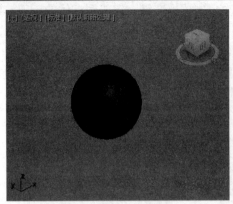
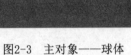
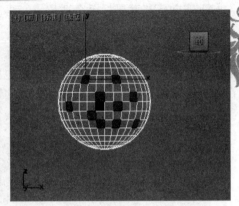

图2-3　主对象——球体　　　　　　　图2-4　次对象——面片

2.2　对象的选择

2.2.1　使用单击选择

在 3ds Max 的选择方法中，通过单击鼠标来选择对象是最常用、最简单的方法。采用这种方法的前提是，已经在工具栏中按下了选取工具，包括【Select Object】（选择对象）按钮、【Select and Move】（选择并移动）按钮，【Select and Rotate】（选择并旋转）按钮等。对象是否被选中，要看视图中对象的状态。初学者应仔细观察。下面举例介绍。

❶ 单击【Create】（创建）命令面板，按下【Geometry】（几何体）按钮，在【Object Type】（对象类型）卷展栏里选择【Teapot】（茶壶）。

❷在【Perspective】（透视图）中按住鼠标左键并拖动，创建一个茶壶。在空白处单击左键，结果如图 2-5 所示（注意光标的形状为箭头形）。

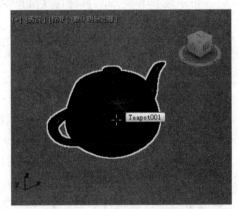

图2-5　空白处的光标　　　　　　　　图2-6　茶壶上的光标

❸在工具面板上选择【Select Object】（选择对象）按钮，移动鼠标在茶壶上，此时鼠标变成一个白色的十字形，同时出现茶壶的名字 Teapot001，如图 2-6 所

示。单击鼠标左键，即可选中物体。此时物体外侧显示蓝色轮廓，表明物体已经被选中，如图 2-7 所示。

图2-7 处于选中状态的茶壶

2.2.2 使用区域选择

在建模过程中，我们常常需要选择某一区域内的多个对象，这时可以使用区域选择。下面举例介绍。

❶单击【Create】（创建）命令面板，按下【Geometry】（几何体）按钮，在【Object Type】（对象类型）卷展栏下任意选择几个物体。在透视图中创建几个物体。

❷在工具面板上选择【Rectangular Selection Region】（矩形选择区域），在透视图中拉出一个矩形框，使要选择的对象都在矩形框内，或者和框相交，如图 2-8 所示。

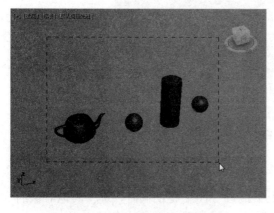

图2-8 用鼠标拖出的白色虚线框图

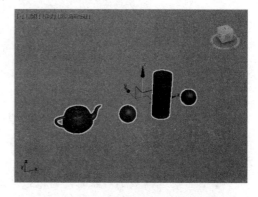

图2-9 被白色虚线框包围的物体被选中

❸释放鼠标，则该区域内的所有对象都被选中。被选中的物体外侧显示蓝色轮廓，如图 2-9 所示。

❹按住工具栏中的 按钮不放，在其下弹出的其他区域形状的选择按钮（包括圆形区域选择按钮、自由多边形区域选择按钮以及套索区域选择按钮）中任意选取一个按钮，区域选择时即按照相应的形状进行。

❺按住工具栏中的 按钮不放：以鼠标单击的点为圆心，可以拖出一个圆形区域。在该区域内的物体会被选中。

❻按住工具栏中的 按钮：以鼠标单击的点为起点，定义第一条边，可以任意拖动以定义更多的边，最后双击或者在起点单击以封闭该多边形区域。在该区域内的对象将被选中。

❼按住工具栏中的 按钮：此工具类似画图软件中的套索工具，以鼠标单击的点为起点，可以拖出一个闭合的不规则区域，在此区域内的对象将被选中。

建议读者多尝试，变换区域选择按钮，体会其功能。

2.2.3　根据名字选择

在建模过程中，如果场景比较复杂，对象比较多，往往要按一定的规则为对象命名。默认情况下，系统会为我们创建的对象自动命名，如【Cylinder】（圆柱体）01。这样，在选择对象的时候就可以根据名称选择。这一方法特别适合大场景的制作。下面举例介绍。

❶ 还以 2.2.2 小节中的对象为例。场景中有一个茶壶、两个球体、一个圆柱共 4 个对象。系统自动为它们赋予的名字分别为【Teapot】（茶壶）01、【Sphere】（球体）01、【Sphere】（球体）02 和【Cylinder】（圆柱体）01。

❷在工具面板上选择【Select by Name】（按名称选择）按钮 ，此时屏幕弹出对话框，如图 2-10 所示。

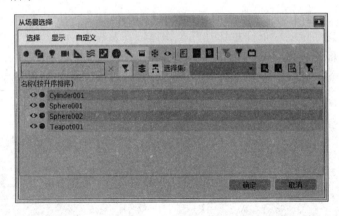

图2-10　名字选择对话框

❸在列表框上方的文本框中输入需要选择对象的名称进行选择。或者在名称列表中单击所要选择的对象名称，再选择【Select Object】（选择对象）按钮 ，对象即被选中。也可以双击直接选择。

❹当需要选择多个对象时，可以按住 Ctrl 或者 Shift 键的同时，选择其他对象的名称。

❺当对象较多时，可以使用右侧的控制列表来分类显示对象的名称。

2.2.4　根据颜色选择

3ds Max 2020 还提供了按照颜色选择对象的方法。该方法常用来选择一组颜色相同的对象，这就要求在创建对象时要合理分组设置对象的颜色。下面举例介绍。

❶ 还以 2.2.2 小节中的对象为例。场景中有一个茶壶、两个球体、一个圆柱共 4 个对象。

❷ 选中茶壶和圆柱，单击右边面板上【Name and Color】（名字和颜色）栏中的色块，并在打开的颜色对话框中为两者赋予相同的颜色，结果如图 2-11 所示。

❸ 选择菜单栏上的【Edit】（编辑）按钮，在下拉菜单里选择【Select By】（选择方式），然后在其子菜单里选择【Color】（颜色）命令。将鼠标移到场景中的茶壶上，此时，鼠标指针形状变化为 。

❹ 在茶壶上单击鼠标左键，则与茶壶颜色相同的对象均被选中，如图 2-12 所示。

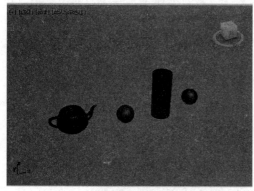

图2-11 为茶壶和圆柱赋予相同颜色

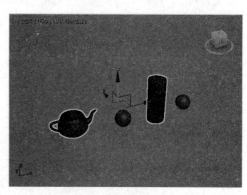

图2-12 两者均被选中

2.2.5 利用选择过滤器选择

利用下拉菜单选择，可以过滤掉所要选择的对象类型之外的对象。下面举例介绍。

❶ 还以 2.2.2 小节中的对象为例。为了能利用下拉菜单选择，在场景中加入一个圆形和椭圆形。

❷ 选取工具栏上【Selection Filter】（选择过滤器） S-图形 ，在下拉列表中选择【Shapes】命令。

❸ 在工具栏上选择 Select Object（选择对象）按钮 ，在透视图中拉出一个矩形框，如图 2-13 所示，将视图中所有的二维图形都囊括在内，如图 2-14 所示。

图2-13 区域选择框中的对象

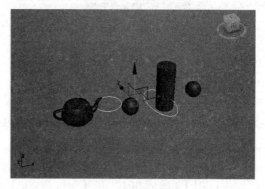

图2-14 选择对象的结果

2.2.6 建立命名选择集

在建模的过程中，经常需要重复选择相同的对象，这时可以利用 3ds Max 提供的选择集。先将某几个对象定义为一个选择集，每次通过选择此选择集就可以选择这几个特定的对象了。下面举例介绍。

❶以 2.2.5 节中的对象为例。选中视图中的两个球体。

❷在工具栏中【Named Selection Sets】（命名的选择集）栏中输入"球体"作为该选择集的名称，然后按回车键确定。至此，选择集创建完毕。

❸点击工具栏中【Named Selection Sets】（命名的选择集）栏旁边的小三角，在下拉列表中可以看见刚才创建的选择集"球体"。

❹如果要选择两个球体，只需点击选择集中的"球体"即可选中，如图 2-15 所示。

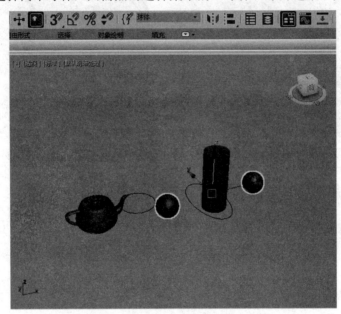

图2-15　通过建立选择集选择对象

2.2.7 编辑命名选择集

创建好选择集后，有时需要对选择集进行某些调整，这就要用到编辑选择集命令。下面举例介绍。

❶使用 2.2.6 小节的例子来讲解。

❷选择菜单栏上的【Edit】（编辑）按钮，在下拉菜单里选择【Select by】（选择方式）下的【Name】（名称）选项，此时屏幕弹出【Edit Named Selections】（从场景选择）对话框，如图 2-16 所示。

❸表中列出了目前已有的选择集，本例中有一个"球体"选择集。选择集里有【Sphere001】（球体 001）和【Sphere002】（球体 002）两个成员。

❹可以通过最上面栏中的相关按钮对目前选择集进行编辑。读者可以多命名几个选

择集，然后练习各按钮的功能。

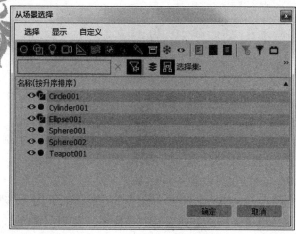

图2-16　编辑选择集对话框

2.2.8　选择并组合对象

组是一个比较有用的命令。它可以把我们创建好的不同物体捆绑在一起，进行统一的操作。例如，我们创建好沙发各组件后，可以利用组命令将沙发组件捆为一体，从而避免在移动或者进行其他操作的时候丢失组件。下面举例介绍组合对象的方法。

❶ 使用 2.2.6 小节的例子来讲解。这次将圆柱和两个球捆成一组。

❷ 利用区域选择，选中圆柱和两个球。

❸ 选择【Group】（组）菜单下的【Group】（组）命令，此时弹出组对话框，如图 2-17 所示。

❹ 系统默认的组名为【Group001】（组 001），在对话框内输入组的名字"球柱"，然后点击【OK】（确定）按钮，这样就把刚才选中的对象绑在了一起。利用移动工具移动，可以看到三个对象同时移动。如图 2-18 所示（注意：选中的对象只有一个而不是三个白色边框了）。选择时只要在任何一个成员物体上点击，即可选中组。

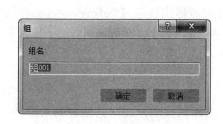

图2-17　组对话框

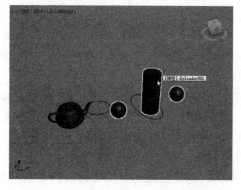

图2-18　成组后的对象

❺ 如果要拆分组，只需先选中组，再点击【Group】（组）菜单下的【Ungroup】（炸开）命令即可。

2.3 对象的轴向固定变换

2.3.1 3ds Max 2020 中的坐标系

对于场景中的对象而言，要进行空间变换，首先要考虑的问题就是坐标系。因为不同坐标系将直接影响到坐标轴的方位，从而影响空间变换的效果。

下面简单介绍 3ds Max 2020 中的各坐标系：

◇ 【View】（视图）：3ds Max 2020 中最常用的坐标系，也是系统默认状态的坐标系。在正交视图中使用【Screen】（屏幕）坐标系，在类似【Perspective】（透）视图这样的非正交视窗中使用【World】（世界）坐标系。

◇ 【Screen】（屏幕）：当不同的视窗被激活时，坐标系的轴发生变化，这样坐标系的 XY 平面始终平行于视窗，而 Z 轴指向屏幕内。

◇ 【World】（世界）：不管激活哪个视窗，XYZ 轴固定不变，XY 平面总是平行于顶视图，Z 轴则垂直于顶视图向上。在 3ds Max 2020 中，各视窗的坐标系就是【World】（世界）坐标系。

◇ 【Parent】（父对象）：使用选定对象的父对象的局部坐标轴。如果对象不是一个被链接的子对象，那么【Parent】（父对象）坐标系的效果与【World】（世界）坐标系一样

◇ 【Local】（局部）：使用选定对象的局部坐标轴。如果不只一个对象被选中，那么每一个对象都围绕自己的坐标轴变换。

◇ Gimbal(万向)：坐标系与 Euler XYZ 旋转控制器一同使用。它与局部坐标系类似，但其三个旋转轴相互之间不一定垂直。

◇ 【Grid】（栅格）：使用激活栅格的坐标系。当默认主栅格被激活时，【Grid】（栅格）坐标系的效果同【View】（视图）一样。

◇ Working(工作)：使用工作轴坐标系。可以随时使用坐标系，无论工作轴处于活动状态与否。使用工作轴启用时，即为默认的坐标系。

◇ 【Pick】（拾取）：选择场景中的对象作为坐标系，使用该对象的局部坐标轴。选择，然后单击场景中的一个对象，该对象名称出现在【Reference Coordinate System】（参考坐标系）显示框中，并显示在【Pick】（拾取）下面的下拉列表中。

2.3.2 沿单一坐标轴移动

在精细建模过程中。往往需要将对象沿某一坐标轴移动，而在其他方向无位移，这时我们可以使用 3ds Max 提供的轴向约束工具，如图 2-19 所示。需要说明的是，如果工具栏中没有轴向约束图标，可以在工具栏的空白处单击鼠标右键，此时弹出悬浮菜单，如图 2-20 所示。选择其中的命令即可出现在工具栏中。下面举例介绍物体的轴向移动。

❶在视图中创建一个长方体，作为沿轴向移动的对象，如图 2-21 所示。

图2-19　轴向约束图标　　　　图2-20　工具栏中图标的设置

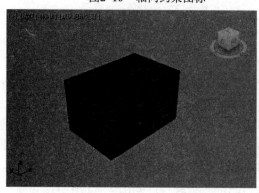

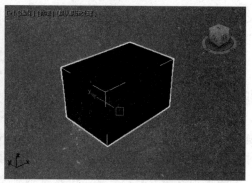

图2-21　未选轴向约束时的物体及坐标轴　　　图2-22　选定轴向约束时的物体及坐标轴

❷打开坐标系列表，选择【World】（世界）坐标系。此时所有视窗中的坐标轴都调整方向。

❸选择创建好的长方体，单击工具栏中的【Transform Gizmo Y Constraint】（变换 Gizmo Y 轴约束）按钮，然后选取【Select and Move】（选择并移动）按钮。此时，各视图中的 Y 轴线变成黄颜色，表明约束至 Y 轴生效，如图 2-22 所示。

❹在顶视图中移动对象，可以看到对象只能上下移动，即被约束至 Y 轴。

❺在前视图中移动对象，可以看到对象不能被移动。

❻在左视图中移动对象，可以看到对象只能左右移动，即被约束至 Y 轴。

❼在透视图中移动对象，可以看到对象只能前后移动，即被约束至 Y 轴。

注意：在沿单一轴移动的过程中，可以不用选择轴向移动按钮，只需将鼠标移到所要约束的坐标轴上，坐标轴变成黄色，即表明移动被约束至该轴。事实上，即使选择了轴向约束按钮，在移动的过程中，如果将鼠标放在了其他坐标轴上，移动的轴向也会随着发生改变。这一点初学者应特别注意。

2.3.3 在特定坐标平面内移动

❶还以上面的长方体作为移动的对象。

❷打开坐标系列表，选择【World】（世界）坐标系。此时所有视窗中的坐标轴都可以调整方向。

❸选择创建好的长方体，单击工具栏中的【Transform Gizmo Y Z Plane Constraint】（变换 Gizmo YZ 平面约束）按钮，然后选取【Select and Move】（选择并移动）按钮。此时，各视图中的 YZ 轴线变成黄颜色，表明约束至 YZ 轴生效。

❹在顶视图中移动对象，可以看到对象只能上下（Y 轴）移动，即移动被约束至 YZ 平面生效。

❺在前视图中移动对象，可以看到对象只能上下（Z 轴）移动，即移动被约束至 YZ 平面生效。

❻在左视图中移动对象，可以看到对象可以上下左右(YZ 平面)移动。

❼在透视图中移动对象，可以看到对象只能上下前后移动，而不能左右移动，表明对象被约束至 YZ 平面。

2.3.4 绕单一坐标轴旋转

❶还以上面的长方体作为旋转的对象。

❷打开坐标系列表，选择【World】（世界）坐标系。此时所有视窗中的坐标轴都可以调整方向。

❸选择创建好的长方体，单击工具栏中的【Transform Gizmo X Constraint】（变换 Gizmo X 轴约束）按钮，然后选取【Select and Rotate】（选择并旋转）按钮。此时，各视图中的 X 轴线变成黄颜色，表明约束至 X 轴生效。

❹在顶视图中旋转对象，可以看到对象只能绕 X 轴旋转，如图 2-23 所示。

❺在前视图中旋转对象，可以看到对象只能绕 X 轴旋转。

❻在左视图中旋转对象，可以看到对象只能绕 X 轴旋转，如图 2-24 所示。

❼在透视图中旋转对象，可以看到对象只能绕 X 轴旋转，表明对象旋转被约束至 X 轴。

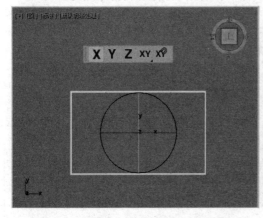 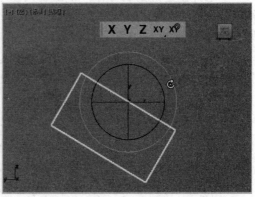

图2-23　顶视图中绕X轴旋转坐标轴的变化　　　图2-24　左视图中绕X轴旋转坐标平面的变化

2.3.5 绕坐标平面旋转

❶还以上面的长方体作为旋转的对象。

❷打开坐标系列表，选择【World】（世界）坐标系。此时所有视窗中的坐标轴都可以调整方向。

❸选择创建好的长方体，单击工具栏中的【Transform Gizmo XY Plane Constraint】（变换 Gizmo XY 平面约束）按钮，然后选取【Select and Rotate】（选择并旋转）按钮。此时，各视图中的 XY 轴线变成黄颜色，表明约束至 XY 轴生效。

❹在顶视图中旋转对象，可以看到对象能同时绕 X 轴和 Y 轴旋转。

❺在前视图中旋转对象，可以看到对象只能绕 X 轴旋转。

❻在左视图中旋转对象，可以看到对象只能绕 Y 轴旋转。

❼在透视图中旋转对象，可以看到对象只能绕 X 轴和 Y 轴旋转，表明对象旋转被约束至 XY 平面。

2.3.6 绕点对象旋转

在使用 3ds Max 进行创作的过程中，有时希望以场景中的某一点为中心旋转物体。这就要用到点对象。点对象是一种辅助对象，它不可以被渲染。下面举例介绍如何利用点对象旋转物体。

❶单击【Create】（创建）命令面板，按下【Geometry】（几何体）按钮，在【Object Type】（对象类型）卷展栏下选择【Sphere】（球体），在视图中创建一个球体。

❷单击【Create】（创建）命令面板，按下【Helpers】（辅助对象）按钮，在【Object Type】（对象类型）卷展栏下选择【Point】（点），在视图中适当位置创建一个点对象，如图 2-25 所示。

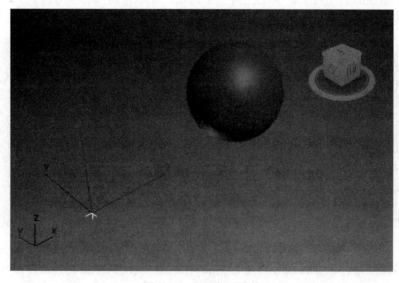

图2-25　点对象及球体

❸打开坐标系列表，选择【Pick】（拾取）坐标系。移动鼠标选择刚创建的点对象，此时坐标系下拉列表中出现【Point01】（点 01）字样，说明已经将点对象【Point01】（点 01）设置成了坐标中心。

❹选择创建好的球体，单击工具栏中的【Select and Rotate】（选择并旋转）按钮 ↻，选择工具栏上的【Transform Gizmo Y Constraint】（变换 Gizmo Y 轴约束）按钮，在各视图中旋转球体，可以看到球体只能沿着点对象的 Y 轴旋转。

❺选择工具栏上的【Transform Gizmo XY Constraint】（变换 Gizmo XY 轴约束）按钮，在各视图中旋转球体，可以看到：在顶视图中，只能沿着点对象的 X 轴旋转；在前视图中，可以沿着点对象的 X 轴和 Y 轴旋转；在左视图中，只能沿着点对象的 Y 轴旋转；在透视图中，可以沿着点对象的 X 轴和 Y 轴旋转。

2.3.7　多个对象的变换问题

01 以各对象的轴心点为中心

❶单击【Create】（创建）命令面板，按下【Geometry】（几何体）按钮，展开【Object Type】（对象类型）卷展栏，在场景中分别创建一个茶壶、一个长方体和一个圆柱体，如图 2-26 所示。

❷选中创建的三个对象。单击工具栏上的【Use Pivot Point Center】（使用轴点中心）按钮，然后选择工具栏中的【Select and Rotate】（选择并旋转）按钮 ↻。

❸在透视图中将鼠标移到 Z 轴使之变成黄颜色，拖动鼠标旋转物体，发现各对象均以自己的轴心点为中心旋转，如图 2-27 所示。

02 以选择集的中心为中心

❶为了对比方便，还是利用前面创建好的茶壶、长方体及圆柱，如图 2-28 所示。

❷选中创建的三个对象。单击工具栏上的【Use Selection Center】（使用选择中心）按钮，然后选择工具栏中的【Select and Rotate】（选择并旋转）按钮。

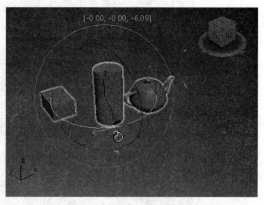

图2-26　场景中的多个对象　　　　图2-27　以各物体中心为中心旋转

❸在透视图中将鼠标移到 Z 轴使之变成黄颜色，拖动鼠标旋转物体，发现各对象均以选择集的中心为中心旋转，如图 2-28 所示。

03 以当前坐标系原点为中心

❶为了对比方便，还是利用前面创建好的茶壶、长方体及圆柱，如图 2-29 所示。

❷选中创建的三个对象。单击工具栏上的【Use Transform Coordinate Center】（使用变换坐标中心）按钮，然后选择工具栏中的【Select and Rotate】（选择并旋转）按钮。

❸在透视图中将鼠标移到 Z 轴使之变成黄颜色，拖动鼠标旋转物体，发现各对象均以坐标系原点为中心旋转，如图 2-29 所示。

 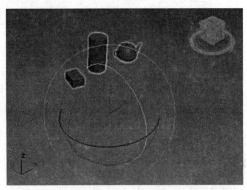

图2-28 以选择集中心为中心旋转　　　　　图2-29 以坐标系原点为中心旋转

2.4 对象的复制

在大规模的建模过程中，经常需要创建同样的对象。这个时候最方便的办法就是使用复制功能。3ds Max 提供了多种复制功能，下面分别介绍。

2.4.1 对象的直接复制

最常用的复制方式，就是用利用键盘和空间变换工具进行，下面举例介绍。

❶单击【Create】（创建）命令面板，按下【Geometry】（几何体）按钮，展开【Object Type】（对象类型）卷展栏，在场景中创建一个球体，如图 2-30 所示。

❷选中创建的球体。单击工具栏上的【Select and Move】(选择并移动)按钮，按住 Shift 键的同时，移动球体。

❸屏幕弹出对话框，如图 2-31 所示。在【Number of Copies】（副本数）框内输入 2，然后单击【OK】（确定）按钮，就复制出两个球体，结果如图 2-32 所示。

从复制对话框可以看出，复制物体时有三种选择，即：【Copy】（复制）、【Instance】（实例）、【Reference】（参考），如图 2-33 所示。他们的区别在于：

❖ 【Copy】（复制）：复制出来的对象是独立的，复制品与原来的对象没什么关系。如果对源物体施加编辑器修改，复制品不会受到影响。本例采用的就是此项命令。

❖ 【Instance】（实例）：复制出来的对象不独立，复制品及源物体受到任何一个成员物体的影响。如果对其中之一施加编辑器修改，其他物体会作相应的变化。此命令常用于多个地方使用同一对象的场合。

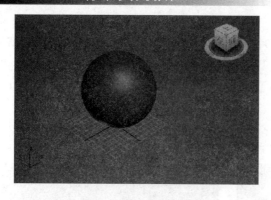

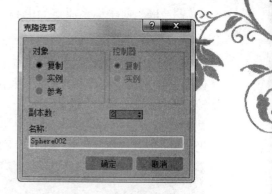

图2-30　场景中建立的对象　　　　　　　　　　图2-31　复制对话框

◇ 　【Reference】（参考）：相当于上面两种复制命令的结合。使用此项命令可以使多个对象使用同一个根参数和根编辑器。而每个复制出来的对象保持独立编辑的能力。也就是说，如果对源物体施加编辑器修改时，参考复制品会受到影响；而对参考复制品进行的操作，不会影响到源物体。

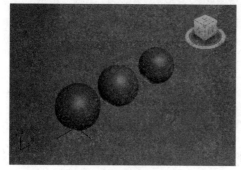

图2-32　复制后的透视图　　　　　　　　　图2-33　关联复制与参考复制对比

2.4.2　对象的镜像复制

镜像复制是模拟现实中的镜子效果，把实物对应的虚像复制出来。下面举例介绍。

❶单击【Create】（创建)命令面板,按下【Geometry】（几何体)按钮●,展开【Object Type】（对象类型）卷展栏，在场景中创建一个茶壶。

❷选中茶壶，单击主工具栏上的【Mirror】（镜像）按钮，屏幕弹出镜像对话框，如图 2-34 所示。

❸在【Mirror Axis】（镜像轴）区域选择镜像轴为【X】轴，选择复制方式为【Copy】（复制），此时场景中已经可以看到镜像复制的效果，调节【Offset】（偏移）的值可以调节两个茶壶对象之间的距离，如图 2-35 所示。

【Mirror】对话框的几个参数解析。

◇ 　【Mirror Axis】（镜像轴）：用于选择镜像的轴或者平面，默认是 X 轴。

◇ 　【Offset】（偏移）：用于设定镜像对象偏移原始对象轴心点的距离。

◇ 　【Clone Selection】（克隆当前选择）：用于控制对象是否复制、以何种方式复制。默认选项是【No Clone】（不克隆），即只翻转对象而不复制对象。

◇ 　Mirror IK Limits（镜像 IK 限制）：当围绕一个轴镜像几何体时，会导致镜像

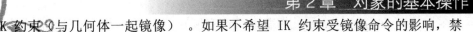

IK 约束（与几何体一起镜像）。如果不希望 IK 约束受镜像命令的影响，禁用此命令。

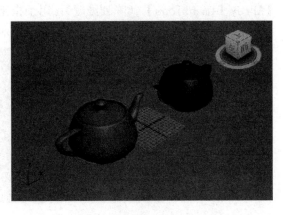

图2-34 镜像对话框　　　　　　　图2-35 镜像的源物体与复制品

说明：使用移动和旋转工具也能达到镜像复制的效果，但是使用镜像工具按钮更为方便。

2.4.3 对象的阵列复制

Array（阵列）命令可以同时复制多个相同的对象，并且使得这些复制对象在空间上按照一定的顺序和形式排列。下面举例说明。

❶单击【Create】（创建）命令面板，按下【Geometry】（几何体）按钮 ，展开【Object Type】（对象类型）卷展栏，在场景中创建一个球体。

❷选择球体，单击菜单栏上的【Tools】（工具）菜单，在下拉菜单中选择【Array】（阵列）命令。屏幕弹出阵列对话框，如图 2-36 所示。

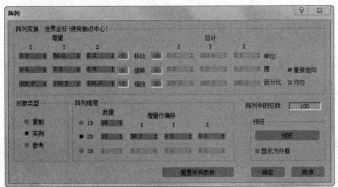

图2-36 阵列对话框

❸在阵列对话框中的【Array Dimensions】（阵列维度）区域选定【2D】，并在【2D Count】（二维数目）和【1D Count】（一维数目）中输入 10，然后在【Incremental Row Offset】（增量行偏移）中设置【X】为 50，在【Incremental】（实例）中设置【Y】值为 50，单击【OK】（确定）创建 10×10 的二维阵列，如图 2-37 所示。

相关参数简介：

- ❖ 【Array Transformation】（阵列变换）：用于控制利用哪种变换方式来形成阵列，通常多种变换方式和变换轴可以同时作用。
- ❖ 【Type of Object】（对象类型）：用于设置复制对象的类型，和 Clone 对话框类似。
- ❖ 【Array Dimensions】（阵列维度）：用于指定阵列的维数。
- ❖ 【Total in Array】（阵列中的总数）：用于控制复制对象的总数，默认为 10 个。

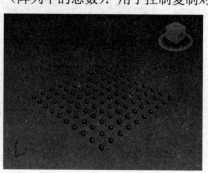

图2-37　阵列后的透视图

📖2.4.4　对象的空间复制

很多时候需要让对象沿着某一条路径分布。这时，单纯的阵列命令就不能满足需求。3ds Max 提供了【Spacing Tools】（空间工具），可以满足我们的要求。下面举例介绍。

❶单击【Create】（创建）命令面板，按下【Geometry】（几何体）按钮●，展开【Object Type】（对象类型）卷展栏，在场景中创建一个球体。

❷单击【Create】（创建）命令面板，按下【Shapes】（图形）按钮，展开【Object Type】（对象类型）卷展栏，在场景中创建一个椭圆。

❸选择球体，单击菜单栏上的【Tools】（工具）菜单下【Align】（对齐）下拉菜单中的【Spacing Tools】（间隔工具）命令。屏幕弹出空间工具对话框，如图 2-38 所示。

❹单击对话框中的【Pick Path】（拾取路径）按钮，然后在视图中选择椭圆形，此时，【Pick Path】（拾取路径）按钮上的文字变成椭圆的名字。

❺设置【Count】（计数）为 15，选择【Context】（前后关系）为【Center】（中心）排列方式。这是在透视图中看到设置参数后的效果。单击【Apply】（应用）按钮，然后点击【Cancel】（取消）按钮结束空间排列，如图 2-39 所示。

图2-38　空间工具对话框

图2-39　应用空间工具后的透视图

📖 2.4.5 对象的快照复制

快照复制是针对已有的动画而言的,可以从动画中截取相应的图片。就好像用照相机的快照功能在动态的世界中获取若干图片一样。下面举例介绍。

❶单击【Create】(创建)命令面板,按下【Geometry】(几何体)按钮 ●,展开【Object Type】(对象类型)卷展栏,在场景中创建一个圆柱体。

❷单击【Play Animation】(播放动画)按钮 ▶,此时按钮变成红颜色。

❸将时间滑块移动到第 100 帧,然后在顶视图中将圆柱体沿 X 轴移动一段距离。

❹再次单击【Play Animation】(播放动画)按钮 ▶,关闭动画制作。

❺选中圆柱体,单击菜单栏上的【Tools】(工具)菜单,在下拉菜单中选择【Snapshot】(快照)命令。屏幕弹出快照命令对话框,按照图 2-40 所示设置参数。

❻在透视图中观察用快照复制出来的对象,如图 2-41 所示。

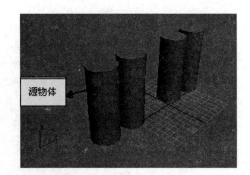

图2-40　快照对话框　　　　　　　图2-41　用快照复制出的对象

2.5　对象的对齐与缩放

📖 2.5.1 对象的对齐

在建模的过程中,经常会碰到一些对相对位置要求比较严格的场合。如各种组件组合成物体。这种情况下用 3ds Max 提供的对齐工具是明智的选择。3ds Max 中的对齐工具共有 6 个,分别是对齐、快速对齐、法线对齐、放置高光、对齐摄像机、对齐到视图。其中第一个工具最为常用,这里举例介绍。

❶ 单击【Create】(创建)命令面板,按下【Geometry】(几何体)按钮 ●,展开【Object Type】(对象类型)卷展栏,在场景中创建一个长方体和一个圆柱体,如图 2-42 所示。

❷选中圆柱体,单击工具栏上的【Align】(对齐)按钮 ■,然后将鼠标移动到圆柱体上,光标变成十字形状时单击鼠标左键,此时弹出对齐对话框,按照图 2-43 所示设置参数。然后单击【OK】(确定)按钮完成对齐操作。

❸在透视图中观察对齐后相对位置的变化，如图2-44所示。

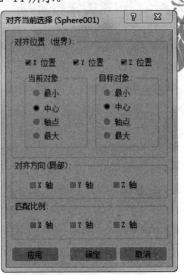

图2-43　对齐对话框

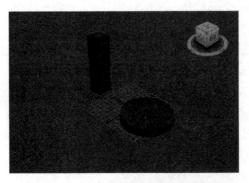

图2-42　对象的起始相对位置

图2-44　对齐后的相对位置

对齐对话框的参数简介：

◇　【Align Position】（对齐位置）：用来选择在哪个轴向上对齐，可以选择 XYZ 中的一个或多个，本节例子中选了三个轴向对齐。

◇　【Minimum】（最小）：使用对象负的边缘点来作为对齐点。

◇　【Maximum】（最大）：使用对象正的边缘点来作为对齐点。

◇　【Center】（中心）：使用对象的中心作为对齐点。

◇　【Pivot Point】（轴点）：使用对象的枢轴点作为对齐点。

◇　【Align Orientation(local)】　对齐方向（局部）：将当前对象的局部坐标轴方向改变为目标对象的局部坐标轴方向。

◇　【Match Scale】（匹配比例）：如果目标对象被缩放了，那么选择轴向可使被选定对象沿局部坐标轴缩放到与目标对象相同的百分比。

2.5.2　对象的缩放

缩放功能用来改变被选中模型各个坐标的比例大小。缩放功能分为三种，即【Select and Uniform Scale】（选择并均匀缩放）功能、【Select and Non-uniform Scale】（选

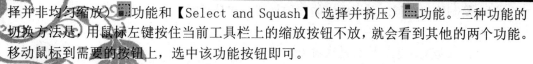

择并非均匀缩放）功能和【Select and Squash】（选择并挤压）功能。三种功能的切换方法是：用鼠标左键按住当前工具栏上的缩放按钮不放，就会看到其他的两个功能。移动鼠标到需要的按钮上，选中该功能按钮即可。

现在建立一个茶壶，并通过对其的操作来体会缩放功能的用途。

❶单击【Create】（创建）命令面板，按下【Geometry】（几何体）按钮，展开【Object Type】（对象类型）卷展栏，在场景中创建一个球体，并复制三个相同的球。

❷选中第二个球体，单击【Select and Uniform Scale】（选择并均匀缩放）按钮，把鼠标移到模型上。这时鼠标指针变成了。按住鼠标左键，上下移动鼠标，这时模型的大小就会随着鼠标的移动而改变。可以看到，该缩放功能是用来对模型进行均匀缩放的工具，如图2-45所示。

❸选中第三个球体，切换到【Select and Non-uniform Scale】（选择并非均匀缩放）按钮，把鼠标移到模型上。这时鼠标指针变成了。按住鼠标左键，沿 Y 轴放大物体。可以看到，Y 轴方向上的比例改变了，而 X、Z 轴方向比例不变，如图2-45所示。

❹选中第四个球体，切换到【Select and Squash】（选择并挤压）按钮，把鼠标移到模型上。这时鼠标指针变成了。按住鼠标左键沿 Y 轴放大物体。可以看到，Y 轴比例变大了，而其他两个轴向比例缩小了，总体积保持不变，如图2-45所示。

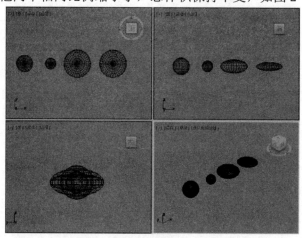

图2-45　采用不同缩放方式下的球体

注意：【Select and Non-uniform Scale】（选择并非均匀缩放）只改变被选中坐标轴的比例，对另外两个坐标轴没有影响；而【Select and Squash】（选择并挤压）由于有压缩的效果，在对一个坐标轴进行操作时，其他两个坐标轴会跟着进行相应的变化。

2.6　课后习题

1．填空题

（1）主对象的类型包括：二维形体、＿＿＿＿＿、运动轨迹、＿＿＿＿＿、摄像机等。

（2）常见的次对象包括：组成形体的点、＿＿＿＿＿、面和运动轨迹中的＿＿＿＿＿。

（3）使用名字选择对象的时候，首先要知道对象的＿＿＿＿＿。

（4）复制物体时弹出对话框中的三种复制方式是复制、_____和参考。

2．问答题

（1）什么是主对象？什么是次对象？

（2）如何将对象组合在一起？

（3）沿轴向移动物体时需要注意什么？

（4）对象的缩放功能分哪三种？

3．操作题

（1）建立几个简单的三维物体，练习各种选择操作。

（2）建立一个球体，练习沿各个轴向移动的操作。

（3）建立一个茶壶，练习各种复制的操作。

（4）建立一个长方体和一个球体，练习对齐操作。

第3章　利用二维图形建模

教学目标

本章主要讲述如何运用系统提供的图形建立工具以创作出常用的二维图形；如何对已有的二维图形进行修改；如何利用绘制的二维图形和简单的命令生成三维物体。其中二维图形的绘制与编辑是基础，需要较大的耐心。相关命令的运用是二维建模的重点，读者应多加练习，多思考其原理，为以后的学习打下良好的基础。

教学重点与难点

- ➢ 二维图形的绘制及参数意义
- ➢ 二维图形的编辑修改等操作
- ➢ 二维图形编辑修改器的使用

3.1　二维图形的绘制

二维图形是一种由一条或多条【Splines】（样条线）构成的。二维图形的建立和修改在 3ds Max 中有很重要的作用。二维图形也是制作和组合复杂的不规则三维曲面模型的基础。通常有以下 5 种用途：

- ✧ 运用【Extrude】（挤出）功能，可以把一个二维平面拉伸成一个有厚度的立体模型，比如立体字的制作。
- ✧ 运用【Lathe】（车削）功能，可以把一个截面旋转成一个轴对称的三维模型，比如柱子的制作。
- ✧ 构造放样造型的路径或截面图形。
- ✧ 指定动画中物体运动的路径。
- ✧ 作为复杂的反关节活动的一种连接方式。

3.1.1　【Line】（线）的绘制

线在 3ds Max 中的应用非常广泛，它的绘制分为以下两种：

01 直线段的连接线

❶单击【File】（文件)菜单中的【Reset】（重置）命令，重新设置系统。并在顶视图中点右键将其激活。

❷单击命令面板上的【Create】（创建）命令，选取【Shapes】（图形），弹出的子命令面板如图 3-1 所示。

❸在【Shapes】（图形）面板中单击【Line】（线）按钮，在【Top】（顶）视图中任意位置单击鼠标左键，作为线的起点。移动鼠标到另一点再次单击鼠标左键，这样就绘制出一条线段。如果要结束绘制单击鼠标右键。

❹如果要绘制多边形框，须反复几次，最后将鼠标移至起始点单击左键，此时系统会询问是否将图形闭合，如图 3-2 所示。选【是】生成闭合图形，如图 3-3 所示。

  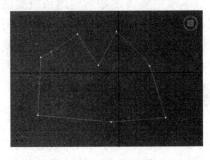

图3-1　图形命令面板　　　　图3-2　样条线对话框　　　　图3-3　顶视图中绘制的直线段闭合框

02 曲线段的连接线

❶单击【File】（文件）菜单中的【Reset】（重置）命令，重新设置系统，并在顶视图中单击右键将其激活。

❷单击命令面板上的【Create】✛（创建）命令，选取【Shapes】⬛（图形）。

❸在【Shapes】（图形）面板中单击【Line】（线）按钮，在顶视图中任意位置单击鼠标左键，作为线的起点。移动鼠标到另一点，再次单击鼠标左键并按住，拖动鼠标到第三点，这样就绘制出一条曲线段。如果要结束绘制单击鼠标右键。

❹如果要绘制多边形曲线框，须反复几次，最后结果如图 3-4 所示。

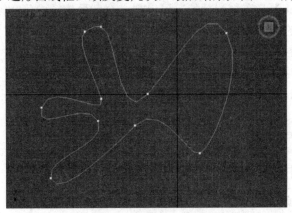

图3-4　顶视图中绘制的曲线段闭合框

需注意的问题：位于【Object Type】（对象类型）卷展栏下方的【Start New Shape】（开始新图形）复选框，3ds Max 2020 默认时为打开方式。

❖　当复选框为打开状态时 ▇ ▇▇▇▇▇，表示目前处于【Start New Shape】（开始新图形）模式，此时新创建的每一个图形都会成为一个新的独立的个体。

❖ 当复选框为关闭状态时　开始新图形，所有新创建的图形都会作为当前选择图形的一部分，和以前建造的图形一起构成一个新的图形。

3.1.2　【Rectangle】（矩形）的绘制

❶单击【File】（文件）菜单中的【Reset】（重置）命令，重新设置系统，并在顶视图中单击右键将其激活。

❷单击命令面板上的【Create】╋（创建）命令，选取【Shapes】（图形）。

❸在【Shapes】（图形）面板中单击【Rectangle】（矩形）按钮，在【Top】（顶）视图中任意位置单击鼠标左键，作为矩形的一个角。按住鼠标左键拖动到另一点，绘制出一个矩形。

❹如果要绘制正方形，只需在按住鼠标左键拖动时按住 Ctrl 键不放即可。绘制的长方形和正方形如图 3-5 所示。

3.1.3　【Arc】（弧）的绘制

❶单击【File】（文件）菜单中的【Reset】（重置）命令，重新设置系统，并在顶视图中单击右键将其激活。

❷单击命令面板上的【Create】╋（创建）命令，选取【Shapes】（图形）。

❸在【Shapes】（图形）面板中单击【Arc】（弧）按钮，在【Top】（顶）视图中任意位置单击鼠标左键，作为弧形的起点，并按住鼠标左键拖动到另一点放开，此时移动鼠标，可以看见弧度大小随鼠标位置移动而变化，再次单击鼠标，就绘制出一个圆弧，如图 3-6 所示。

图3-5　顶视图中绘制的长方形及正方形　　　　图3-6　顶视图中绘制的圆弧

3.1.4　【Circle】（圆）的绘制

圆形是一种在实际创作中使用频率较高的二维平面图形，创作过程中往往利用其一部分，与其他的二维图形复合，制作比较复杂的图形。下面举例介绍。

❶单击【File】（文件）菜单中的【Reset】（重置）命令，重新设置系统，并在顶视图中单击右键将其激活。

❷单击命令面板上的【Create】╋（创建）命令，选取【Shapes】（图形）。

❸在【Shapes】（图形）面板中单击【Circle】（圆）按钮，在【Top】（顶）视图中

任意位置单击左键，作为圆心，并按住左键拖动到另一点放开，就绘制出一个圆，如图 3-7 所示。

📖3.1.5 【Ellipse】（椭圆）的绘制

椭圆的绘制同圆基本相同，这里不再重复，结果如图 3-8 所示。

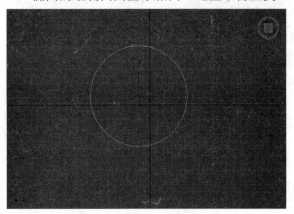

图3-7 顶视图中绘制的圆　　　　　　　　　　图3-8 顶视图中绘制的椭圆

📖3.1.6 【Donut】（圆环）的绘制

❶单击【File】（文件）菜单中的【Reset】（重置）命令，重新设置系统，并在顶视图中单击右键将其激活。

❷单击命令面板上的【Create】➕（创建）命令，选取【Shapes】▣（图形）。

❸在【Shapes】（图形）面板中单击【Donut】（圆环）按钮，在【Top】（顶）视图中任意位置单击鼠标左键，作为同心圆的圆心，并按住鼠标左键拖动到另一点后放开，绘制出圆环，产生第一个圆。移动鼠标到合适位置，再次单击，绘制出另一个圆，如图 3-9 所示。

📖3.1.7 【NGon】（多边形）的绘制

多边形的绘制较简单，这里不再重复，结果如图 3-10 所示。

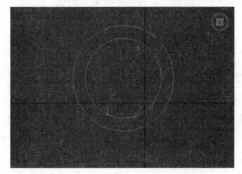
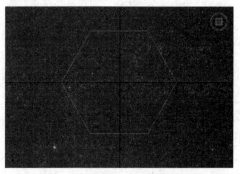

图3-9 顶视图中绘制的圆环　　　　　　　　图3-10 顶视图中绘制的多边形

3.1.8 【Star】（星形）的绘制

星形的绘制是在其他复杂图形的基础上修改而成的，比较重要。

❶单击【File】（文件)菜单中的【Reset】（重置）命令，重新设置系统，并在顶视图中单击右键将其激活。

❷单击命令面板上的【Create】✛（创建）命令，选取【Shapes】❷（图形）。

❸在【Shapes】（图形）面板中单击【Star】（星形）按钮，在【Top】（顶）视图中任意位置单击鼠标左键，作为星形外接圆的圆心，并按住鼠标左键向外拖动到另一点放开，再向内移动鼠标到合适位置，单击左键，即可绘制出一个星形，如图 3-11 所示。

3.1.9 【Section】（截面）的创建

截面的绘制较简单，这里仅给出效果图，如图 3-12 所示。

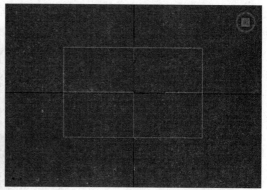

图3-11　顶视图中绘制的星形　　　　　　　图3-12　顶视图中绘制的截面

3.1.10 【Text】（文字）的创建

在 3ds Max 中创建三维文字效果很方便，首先平面文本，下面举例介绍。

❶单击【File】（文件)菜单中的【Reset】（重置）命令，重新设置系统。并在顶视图中单击右键将其激活。

❷单击命令面板上的【Create】✛（创建）命令，选取【Shapes】❷（图形）。

❸在【Shapes】（图形）面板中单击【Text】（文本）按钮，在顶视图中任意位置单击鼠标左键，就可以创建出系统默认的文字"MAX 文本"，如图 3-13 所示。

❹单击面板中的【参数】卷展栏将其展开，在【Text】（文本）文本框中输入文字"厚德载物"，然后在下拉列表中选择字体为宋体，如图 3-14 设置，文字即变为想要的格式，如图 3-15 所示。

3.1.11 【Helix】（螺旋线）的绘制

❶单击【File】（文件）菜单中的【Reset】（重置）命令，重新设置系统，并在顶视图中单击右键将其激活。

❷单击命令面板上的【Create】➕（创建）命令，选取【Shapes】🔗（图形）。

图3-13 系统默认文字　　图3-14 文本参数区设置　　图3-15 设置后的文字

❸在【Shapes】（图形）面板中单击【Helix】（螺旋线）按钮，在【Top】（顶）视图中单击鼠标左键，作为螺旋线的起点，并按住鼠标左键拖动，确定好螺旋线的起始半径后，松开鼠标左键。单击并拖动鼠标至适当位置确定螺旋线的高度。单击并拖动鼠标至适当位置确定螺旋线的终点。

❹如图 3-16 所示设置螺旋线参数，得到所需的螺旋线。单击【Zoom Extents All Selected】（所有视图最大化显示选定对象）按钮🔧，在【Perspective】（透）视图中观察所绘螺旋线，如图 3-17 所示。

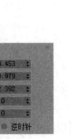 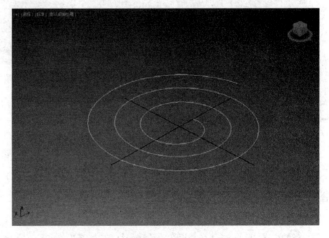

图3-16 螺旋线参数面板　　　　　图3-17 透视图中绘制的螺旋线

其他二维图形的绘制操作与前面类似，这里不再赘述。

3.2 二维图形的参数区简介

二维图形有着比较简单的参数区，它们对于精确建模非常重要，所以单独作为一节来介绍。参数区大部分都很相似，所以我们将以圆环的参数面板为例，选择有代表性的参数来讲解。同样按照上一节介绍的方法，先在【Top】（顶）视图中创建一个圆，此时，它的参数卷展栏中参数都会出现，下面分别介绍。

3.2.1　【Name and Color】（名称和颜色）卷展栏

❖ 默认名称为【Circle】（圆）001,可以根据需要更改。

❖ 系统随机为操作对象赋予颜色,可以根据需要进行更改。

如图 3-18 所示为名称和颜色卷展栏。

3.2.2　【Rendering】（渲染）卷展栏

❖ 默认时选用【Rendering】（渲染）选项,样条曲线的【Thickness】（厚度）为 1.0,此时视图中的曲线没有粗细的概念,只是一个抽象的线。

❖ 改变样条曲线的粗细,在视图中不会看到变化,勾选【Renderable】（在渲染中启用）选项,再单击工具栏中的【Render Production】（渲染产品）按钮,就可以看到渲染后的样条曲线,此时改变曲线的粗细就可以看出变化了。

❖ 勾选【Display Render Mesh】（在渲染中启用）选项时,在视图中就可以看到曲线有了粗细。

图 3-19 所示为渲染卷展栏。

图3-18　名称和颜色卷展栏　　　　图3-19　渲染卷展栏

3.2.3　【Interpolation】（插值）卷展栏

❖ 【Steps】（步数）：选项默认设置是 6,即曲线上相邻两点之间的曲线要经过 6 步才生成。步数值设置越高,曲线越光滑。

❖ 【Optimize】（优化）：使步数最优化地分布在曲线上相邻两点之间。

❖ 【Adaptive】（自适应）：根据两点之间的曲线复杂程度来决定用几步,如两点之间是直线段,步数就是 0；两点之间是一个曲线,步数就是 6 或更多。

如图 3-20 所示为插值卷展栏。

3.2.4 【Creation Method】（创建方法）卷展栏

❖ 直线：【Initial Type】（初始类型）是设置单击方式下经过点的线段形式；
【DragType】（拖动类型）是设置单击并拖曳方式下经过点的线段形式。
【Corner】（角点）、【Smooth】（平滑）和【Bezier】（贝塞尔曲线）三个单
选项表示三种不同线段形式。【Corner】（角点）单选项会让经过该点的曲线以
该点为顶点组成一条折线；【Smooth】（平滑）单选项会让经过该点的曲线以该
点为顶点组成一条光滑的幂函数曲线；【Bezier】单选项会让经过该点的曲线以
该点为顶点组成一条贝塞尔曲线。

❖ 弧：【End-End-Middle】（端点-端点-中央）单选项，即先确定弦长，再确定半
径；【Center-End-End】（中间-端点-端点）单选项是先确定半径，再移动鼠
标指针确定弧长。

❖ 圆、同心圆、多边形和椭圆：【Center】（中心），第一点是图形的中心。【Edge】
（边）第一点在图形的边缘。如图 3-21 所示为圆形的创建方法卷展栏。

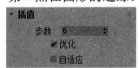

图3-20　插值卷展栏　　　　　图3-21　创建方法卷展栏

3.2.5 【Keyboard Entry】（键盘输入）卷展栏

用来通过键盘在视图中生成图形，可以精确控制图形生成的位置和图形的各项参
数。其中的 X、Y、Z 中的数值为控制点的位置，对圆来说就是圆心的位置。下面的参数
根据图形的不同而不同，对于圆来说，参数栏里只有半径一项。建议大家多用这个参数
区来生成图形。如图 3-22 所示为圆形的键盘输入卷展栏。

3.2.6 【Parameters】（参数）卷展栏

通过【Parameters】（参数）卷展栏可以控制图形的参数。不同的基本图形有不同
的参数。圆形的参数卷展栏如图 3-23 所示。

技巧：1. 多边形的【Corner Radius】（棱角半径），可以用来为图形倒角；
　　　2. 星形的【Fillet Radius】（倒角半径）和【Distortion】（扭曲），可以为图形倒角和扭曲星形；
　　　3. 螺旋线的【Turns】（旋转）可设置旋转的圈数，【Bias】（倾斜）可控制螺旋线的斜率，【CW】
　　　（旋转上升）和【CCW】（旋转下降）可设置螺旋的旋转方向。

图3-22　键盘输入卷展栏　　　　　图3-23　参数卷展栏

3.3 二维图形的编辑

前面创建的二维图形，往往不能满足需要。一般来讲，我们用在修改、编辑二维图形上的时间会更多。因为二维图形的编辑比较重要，它可以直接为后面讲到的放样建模提供截面。所以在此详加介绍。

在二维图形的修改过程中，用得最多的是【Edit Spline】（编辑样条线）命令。该功能可以修改曲线的 4 个层次，即物体层次、节点层次、线段层次及曲线层次。每个级别上又有很多相应的操作。下面我们分别介绍。

3.3.1 在物体层次编辑曲线

在物体层级编辑关闭时，二维形体处于物体层级编辑状态，此时，只有【Geometry】（几何体）物体卷展栏处于激活状态。下面举例介绍。

❶单击【File】（文件）菜单中的【Reset】（重置）命令，重新设置系统，并在顶视图中单击右键将其激活。

❷单击【Create】（创建）✛控制按钮下【Shapes】（图形）命令面板中的【NGon】（多边形）和【圆】按钮，在视图中制作一个多边形和圆，如图 3-24 所示。

❸选取场景中的圆，在【Modify】（修改）☑命令面板中的【Modifier List】（修改器列表）下拉列表中找到【Edit Spline】（编辑样条线）修改器，对圆进行物体层次修改。

❹单击【Geometry】（几何体）卷展栏将其展开。单击【Creat line】（创建线）按钮，为圆增添两个耳朵形的曲线，此时新画的耳朵形曲线和圆并为一体，如图 3-25 所示。

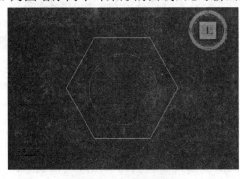
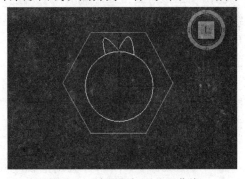

图3-24　多边形和圆　　　　图3-25　为圆添加耳朵形曲线

❺保持其处于选中状态，单击【Attach】（附加）按钮，然后在视图中移动光标到多边形上，此时光标变成两个圆圈勾连的形状，单击鼠标左键，场景中的圆脸形曲线和多边形连成一体，如图 3-26 所示。

❻若要分离已经结合在一起的二维图形，则要用到【Detach】（分离）按钮。现在练习把刚才加入圆脸形曲线中的多边形分离出来。

❼单击【Attach】（附加）按钮，使其处于弹起状态，打开【Selection】（选择）卷展栏，按下【Spline】（样条线）☑按钮，然后在顶视图中选择多边形，使其呈红色选中状态，如图 3-27 所示。

❽打开【Geometry】（几何体）卷展栏，往下拖动面板，找到【Detach】（分离）按钮。单击使其处于按下状态，此时弹出分离对话框。选择【OK】（确定）按钮，多边形即可从复合图形中分离出来。

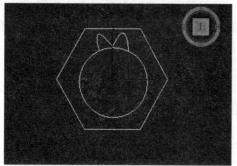

图3-26　圆脸形曲线和多边形曲线复合体	图3-27　处于选中状态呈红色的多边形

技巧与提示：1. 在【Modifer List】（修改器列表）中找到【Edit Spline】（编辑样条线）修改器时可按键盘上的字母 e 加速寻找；

2. 分离多边形过程中选择使其成红色的前提是先关闭【Attach】（附加）按钮，如果不关闭的话将无法选择。

📖3.3.2　在节点层次编辑曲线

01 认识4种类型的点

❶在【Top】（顶）视图中创建一个矩形对象。

❷选择矩形对象，在【Modify】（修改）命令面板中选择【Edit Spline】（编辑样条线）修改器，在【Selection】（选择）卷展栏中单击【Vertex】（顶点）按钮，此时在矩形的 4 个节点上出现十字标记，其中有一个节点含有一个小白框，标明此节点为此造型的起始节点。

❸选取矩形的一个节点，此时节点两旁出现两个绿色的小方框和一根连接这两个小方框的两根调整杆，同时可以看到有节点的地方出现红色的标记。视图中绿色小方框可以调整节点的位置。

节点有 4 种类型，分别为：

◇　【Smooth】（平滑）：强制把线段变成圆滑的曲线，但仍和节点成相切状态。

◇　【Corner】（角点）：让节点两旁的线段能呈现任何的角度。

◇　【Bezier】（贝塞尔）：提供节点一根角度调整杆，调整杆和节点相切。

◇　【Bezier Corner】（贝塞尔角点）：提供两根调整杆，可随意更改其方向以产生所需的角度。

❹在选取的节点上单击鼠标右键，弹出右键菜单如图 3-28 所示，可以在此选择顶点的类型。

❺不同顶点的异同如图 3-29 所示。

系统提供了两种调整节点的方法：一种是拖动调整杆绕节点旋转，另一种是将调整杆的绿色小方框向节点推开或拉近。当旋转调整杆时，改变的是线段到达节点的角度；

而当移动绿色小方框时，改变的是线段本身的张力。当调整杆缩成一点和节点重合时，节点两旁的线段成为一条直线。

图3-28 节点上鼠标右键菜单

 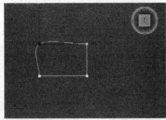 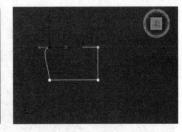

图3-29 不同顶点的异同

【Lock Handles】（锁定控制锁）是一个用来控制手柄的工具。当关闭【Lock Handles】（锁定控制锁）复选开关时，只有被选取的控制柄才会受到影响。当打开【Lock Handles】（锁定控制锁）复选开关时，有以下两个选项可供选择：

✧ 【Alike】（类似）：设置此项时，只有选择集中与调整的控制柄方向相同的那些控制柄才能起作用。比如，在调整一个进入控制柄时，则选择集中所有的进入控制柄都在起变化。

✧ 【All】（全部）：在调整的时候，选择集中所有的控制柄都起作用，无论是进入还是退出控制柄。

02 常用参数命令的举例运用之一

❶单击【File】（文件）菜单中的【Reset】（重置）命令，重新设置系统，并在顶视图中单击右键将其激活。

❷单击【Create】（创建）➕控制按钮下【Shapes】（图形）⬚命令面板中的【NGon】（多边形）按钮，在视图中创建一个六边形，如图 3-30 所示。

❸选取场景中的六边形，在【Modify】（修改）⬚命令面板中的【Modifier List】

（修改器列表）下拉列表中找到【Edit Spline】（编辑样条线）修改器。单击【Selection】（选择）卷展栏将其展开。单击【顶点】 按钮进入点层次修改，如图3-31所示。

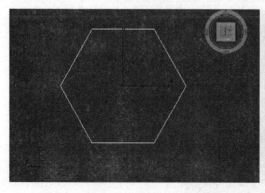
图3-30　创建六边形

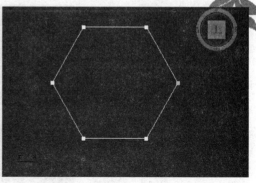
图3-31　点层次修改

❹展开【Geometry】（几何体）卷展栏，往下拖动面板，找到【Refine】（优化）按钮，单击使其处于按下状态。移动此鼠标到六边形最上面的边中部，此时鼠标变为 ，在边上单击，插入一个节点，重复操作，在最下边的边中央也插入一个点，结果如图3-32所示。

❺往下拖动面板，找到【Insert】（插入）按钮，单击使其处于按下状态。移动鼠标到六边形的一个斜边中部，此时鼠标变为 ，单击并按住鼠标左键拖向六边形中心。再次单击，然后单击鼠标右键，此时就插入了一个点，并且改变了图形。

❻重复上步中的操作，在其他斜边中同样插入点，并移至六边形中心，如图3-33所示。

❼选中最上面边的中点，在面板中找到【Break】（断开）按钮，单击使其处于按下状态。单击选择中点，利用移动工具往下移，发现最上面的边已经从中点处断开，如图3-34所示。

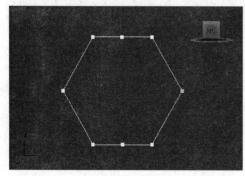
图3-32　插入点

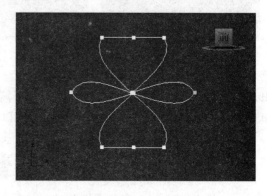
图3-33　移动插入点

❽选中断开的另一点，沿Y轴向下移动到如图3-35所示。可以看见两个点之间有些距离。

❾利用边框选择，选中移下来的两个点，在面板中找到【Weld】（焊接）按钮，单击使其处于按下状态。即可将两点焊接在一起。如果不能焊接，可以将【Weld】（焊接）按钮后面的数值设大一些，结果如图3-36所示。

❿用上面所学方法，将最下边从中点处断开，移动到如图3-37所示位置。

下面来练习【Conect】（连接）命令。

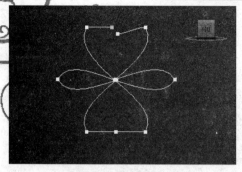

图3-34　断开点

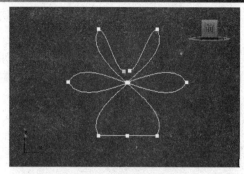

图3-35　移动断开点

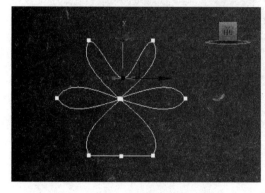

图3-36　焊接后的形状

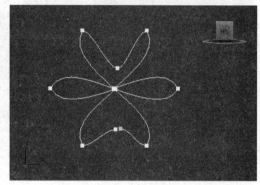

图3-37　断开并移动后的形状

⓫拖动面板，找到【Conect】（连接）按钮，单击使其处于按下状态。单击刚移动好的任一点并按住鼠标不放，将其拖向已移动好的另一点，释放鼠标，这样两个节点之就被一条线段连接起来，如图 3-38 所示。

在此例中，我们综合学习了细化、插入、断开、焊接、连接 5 个命令。这些命令在绘制复杂的二维图形中常用到，初学者应多练习。

03 常用参数命令的举例运用之二

❶单击【File】（文件）菜单中【Reset】（重置）命令，在场景中创建一个矩形对象。

❷选取矩形对象并添加【Edit Spline】（编辑样条线）修改器，在【Selection】（选择）卷展栏中单击【Vertex】（顶点）按钮选中一个顶点。

❸单击【Geometry】（几何体）卷展栏中的【Fillet】（圆角）按钮，输入 10，对象出现圆弧导角，如图 3-39 所示。

图3-38　连接后的形状

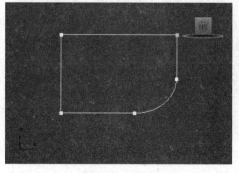

图3-39　圆弧导角

❹单击同一卷展栏中的【Chamfer】（切角）按钮，输入 10，对象出现直线导角，如图 3-40 所示。

❺选中另一个顶点，按【Delete】（删除）键，可以看到，顶点被删掉了，而与该顶点相邻的两点被一条曲线连了起来，如图 3-41 所示。

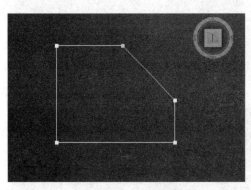

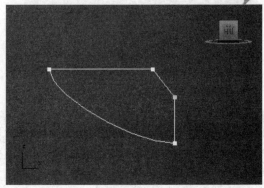

图3-40 直线导角　　　　　　　　　　　图3-41 删除点后的形状

本例中学习了直线形倒角、圆弧形倒角以及节点删除三个命令。

3.3.3 在线段层次编辑曲线

星形和椭圆形的开放曲线制作。

❶单击【File】（文件）菜单中的【Reset】（重置）命令，重新设置系统，并在顶视图中单击右键将其激活。

❷单击【Create】✛（创建）控制按钮下【Shapes】（图形）命令面板中的【Star】（星形）按钮，在视图中创建一个星形，同样方法创建一个椭圆形对象。如图 3-42 所示。

❸按住 Ctrl 键，选取场景中的星形和椭圆。

❹在【Modify】（修改）命令面板中的修改器列表中选择【Edit Spline】（编辑样条线）修改器，在【Selection】（选择）卷展栏中单击【Segment】（线段）✓按钮，此时可以对场景中构成星形和椭圆的线段进行编辑和操作。

❺在视图中框选星形的一部分和椭圆形的上半部，使其呈红色状态，如图 3-43 所示。

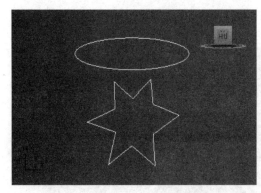

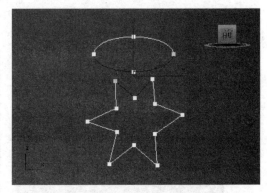

图3-42 星形和椭圆　　　　　　　　　　图3-43 选中部分线段

❻按 Delete（删除）键删除选中的线段，此时，场景中的星形和椭圆变成开放的曲

线，如图 3-44 所示。

3.3.4 在样条曲线层次编辑曲线

链接开放曲线及轮廓制作。还是以上面的例子进行讲解。

❶单击【Selection】（选择）卷展栏中的【Spline】（样条线）✓ 按钮，然后选取场景中的半椭圆形，单击【Geometry】（几何体）卷展栏中的【Close】（关闭）按钮，视图中一条弯曲的线段将半椭圆形的两个端点连接起来。

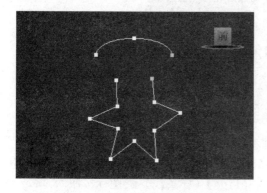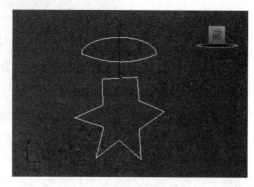

图3-44 椭圆与星形的开放图形　　　　　图3-45 闭合后的图形

❷在视图中选取星形，单击【Close】（关闭）按钮，此时一条直线将星形封闭起来。

❸查看视图中矩形和椭圆的节点模式，半椭圆是【Bezier】（贝塞尔）节点，矩形是【Bezier Corner】（贝塞尔角点）节点类型，如图 3-45 所示。

❹确保星形处于曲线编辑层次，单击【Geometry】（几何体）卷展栏，找到【Outline】（轮廓）按钮，单击使其处于按下状态。在后面的数值框内输入 10，观察星形曲线的变化，如图 3-46 所示。

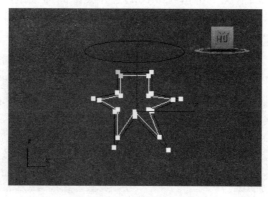

图3-46 星形曲线的变化

3.3.5 二维图形的布尔操作

当两个对象具有重叠部分时，可以使用【Boolean】（布尔）将它们组合成一个新的对象。【Boolean】（布尔）就是将两个以上的对象进行并集、差集、交集和剪切运算，以产生新的对象。

下面通过实例来学习二维布尔运算的用法。

❶单击【File】(文件)菜单中的【Reset】(重置)命令，重置系统。

❷单击【Create】(创建)控制按钮下【Shapes】(图形)命令面板中的【Rectangle】
(矩形) 和【Circle】(圆) 按钮，在视图中制作一个由矩形和圆组成的场景，如图 3-47
所示。

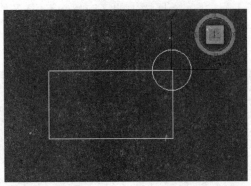

图 3-47　创建矩形和圆形

❸选取场景中的圆，单击【Modify】(修改)命令面板中的【Edit Spline】(编辑
样条线)按钮，选取修改器堆栈树形列表中【Spline】(样条线) ✓图标按钮。

❹要进行布尔运算，必须先将两条曲线合并在一起，这需要使用【Attach】(附加)
命令，选中圆形，使其变成红色被选择状态，单击【Attach】(附加)按钮使其处于按下
状态，移动鼠标到矩形上，此时鼠标变为形状，单击矩形，这样矩形就和圆形复合
在了一块。

❺确保处于【Spline】(样条线) ✓编辑状态，单击鼠标选中圆形曲线，使其呈红
色状态。单击【Geometry】(几何体)卷展栏中的【Boolean】(布尔)按钮，在【Boolean】
(布尔) 按钮变成黄色的情况下单击【Union】(并集)图标按钮，如图 3-48 所示。

❻在视图中移动光标到矩形上，此时光标变成两个圆圈勾连的形状，单击鼠标左键，
场景中的圆和多边形连成一体，如图 3-49 所示。

图3-48　布尔运算类型选择

图3-49　布尔并运算结果

❼取消❺、❻步操作，确定选取了圆，单击【Geometry】(几何体)卷展栏中的
【Boolean】(布尔)按钮，在【Boolean】(布尔)按钮变成黄色的前提下单击
【Subtraction】(差集)图标按钮，然后在视图中单击选择矩形，场景中圆减去与多边
形相交部分后的图形如图 3-50 所示。

❽确定选取了圆，单击【Geometry】(几何体)卷展栏中的【Boolean】(布尔)按

钮,在【Boolean】(布尔)按钮变成黄色的前提下单击【Intersection】(交集)图标按钮,然后在视图中单击选中显示圆与多边形相交部分后的图形如图 3-51 所示。

图3-50　布尔减运算结果

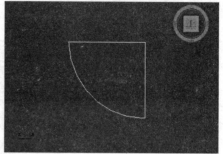

图3-51　布尔交运算结果

3.4　二维图形转换成三维物体

3.4.1　【Extrude】(挤出)建模

Extrude 修改器功能非常强大,它能将闭合的或者开放的二维造型沿着垂直方向拉伸,从而生成三维物体。下面通过台阶模型的制作来讲解。

❶单击【File】(文件)菜单中的【Reset】(重置)命令,重置系统,并激活右视图。

❷单击【Create】(创建)控制按钮下【Shapes】(图形)命令面板中的【Line】(线)按钮,在视图中利用网格的帮助绘制闭合台阶截面曲线,如图 3-52 所示。

❸单击【Modify】(修改)命令面板,在修改列表中选择【Edit Spline】(编辑样条线)按钮,选取【Selection】(选择)卷展栏中【Vertex】(顶点) 按钮,此时,所绘制的图形中的所有点都显示出来。

❹选取左上角不规则的点,单击鼠标右键选择其类型为【Corner】(角点)类型,图形即变为图 3-53 所示。

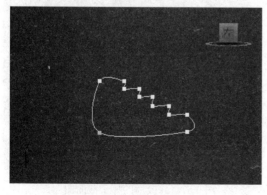

图3-52　初步的台阶截面图

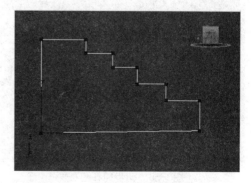

图3-53　修改后的台阶截面图

❺单击【Vertex】(顶点) 按钮,取消节点层次编辑。在修改列表中选择【Extrude】(挤出)命令,并设置参数如图 3-54 所示。

❻单击右下角的【Zoom Extents All Selected】(所有视图最大化显示选定对象)

视图调整工具,在【Perspective】(透)视图中可以看到挤压而成的台阶模型,如图 3-55 所示。

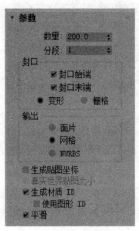

图3-54 设置挤出参数

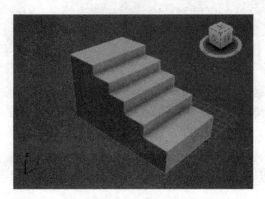

图3-55 台阶模型

📖3.4.2 【Lathe】(车削)建模

【Lathe】(车削)修改器可以通过旋转把二维造型变成三维物体,用于生成三维物体的源造型通常是目标造型横截面的一半。下面通过杯子模型的建立来介绍。

❶单击【File】(文件)菜单中的【Reset】(重置)命令,重置系统,并激活前视图。

❷单击【Create】(创建)控制按钮下【Shapes】(图形)命令面板中的【Line】(线)按钮,在视图中利用网格的帮助绘制一条闭合曲线形成杯子截面图,如图 3-56 所示。

❸单击【Modify】(修改)命令面板,在修改列表中选择【Edit Spline】(编辑样条线)按钮,选取【Selection】(选择)卷展栏中【Vertex】(顶点) 按钮,此时,所绘制的图形中的所有点都显示出来。将有些点的类型设置为 Bezier 并调整,使杯子截面光滑匀称,结果如图 3-57 所示。

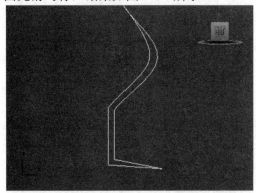

图3-56 初步的杯子截面图

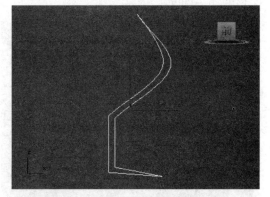

图3-57 修改后的杯子截面图

❹再次单击【Vertex】(顶点) 按钮,退出节点层次编辑。在修改列表中选择【Lathe】(车削)命令,视图中图形变成如图 3-58 所示的旋转体。

❺打开参数卷展栏,在【Align】(对齐)下选择【Min】(最小)按钮,即可得到杯子的形状,结果如图 3-59 所示。

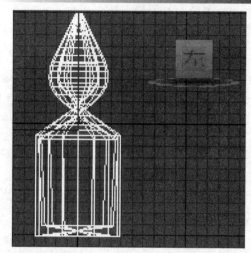

图3-58 默认对齐方式下的旋转体

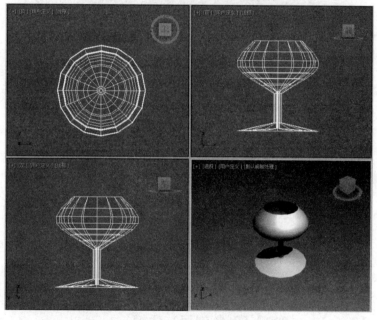

图3-59 选择最小对齐方式后的杯子形状

3.4.3 【Bevel】(倒角)建模

【Bevel】(倒角)修改器通常用于二维图形的拉伸变形，在拉伸的同时，可以在边界上加入直角或者圆形倒角。此修改器多用于制作三维文字标志。

❶单击【File】(文件)菜单中的【Reset】(重置)命令，重置系统，并激活前视图。

❷单击【Create】(创建)控制按钮下【Shapes】(图形)命令面板中的【Text】(文本)按钮，在视图中创建"DISNEY"的字样，如图 3-60 所示。

❸单击【Modify】(修改)命令面板，在修改列表中选择【Bevel】(倒角)命令，向下拖动面板，展开【Bevel Values】(倒角值)卷展栏，设置参数如图 3-61 所示。

❹单击右下角的【Zoom Extents All Selected】(所有视图最大化显示选定对象)

视图调整工具,可以看到制作成的有斜切的立体字模型，如图 3-62 所示。

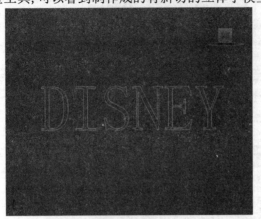

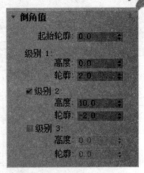

图3-60　创建字样

图3-61　参数设置

图3-62　设置参数后的立体字模型

3.4.4　【Bevel pro3DS】（倒角剖面）建模

【Bevel pro3DS】（倒角剖面）修改器是【Bevel】（倒角）修改器的延深，制作过程需要倒角轮廓线和放样路径。需要注意的是，制作完成后倒角轮廓线不能删除，如果删除，模型也将被删除。下面举例介绍。

❶单击【File】（文件）菜单中的【Reset】（重置）命令，重置系统，激活顶视图。

❷单击【Create】（创建）控制按钮下【Shapes】（图形）命令面板中的【NGon】（六边形）按钮，在视图中创建一个六边形作为截面。

❸单击【Create】（创建）控制按钮下【Shapes】（图形）命令面板中的【Line】（线）按钮，在视图中绘制一条曲线作为路径，结果如图 3-63 所示。

❹选中六边形，单击【Modify】（修改）命令面板，在修改列表中选择【Bevel】（倒角剖面）命令，展开【Parameters】（参数）参数卷展栏，单击【Pick Pro3DS】（拾取剖

面）按钮使其处于按下状态，移动鼠标到绘制好的路径曲线上，鼠标变成十字形时单击。
视图中的模型发生变化。

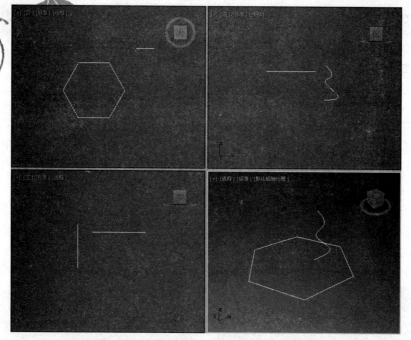

图3-63　截面与路径

❺单击右下角的【Zoom Extents All Selected】（所有视图最大化显示选定对象）
视图调整工具，可以看到我们制作成截面为六边形的葫芦状模型，如图 3-64 所示。

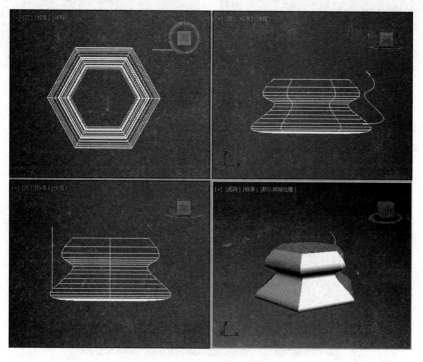

图3-64　用倒角剖面命令制成的模型

3.5 实战训练——候车亭

下面通过制作路旁候车亭模型，来综合练习简单模型的制作方法。

3.5.1 柱子的制作

❶单击【File】(文件)菜单中的【Reset】(重置)命令，重置系统，并激活前视图。

❷单击【Create】(创建)控制按钮下【Shapes】(图形)命令面板中的【Line】(线)按钮，最大化显示【Front】(前)视图，在视图中绘制一条曲线作为柱子截面初形，如图3-65所示。

❸单击【Modify】(修改)命令面板，在修改列表中选择【Edit Spline】(编辑样条线)按钮，选取【Selection】(选择)卷展栏中【Vertex】(顶点)按钮，此时，所绘制的柱子截面图形中的所有点都显示出来。调整点的位置和类型，最后结果如图3-66所示。

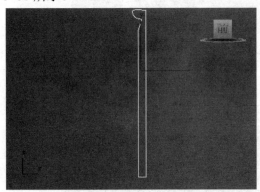 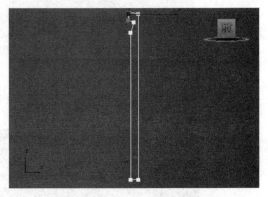

图3-65　柱子截面初形　　　　　　　图3-66　修改后的柱子截面

❹单击【Vertex】(顶点)按钮，退出节点层次编辑。

❺在修改列表中选择【Lathe】(车削)命令，打开参数卷展栏，在【Align】(对齐)下选择【Max】(最大)按钮，得到柱子模型，结果如图3-67所示。

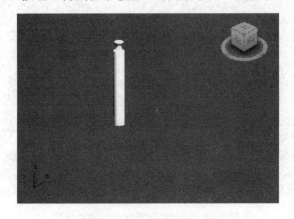

图3-67　柱子模型效果图

3.5.2 亭顶的制作

❶激活【Left】（左）视图，在适当位置绘制一个椭圆，如图 3-68 所示。

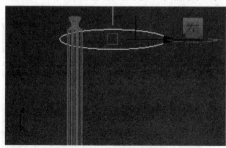

图 3-68 建立椭圆

❷单击【Modify】（修改）命令面板，在修改列表中选择【Edit Spline】（编辑样条线）按钮，选取【Selection】（选择）卷展栏中【Vertex】（顶点）按钮，此时，所绘制的图形中的所有点都显示了出来。

❸展开【Geometry】（几何体）卷展栏，单击【Break】（断开）按钮把椭圆从离柱子最近的点处断开，并作相应移动，调整为如图 3-69 所示。

❹向下拖动面板，单击【Connect】（连接）按钮。将鼠标在断开的一个点上单击并按住，拖向另一个点。两个点连接起来形成亭顶截面，结果如图 3-70 所示。

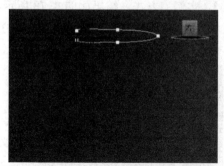

图3-69 断开并移动后的椭圆

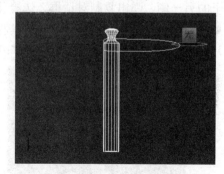

图3-70 亭顶截面图

❺单击【Vertex】（顶点）按钮，取消节点层次编辑。在修改列表中选择【Extrude】（挤出）命令，并设置【Amount】（数量）参数为 500（可视情况调整），绘制出亭顶，结果如图 3-71 所示。

图3-71 绘制成的亭顶图

📖 3.5.3 亭壁的制作

亭壁可用一个长方体来代替,此处不再详细介绍,仅给出相对位置图,如图 3-72 所示。

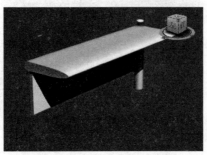

图 3-72　加入亭壁的效果图

📖 3.5.4 候车亭的合成

❶ 单击右下角的【Zoom Extents All Selected】(所有视图最大化显示选定对象)视图调整工具,让所有模型均可看到。

❷激活【Top】(顶)视图,选中柱子,按住 Shift 键的同时,用移动工具沿 X 轴移动到亭子的另一侧。弹出复制对话框,选择【Instance】(实例)方式,结果如图 3-73 所示。

❸在【Left】(左)视图用移动工具将各模型做相应位置调整,激活【Perspective】(透)视图,观看制作成的亭子效果,如图 3-74 所示。至此,候车亭制作结束。

图3-73　实例复制柱子

图3-74　制作好的候车亭效果

❹可以为候车亭赋予材质并添加装饰物,此处仅给出参考效果,如图 3-75 所示。

图3-75　装饰后的候车亭效果

3.6　课后习题

1．填空题

（1）【Edit Spline】功能可以修改曲线的 4 个层次。分别是物体层次、＿＿＿＿、＿＿＿＿及曲线层次。

（2）节点有 4 种类型，分别为【Smooth】、＿＿＿＿、【Bezier】以及＿＿＿＿。

（3）二维图形的布尔操作包括并集、＿＿＿＿、＿＿＿＿和剪切运算。

（4）利用【Lathe】（修改器）把二维造型变成三维物体，用于生成三维物体的源造型通常是目标造型横截面的＿＿＿＿。

2．问答题

（1）二维图形有什么用途？

（2）用什么方法可以使绘制的曲线变得光滑？

（3）如何绘制有倒角的长方体？

3．操作题

（1）在透视图中绘制各种二维形体并改变参数，观察它们的形状变化。

（2）在透视图中绘制几条曲线，练习各种编辑命令。

（3）利用【Extrude】（挤出）建模的方法，建立一个柱体。

（4）利用【Lathe】（修改器）建模的方法，建立一个花瓶。

第 4 章 几何体建模

📖 **教学目标**

三维模型的创建方法有多种，在本章将主要讲述创建基本三维模型、扩展三维模型和一些建筑构件的方法，举例说明这些创建方法的常用参数运用。本章通过丰富的图片对比，培养读者对各种几何体的感性认识，初学者应认真掌握，多加调试。

📖 **教学重点与难点**

➤ 标准几何体参数的创建
➤ 扩展基本体参数的调节
➤ 利用几何体建模的方法

4.1 标准几何体的创建

学会二维建模后，现在进入三维模型的创建。三维建模有多种方法，最简单的方法就是利用 3ds Max 系统配置的标准几何体造型，然后在这些标准造型的基础上运用各种修改器，达到修改造型的目的。

📖 4.1.1 【Box】长方体的创建

01 创建方式

❶单击【File】（文件）菜单中的【Reset】（重置）命令，重新设置系统。

❷进入【Create】（创建）命令面板，按下【Geometry】（几何体）按钮，在【Object Type】（对象类型）卷展栏里选择【Box】（长方体）。

❸在顶视图中按住鼠标左键并拖动，拉出长方体的底面，松开鼠标，向上或向下移动鼠标，可以在透视图中实时观察到长方体的变化过程。再次单击鼠标左键，完成长方体的创建，结果如图 4-1 所示。

❹如果要创建正方体，最简单的办法就是选取右侧【Creation Method】（创建方法）中的【Cube】（立方体），然后在视图中拖动鼠标，即可创建出立方体，如图 4-2 所示。

02 重要参数举例

段数对长方体来说是一个很重要的概念。段数的多少直接影响着长方体能否被某些修改器所编辑。默认情况下，长、宽、高的段数均为 1。

❶重置系统。按照上述方法，在【Top】（顶）视图创建一个长方体。

❷选中长方体，选择移动工具，按住 Shift 键的同时沿 X 轴移动长方体，此时弹出复制对话框，在数量栏中输入 2 后，单击【OK】（确定）按钮，这样就复制出两个长方体。

图4-1 透视图中的长方体

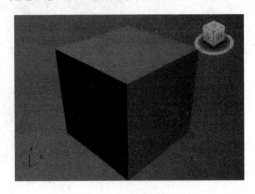
图4-2 透视图中的立方体

❸选中第二个长方体，单击【Modify】（修改）命令面板，在【Parameters】（参数）卷展栏下长、宽、高的段数栏中分别输入 2，2，2。

❹选中第三个长方体，单击【Modify】（修改）命令面板，在【Parameters】（参数）卷展栏下长、宽、高的段数栏中分别输入 3，3，3。

❺从顶视图、左视图以及前视图中看出各长方体的段数变化，如图 4-3 所示。

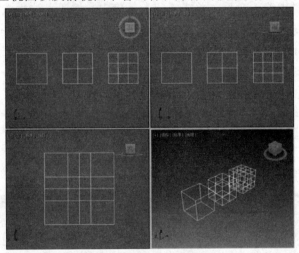
图4-3 不同段数的长方体

4.1.2 【Sphere】（球体）的创建

01 创建方式

❶ 单击【File】（文件）菜单中的【Reset】（重置）命令，重新设置系统。

❷进入【Create】（创建）命令面板，按下【Geometry】（几何体）按钮，在【Object Type】（对象类型）卷展栏里选择【Sphere】（球体）。

❸在顶视图中按住鼠标左键并向外拖动，然后松开鼠标，在透视图中可以观察到创建的球体，结果如图 4-4 所示。

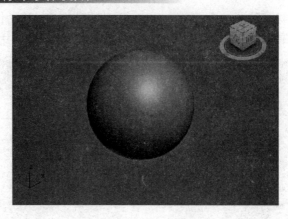

图4-4　透视图中的球体

02 重要参数举例

对球体而言，经常会用到如下的参数：【Smooth】（平滑）、【Hemisphere】（半球）、【Slice on】（启用切片）。下面举例介绍。

❶ 重置系统。按照上述方法，在【Top】（顶）视图创建一个球体。

❷选中球体，选择移动工具，按住 Shift 键的同时沿 X 轴移动长方体，此时弹出复制对话框，在数量栏中输入 3 后，单击【OK】（确定）按钮，这样就复制出三个球体。

❸选中第二个球体，单击【Modify】（修改）命令面板，在【Parameters】（参数）卷展栏下取消【Smooth】（平滑）复选框。

❹选中第三个球体，单击【Modify】（修改）命令面板，在【Parameters】（参数）卷展栏下的【Hemisphere】（半球）数值框内输入 0.5。

❺选中第四个球体，单击【Modify】（修改）命令面板，在【Parameters】（参数）卷展栏下单击选中【Slice on】（启用切片），在其下面的【Slice to】（切片结束位置）框内输入 200。

❻观察参数作用于球体的变化，如图 4-5 所示。

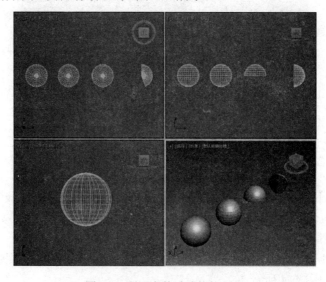

图4-5　不同参数时球体的形状

4.1.3 【Geosphere】（几何球体）的创建

几何球体与经纬球体两者的差别在于面片结构的不同。在两者点面数一致的情况下，几何球比经纬球更光滑。

01 创建方式

几何球体与经纬球体的创建方法几乎相同，这里不再介绍。仅给出几何球体与经纬球体的对比图，如图4-6所示。

02 重要参数举例

这里重点对比不同基本点面类型下的几何球体的异同。需要说明的是，几何球体只能设置半球模式，而不能像经纬球那样可以产生任意百分比的球体。

❶重置系统。按照上述方法，在【Top】（顶）视图创建一个几何球体。

❷选中几何球体，选择移动工具，按住 Shift 键的同时沿 X 轴移动几何球体，此时弹出复制对话框，在数量栏中输入2后，单击【OK】（确定）按钮，这样就复制出两个几何球体。

❸选中第一个几何球体，单击【Modify】（修改）命令面板，打开【Parameters】（参数）卷展栏，在【Geodesic Base Type】(基点面类型)下选中【Tetra】(四面体)。

❹选中第二个几何球体，单击【Modify】（修改）命令面板，打开【Parameters】（参数）卷展栏，在【Geodesic Base Type】(基点面类型)下选中【Octa】(八面体)。

❺选中第三个几何球体，单击【Modify】（修改）命令面板，打开【Parameters】（参数）卷展栏，在【Geodesic Base Type】(基点面类型)下选中【Icosa】(二十四面体)。

❻看出各几何球体的形状变化，如图4-7所示。

 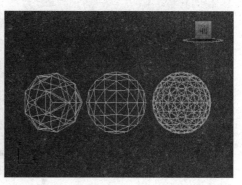

图4-6　几何球体与经纬球体的对比　　　图4-7　不同基点面类型下的几何球体

4.1.4 【Cylinder】（圆柱体）的创建

01 创建方式

❶ 单击【File】（文件)菜单中的【Reset】（重置）命令，重新设置系统。

❷进入【Create】（创建）命令面板，按下【Geometry】（几何体）按钮，在【Object

Type】（对象类型）卷展栏里选择【Cylinder】（圆柱体）。

❸在顶视图中按住鼠标左键并拖动，拉出圆柱体的底面，松开鼠标，向上或向下移动鼠标，可以在透视图中实时观察到圆柱体的变化过程。再次单击鼠标左键，完成圆柱体的创建，结果如图 4-8 所示。

02 重要参数举例

对圆柱体来说，除一般的参数之外，经常会用到如下的参数：【Smooth】（平滑）、【Side】（边数）、【Slice on】（启用切片）。下面举例介绍。

❶重置系统。按照上述方法，在【Top】（顶）视图创建一个圆柱体。

❷选中圆柱体，选择移动工具，按住 Shift 键的同时沿 X 轴移动圆柱体，此时弹出复制对话框，在数量栏中输入 3 后，单击【OK】（确定）按钮，这样就复制出三个圆柱体。

❸选中第二个圆柱体，单击【Modify】（修改）命令面板，在【Parameters】（参数）卷展栏下将【Side】（边数）设为 8。

❹选中第三个圆柱体，单击【Modify】（修改）命令面板，在【Parameters】（参数）卷展栏下取消【Smooth】（平滑）复选框。

❺选中第四个圆柱体，单击【Modify】（修改）命令面板，在【Parameters】（参数）卷展栏下单击选中【Slice on】（启用切片），在其下面的【Slice to】（切片起始位置）框内输入-150。

❻在透视图中看到圆柱不同参数时的形状变化，如图 4-9 所示。

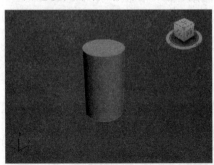 

图4-8 透视图中的圆柱体　　　　图4-9 透视图中圆柱体不同参数时的形状

📖4.1.5 【Cone】（圆锥体）的创建

圆锥体可以看作是圆柱的延伸，它的用途比较广泛，可以用来产生圆锥、圆台、棱锥、棱台等物体。

01 创建方式

❶单击【File】（文件）菜单中的【Reset】（重置）命令，重新设置系统。

❷进入【Create】（创建）命令面板，按下【Geometry】（几何体）按钮，在【Object Type】（对象类型）卷展栏下选择【Cone】（圆锥体）。

❸在顶视图中按住鼠标左键并拖动，拉出圆锥体的底面，松开鼠标，向上移动鼠标，可以在透视图中出现了一个圆柱体。单击鼠标左键，移动鼠标，发现顶面开始缩小。缩

放至一点时，再次单击鼠标左键，完成锥体的创建，结果如图 4-10 所示。

02 重要参数举例

对圆锥体来说，除一般的参数之外，经常会用到的参数：【Smooth】（平滑）、【Side】（边数）、【Slice on】（启用切片）。尤其要注意的是，可以利用【Radius2】（半径2）参数完成圆台、棱台的创建；利用【Side】（边数）完成棱柱的创建。下面举例介绍。

❶重置系统。按照上述方法，在【Top】（顶）视图创建一个圆锥体。

❷选中圆锥体，选择移动工具，按住 Shift 键的同时沿 X 轴移动圆锥体，此时弹出复制对话框，在数量栏中输入 3 后，单击【OK】（确定）按钮，这样就复制出三个圆锥体。

❸选中第二个圆锥体，单击【Modify】（修改）命令面板，在【Parameters】（参数）卷展栏下将【Side】（边数）设为 8。

❹选中第三个圆柱体，单击【Modify】（修改）命令面板，在【Parameters】（参数）卷展栏下取消【Smooth】（平滑）复选框。

❺选中第四个圆柱体，单击【Modify】（修改）命令面板，在【Parameters】（参数）卷展栏下单击选中【Slice on】（启用切片），在其下面的【Slice to】（切片结束位置）框内输入-150。

❻在透视图中看到圆锥体不同参数时的形状变化，如图 4-11 所示。

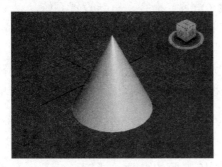
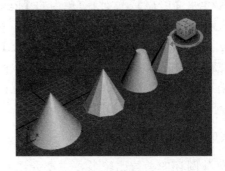

图4-10　透视图中的圆锥体　　　　图4-11　透视图中圆锥体不同参数时的形状

4.1.6　【Tube】（管状体）的创建

在 3ds Max 2020 中，类似管状物的创建非常容易。管状物往往作为建筑效果图的基础，在椅子的制作中应用非广泛。

01 创建方式

❶单击【File】（文件）菜单中的【Reset】（重置）命令，重新设置系统。

❷进入【Create】（创建）命令面板，按下【Geometry】（几何体）按钮，在【Object Type】（对象类型）卷展栏下选择【Tube】（管状体）。

❸在顶视图中按住鼠标左键并拖动，拉出管状体的底面外轮廓，松开鼠标，向内移动鼠标，确定好管状体的内圆大小后，单击鼠标左键。然后向上拖动鼠标，在透视图中观察管状体的高度，到合适位置时，单击鼠标左键，完成管状体的创建，如图 4-12 所示。

02 重要参数举例

对管状体来说，经常会用到的参数：【Smooth】（光滑）、【Side】（边数）、【Slice on】（启用切片）。因为管状体和圆柱的参数非常相似，这里就不多介绍，只给出不同参数下的形状对比图，如图 4-13 所示。

图4-12　透视图中的管状体

图4-13　管状体不同参数时的形状

4.1.7　【Torus】（圆环）的创建

01 创建方式

❶单击【File】(文件)菜单中的【Reset】(重置)命令，重新设置系统。

❷进入【Create】(创建)命令面板，按下【Geometry】(几何体)按钮，在【Object Type】(对象类型)卷展栏下选择【Torus】(圆环)。

❸在顶视图中按住鼠标左键并拖动，拉出圆环的外轮廓，松开鼠标，向内移动鼠标，可以在透视图中看到圆环的内轮廓随着鼠标的移动而变动。移动到合适位置时再次单击，完成圆环的创建，结果如图 4-14 所示。

02 重要参数举例

创建圆环的参数比较多，主要介绍几个比较难懂的参数：【Smooth】（平滑）、【Rotation】（旋转）、【Twist】（扭曲）。下面举例介绍。

❶重置系统。按照上述方法，在【Top】（顶）视图创建一个圆环，为了使对比效果更明显，将圆环的【Sides】(边数)设为 8。

❷选中圆环，选择移动工具，按住 Shift 键的同时沿 X 轴移动圆环，此时弹出复制对话框，在数量栏中输入 3 后，单击【OK】(确定)按钮，这样就复制出三个环。

❸选中第二个圆环，单击【Modify】(修改)命令面板，在【Parameters】(参数)卷展栏下将【Smooth】(平滑)方式选为 Sides(侧面)。

❹选中第三个圆环，单击【Modify】(修改)命令面板，在【Parameters】(参数)卷展栏下将【Smooth】(平滑)方式选为 None(无)。

❺选中第四个圆环，单击【Modify】(修改)命令面板，在【Parameters】(参数)卷展栏下将【Smooth】(平滑)方式选为 Segments(分段)。

❻对四格圆环进行微调。我们可以在透视图中看到圆环采用不同光滑方式时的形状变化，如图 4-15 所示。

❼重复第❶、❷步操作，不同的是只需复制两个圆环即可。

❽选中第二个圆环，单击【Modify】（修改）命令面板，在【Parameters】（参数）卷展栏下的【Rotation】（旋转）框内输入 180。

图4-14　透视图中的圆环

图4-15　圆环不同光滑方式时的形状

❾选中第三个圆环，单击【Modify】（修改）命令面板，在【Parameters】（参数）卷展栏下的【Twist】（扭曲）框内输入 720。

❿在透视图中对比各参数的效果，如图 4-16 所示。

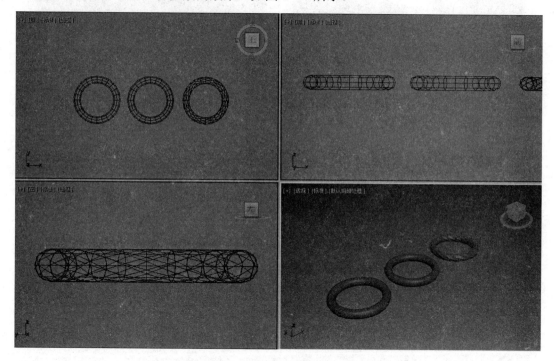

图4-16　圆环在不同参数下的三视图及透视图

4.1.8　【Pyramid】（四棱锥）的创建

❶单击【File】（文件)菜单中的【Reset】（重置）命令，重新设置系统。

❷进入【Create】（创建）命令面板，按下【Geometry】（几何体）按钮，在【Object Type】（对象类型）卷展栏里选择【Pyramid】（四棱锥）。

❸在顶视图中按住鼠标左键并拖动，拉出四棱锥的底面，松开鼠标，向上或向下移动鼠标，可以在透视图中实时观察到四棱锥的变化。再次单击鼠标左键，完成四棱锥的创建，结果如图 4-17 所示。

创建四棱锥的参数都比较简单，这里不做介绍。

📖4.1.9 【Plane】（平面）的创建

❶单击【File】(文件)菜单中的【Reset】（重置）命令，重新设置系统。

❷进入【Create】（创建）命令面板，按下【Geometry】（几何体）按钮，在【Object Type】（对象类型）卷展栏里选择【Plane】（平面）。

❸在顶视图中按住鼠标左键并拖动，即可完成平面的创建，结果如图 4-18 所示。

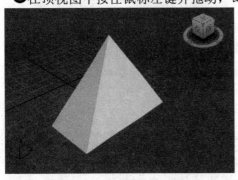 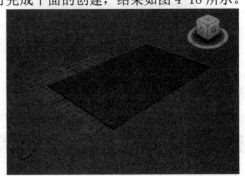

图4-17 透视图中的四棱锥　　　　　　　图4-18 透视图中的平面

创建平面的参数都比较简单，这里不做介绍。

📖4.1.10 【Teapot】（茶壶）的创建

01 创建方式

❶单击【File】(文件)菜单中的【Reset】（重置）命令，重新设置系统。

❷进入【Create】（创建）命令面板，按下【Geometry】（几何体）按钮，在【Object Type】（对象类型）卷展栏里选择【Teapot】（茶壶）。

❸在顶视图中按住鼠标左键并拖动，即可完成茶壶的创建，透视图效果如图 4-19 所示。

02 重要参数举例

对茶壶来说，不仅可以创建整个茶壶，而且可以仅创建其部件。它的部件包括【Body】（壶体）、【Handle】（壶把）、【Spout】（壶嘴）、【Lid】（壶盖）。下面举例介绍。

❶ 重置系统。按照上述方法，在【Top】（顶）视图创建一个茶壶。

❷选中茶壶，选择移动工具，按住 Shift 键的同时沿 X 轴移动茶壶，此时弹出复制对话框，在数量栏中输入 5 后，单击【OK】（确定）按钮，这样就复制出 5 个茶壶。

❸选中第二个茶壶，单击【Modify】（修改）命令面板，在【Parameters】（参数）卷展栏下的【Teapot parts】（茶壶部件）区里仅勾选【Body】（壶体）。

❹选中第三个茶壶，单击【Modify】（修改）命令面板，在【Parameters】（参数）卷展栏下的【Teapot parts】（茶壶部件）区里仅勾选【Handle】（壶把）。

❺选中第四个茶壶，单击【Modify】（修改）命令面板，在【Parameters】（参数）卷展栏下的【Teapot parts】（茶壶部件）区里仅勾选【Spout】（壶嘴）。

❻选中第五个茶壶，单击【Modify】（修改）命令面板，在【Parameters】（参数）卷展栏下的【Teapot parts】（茶壶部件）区里仅勾选【Lid】（壶盖）。

❼在透视图中观察茶壶在不同参数时的形状，如图 4-20 所示。

图4-19 透视图中的茶壶

图4-20 透视图中茶壶在不同参数时的形状

4.2 扩展基本体的创建

学会标准几何体建模后，现在进入扩展基本体模型的创建。扩展基本体是比较重要的一类内置模型，在这类模型的基础上运用各种修改器，可以达到创建复杂模型的目的。

4.2.1 【Hedra】（异面体）的创建

01 创建方式

❶单击【File】（文件）菜单中的【Reset】命令，重新设置系统。

❷进入【Create】（创建）命令面板，单击【Geometry】（几何体）按钮，在下拉列表中选择【Extended Primitives】（扩展基本体），如图 4-21 所示。

❸单击【Hedra】（异面体）按钮，然后在【Top】（顶）视图中单击鼠标左键并拖动，完成多面体的创建，结果如图 4-22 所示。

图4-21 创建扩展基本体面板

图4-22 透视图中的多面体

02 重要参数举例

❶ 重置系统。按照上述方法，在【Top】（顶）视图创建一个多面体。

❷选中多面体，选择移动工具，按住 Shift 键的同时沿 X 轴移动多面体，此时弹出复制对话框，在数量栏中输入 5 后，单击【OK】（确定）按钮，这样就复制出 5 个多面体。

❸选中第二个多面体，进入【Modify】（修改）面板，在【Parameters】（参数）卷展栏中选定【Tetra】（四面体）选项，然后在【Family Parameters】（系列参数）区域设置 P 的值为 1.0。此时对象为正四面体。

❹选中第三个多面体，进入【Modify】面板，在【Parameters】卷展栏中选定【Cube/Octa】（立方体/八面体）选项，设置 P 的值为 1.0，此时对象为正八面体。

❺选中第四个多面体，进入【Modify】面板，在【Parameters】卷展栏中选定【Cube/Octa】（立方体/八面体）选项，设置 P 的值为 1.0，设置 Q 的值为 1.0，此时多面体变成了立方体形状。

❻选中第五个多面体，进入【Modify】面板，在【Parameters】卷展栏中选定【Dodec/Icos】（十二面体/二十面体）选项，设置 Q 的值为 1.0，此时正八面体变成了正十二面体。

❼选中第六个多面体，进入【Modify】面板，在【Parameters】卷展栏中选定【Dodec/Icos】（十二面体/二十面体）选项，设置 P 的值为 1.0，设置 Q 的值为 1.0，此时正 12 面体变成了正二十面体。

❽从透视图中观察我们对多面体的参数控制效果，如图 4-23 所示。

4.2.2 【ChamferBox】（倒角长方体）的创建

倒角长方体在建模中非常有用，有了倒角扩展几何模型可以方便地完成一些需要倒角的造型，如沙发、椅垫等。

01 创建方式

❶单击【File】（文件）菜单中的【Reset】（重置）命令，重新设置系统。

❷进入【Create】（创建）命令面板，按下【Geometry】（几何体）按钮，在下拉列表中选择【Extended Primitives】（扩展基本体）。

❸单击【ChamferBox】（切角长方体）按钮，在顶视图中按住鼠标左键并拖动，拉出长方体的底面，松开鼠标，向上或向下移动，再次单击鼠标左键，透视图中出现长方体的模型。晃动鼠标，长方体出现倒角，单击左键完成倒角长方体的创建，结果如图 4-24 所示。

02 重要参数举例

对倒角长方体而言，经常会用到如下的参数：【Fillet】（倒角）、【Fillet Segs】（倒角段数）、【Smooth】（光滑）。前两个参数控制长方体的圆角大小：【Fillet】的值越大，圆角的部分就越大；【Fillet Segs】（倒角段数）的值越大，则圆角越光滑。下面举例介绍。

❶重置系统。按照上述方法，在【Top】（顶）视图创建一个倒角长方体。

❷选中倒角长方体，选择移动工具，按住 Shift 键的同时沿 X 轴移动长方体，此时弹出复制对话框，在数量栏中输入 2 后，单击【OK】（确定）按钮，这样就复制出两个倒

角长方体。

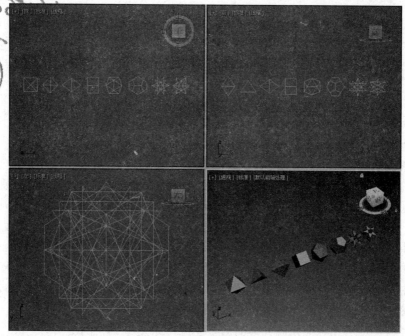

图4-23　不同参数下的多面体

❸选中第二个倒角长方体，单击【Modify】（修改）命令面板，在【Parameters】（参数）卷展栏下取消【Smooth】（平滑）复选框的勾选。

❹选中第三个倒角长方体，单击【Modify】（修改）命令面板，在【Parameters】（参数）卷展栏下的【Fillet Segs】（倒角分段）框内输入 200。【Fillet】（倒角）框内输入 438。

❺观察参数作用于倒角长方体的变化，如图 4-25 所示。

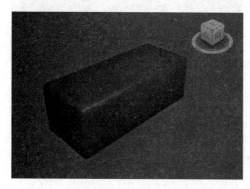

图4-24　透视图中的倒角长方体

图4-25　不同参数下的倒角长方体

4.2.3　【ChamferCyl】（切角圆柱体）的创建

倒角圆柱体在建模中非常有用，有了圆角扩展几何模型我们可以方便地完成一些需要圆角的造型，如沙发、椅垫等。

01 创建方式

倒角圆柱体的创建方法几乎与圆柱体相同，只多了一步形成倒角的操作，所以这里不再详细介绍。仅给出圆柱体与倒角圆柱体的对比图，如图 4-26 所示。

02 重要参数举例

除具备圆柱体的一般参数外，倒角圆柱体特有的参数是：【Fillet】（倒角）和【Fillet Segs】（倒角圆柱体角分段）。【Fillet】（倒角）的值越大，圆角的部分就越大；【Fillet Segs】（倒角段数）的值越大，则圆角越光滑。下面举例介绍。

❶重置系统。按照上述方法，在【Top】（顶）视图创建一个倒角圆柱体。

❷选中倒角圆柱体，选择移动工具，按住 Shift 键的同时沿 X 轴移动倒角圆柱体，此时弹出复制对话框，在数量栏中输入 2 后，单击【OK】（确定）按钮，这样就复制出两个倒角圆柱体。

❸选中第二个倒角圆柱体，单击【Modify】（修改）命令面板，打开【Parameters】（参数）卷展栏，保持其他参数不变，将【Fillet Segs】（倒角分段）设为 5。

❹选中第三个倒角圆柱体，单击【Modify】（修改）命令面板，打开【Parameters】（参数）卷展栏，保持其他参数不变，将【Fillet】（倒角）增加 10。

❺在透视图中看出各倒角圆柱体的形状变化，如图 4-27 所示。

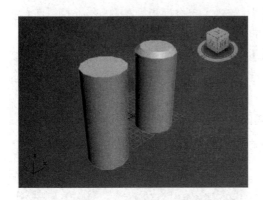

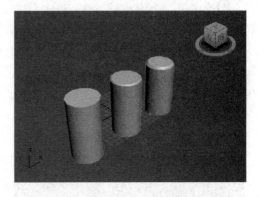

图4-26　圆柱体与倒角圆柱体的对比图　　　　图4-27　不同参数下的倒角圆柱体形状

📖 4.2.4　【Oiltank】（桶状体）的创建

01 创建方式

❶单击【File】（文件）菜单中的【Reset】（重置）命令，重新设置系统。

❷进入【Create】（创建）命令面板，按下【Geometry】（几何体）按钮，在下拉列表中选择【Extended Primitives】（扩展基本体）。

❸单击【Oiltank】（油罐）按钮，在顶视图中按住鼠标左键并拖动，拉出桶状体的两个盖，向上或向下移动鼠标，在适当高度单击鼠标左键，完成桶状体的创建，结果如图 4-28 所示。

02 重要参数举例

对桶状体来说，除一般的参数之外，主要介绍两个参数：【Cap Hight】（封口高度）、【Blend】（混合）。下面举例介绍。

❶重置系统。按照上述方法，在【Top】（顶）视图创建一个桶状体。

❷选中桶状体，选择移动工具，按住 Shift 键的同时沿 X 轴移动桶状体，此时弹出复制对话框，在数量栏中输入 2 后，单击【OK】（确定）按钮，这样就复制出两个桶状体。

❸选中第二个桶状体，单击【Modify】（修改）命令面板，在【Parameters】（参数）卷展栏下的【Cap Hight】（封口高度）高度框内加上 10。

❹选中第三个桶状体，单击【Modify】（修改）命令面板，在【Parameters】（参数）卷展栏下的【Blend】（混合）框内输入 4。

❺在透视图中看到桶状体在不同参数时的形状，如图 4-29 所示。

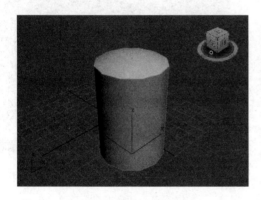
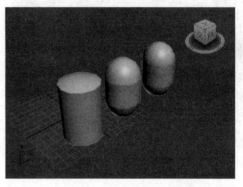

图4-28　透视图中的桶状体　　　　　图4-29　透视图中桶状体在不同参数时的形状

4.2.5　【Gengon】（倒角棱柱体）的创建

01 创建方式

❶单击【File】（文件）菜单中的【Reset】（重置）命令，重新设置系统。

❷进入【Create】（创建）命令面板，按下【Geometry】（几何体）按钮，在下拉列表中选择【Extended Primitives】（扩展基本体）。

❸单击【Gengon】（倒角棱柱体）按钮，在顶视图中按住鼠标左键并拖动，拉出五边形的底面，松开鼠标，向上移动鼠标，可以看到在透视图中出现了一个五棱柱。单击鼠标左键确定高度。晃动鼠标，发现棱柱的倒角发生变化。再次单击鼠标左键，完成多边形棱柱体的创建，结果如图 4-30 所示。

02 重要参数举例

对倒角棱柱体来说，除一般的参数之外，经常会用到如下的参数：【Smooth】（平滑）、【Fillet】（倒角）和【Fillet Segs】（倒角分段）。这些参数基本和前面的扩展体参数相同。下面举例介绍。

❶重置系统。按照上述方法，在【Top】（顶）视图创建一个倒角棱柱体。

❷选中倒角棱柱体，选择移动工具，按住 Shift 键的同时沿 X 轴移动倒角棱柱体，此时弹出复制对话框，在数量栏中输入 3 后，单击【OK】（确定）按钮，这样就复制出三个倒角棱柱体。

❸选中第二个倒角棱柱体，单击【Modify】（修改）命令面板，在【Parameters】（参数）卷展栏下勾选【Smooth】（平滑）复选框。

❹选中第三个倒角棱柱体，单击【Modify】（修改）命令面板，在【Parameters】（参数）卷展栏下的【Fillet】（倒角）数值框内增加 5。

❺选中第四个倒角棱柱体，单击【Modify】（修改）命令面板，在【Parameters】（参数）卷展栏下的【Fillet Segs】（倒角分段）数值框内输入 2。

❻在透视图中看到倒角棱柱体在不同参数时的形状变化，如图 4-31 所示。

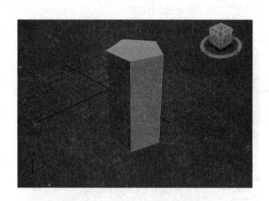

图4-30　透视图中的倒角棱柱体　　　　图4-31　倒角棱柱体在不同参数时的形状

📖 4.2.6　【Spindle】（纺锤体）的创建

纺锤体的创建与桶状体相似，差别只在于两端的突起部分是圆锥体。

01 创建方式

纺锤体的创建方法可以参考桶状体的创建，这里仅给出效果图，如图 4-32 所示。

02 重要参数举例

创建纺锤体的参数跟桶状体相似，这里仅介绍在创建桶状体时尚未介绍参数：【Overall】（总体）、【Centers】（中心）。下面举例介绍。

❶重置系统。按照上述方法，在【Top】（顶）视图创建一个纺锤体。

❷选中纺锤体，选择移动工具，按住 Shift 键的同时沿 X 轴移动纺锤体，此时弹出复制对话框，在数量栏中输入 2 后，单击【OK】（确定）按钮，这样就复制出两个纺锤体。

❸选中第一个纺锤体，单击【Modify】（修改）命令面板，在【Parameters】（参数）卷展栏下勾选【Overall】（总体）复选框。此时纺锤体的高度包括两个端面的高度。

❹选中第二个纺锤体，单击【Modify】（修改）命令面板，在【Parameters】（参数）卷展栏下勾选【Centers】（中心）复选框。此时纺锤体的高度不包括两个端面的高度。

❺在透视图中观察设置的效果，如图 4-33 所示。

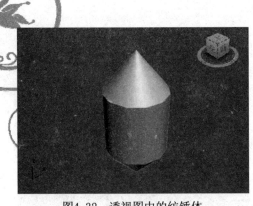

图4-32 透视图中的纺锤体

图4-33 纺锤体在不同参数时的形状

4.2.7 【Capsile】(胶囊体)的创建

胶囊体与纺锤体相似，区别只在于两端的突起部分是半圆形。

01 创建方式

胶囊体创建的方法参考桶状体的创建方法，这里仅给出效果图，如图 4-34 所示。

02 重要参数举例

创建胶囊体的参数与纺锤体相似，这里不再介绍，仅给出一些不同参数下的效果图，如图 4-35 所示。

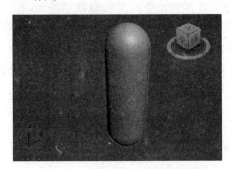

图4-34 透视图中的胶囊体

图4-35 胶囊体在不同半径、同一高度下的形状

4.2.8 【L-Ext】(L 形延伸体)的创建

❶单击【File】(文件)菜单中的【Reset】(重置)命令，重新设置系统。

❷进入【Create】(创建)命令面板，按下【Geometry】(几何体)按钮，在下拉列表中选择【Extended Primitives】(扩展基本体)。

❸单击【L-Ext】(L 形延伸体)按钮，在顶视图中按住鼠标左键并拖动，拉出一个 L 形的底面，松开鼠标，向上或向下移动鼠标到合适的高度单击。移动鼠标，可以看见 L 形延伸体的厚度发生变化。再次单击鼠标左键，完成 L 形延伸体的创建，结果如图 4-36 所示。

L 形延伸体的参数都比较简单，这里不做介绍。

4.2.9 【C-Ext】(C 形延伸体) 的创建

多用于创建 C 形墙体,创建方法与参数与 L 形延伸体基本相同,此处不作介绍,仅给出效果图,如图 3-37 所示。

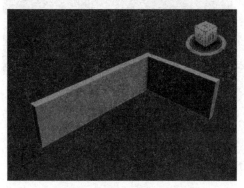

图4-36 透视图中的L形延伸体

图4-37 透视图中的C形延伸体

4.2.10 【Torus Knot】(环形节) 的创建

01 创建方式

❶单击【File】(文件)菜单中的【Reset】(重置)命令,重新设置系统。

❷进入【Create】(创建)命令面板,按下【Geometry】(几何体)按钮,在下拉列表中选择【Extended Primitives】(扩展基本体)按钮,在顶视图中按住鼠标左键并拖动,至合适大小后松开确定环形节的半径,然后向上移动鼠标指针至合适位置后单击鼠标,确定缠绕圆柱体的截面半径,从而完成环形节的创建,效果如图 4-38 所示。

02 重要参数举例

环形节的参数较多,这里重点介绍它的两种模型:一种是【Knot】(节),另一种是【Circle】(圆)。下面举例介绍。

❶重置系统。按照上述方法,在【Top】(顶)视图创建一个环形节。

❷选中环形节,单击【Modify】(修改)命令面板,在【Parameters】(参数)卷展栏下的【Base Curve】(基础曲线)栏下勾选【Circle】(圆)复选框,环形节变成了一个圆,如图 4-39 所示。

❸取消刚才操作,选择移动工具,按住 Shift 键的同时沿 X 轴移动环形节,此时弹出复制对话框,在数量栏中输入 2 后,单击【OK】(确定)按钮,这样就复制出两个环形节。

❹选中第二个环形节,单击【Modify】(修改)命令面板,在【Parameters】(参数)卷展栏下的【Base Curve】(基础曲线)栏下勾选【Knot】(形)复选框,并将 P、Q 值分别设为 1,6。

❺选中第三个环形节,单击【Modify】(修改)命令面板,在【Parameters】(参数)卷展栏下的【Base Curve】(基础曲线)栏下勾选【Circle】(圆)复选框。并在【Wrap Count】

（块偏移）栏里输入 15，在【Wrap Height】（块高度）栏里输入 2。

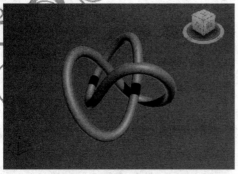

图4-38　透视图中的环形节

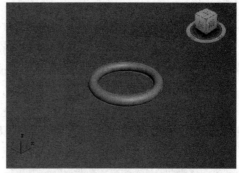

图4-39　选中Circle后的环形节

❻调整视图，在四视图中观察各参数对环形节的作用效果，如图 4-40 所示。

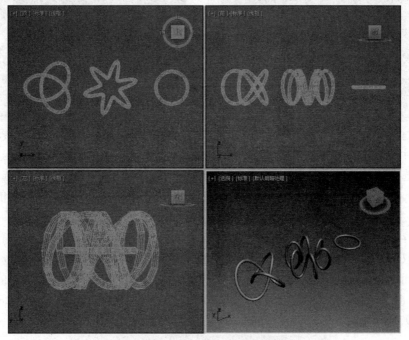

图4-40　不同参数下的环形节

📖 4.2.11　【Ringwave】（环形波）的创建

01 创建方式

❶单击【File】（文件）菜单中的【Reset】（重置）命令，重新设置系统。

❷进入【Create】（创建）命令面板，按下【Geometry】（几何体）按钮，在下拉列表中选择【Extended Primitives】（扩展基本体）。

❸单击【Ringwave】（环形波）按钮，在顶视图中按住鼠标左键并拖动，拉出环形波的外轮廓，松开鼠标，向圆心处移动鼠标至合适位置处单击，完成环形波截面轮廓的创建，结果如图 4-41 所示。

❹在右边的【Parameters】（参数）卷展栏下找到【Ringwave Size】（环形波大小）

区域，在【Height】（高度）框内输入 200，完成环形波的创建，结果如图 4-42 所示。

02 重要参数举例

环形波的参数比较多，我们重点介绍两个控制轮廓的参数区：【Outer Edge Breakup】（外边波折）参数区和【Inner Edge Breakup】（内边波折）参数区。下面举例介绍。

❶重置系统。按照上述方法，在【Top】（顶）视图创建一个环形波。

❷选中环形波，选择移动工具，按住 Shift 键的同时沿 X 轴移动环形波，此时弹出复制对话框，在数量栏中输入 2 后，单击【OK】（确定）按钮，这样就复制出两个环形波。

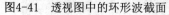

图4-41　透视图中的环形波截面　　　　　图4-42　透视图中圆柱体不同参数时的形状

❸选中第二个环形波，单击【Modify】（修改）命令面板，在【Parameters】（参数）卷展栏下选中【Outer Edge Breakup】（外边波折）参数区的【On】（启用）复选框，取消【Inner Edge Breakup】（内边波折）参数区的【On】（启用）复选框。并在其下的【Major Cycles】（主周期数）框内输入 10，在【Minor Cycles】（次周期数）框内输入 80。

❹选中第三个环形波，单击【Modify】（修改）命令面板，在【Parameters】（参数）卷展栏下取消【Outer Edge Breakup】（外边波折）参数区的【On】（启用）复选框，选中【Inner Edge Breakup】（内边波折）参数区的【On】（启用）复选框。并在其下的【Major Cycles】（主周期数）框内输入 10，在【Minor Cycles】（次周期数）框内输入 80。

❺在四视图中看到环形波在不同参数时的形状变化，如图 4-43 所示。

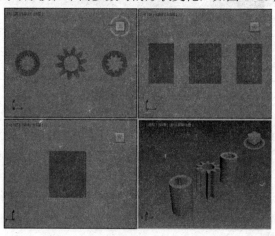

图4-43　环形波在不同参数时的形状

4.2.12 【Hose】（软管）的创建

01 创建方式

❶单击【File】（文件）菜单中的【Reset】（重置）命令，重新设置系统。

❷进入【Create】（创建）命令面板，按下【Geometry】（几何体）按钮，在下拉列表中选择【Extended Primitives】（扩展基本体）。

❸单击【Hose】（软管）按钮，在顶视图中按住鼠标左键并拖动，拉出软管的底面，单击鼠标后移动，在适当高度单击左键，即可完成软管的创建。透视图中效果如图 4-44 所示。

02 重要参数举例

软管的参数比较多。这里着重介绍两个参数区，即一般参数区和形状控制区。下面举例介绍。

❶重置系统。按照上述方法，在【Top】（顶）视图创建一个软管。

❷选中软管，选择移动工具，按住 Shift 键的同时沿 X 轴移动软管，此时弹出复制对话框，在数量栏中输入 2 后，单击【OK】（确定）按钮，这样就复制出两个软管。

❸选中第二个软管，单击【Modify】（修改）命令面板，在【Hose Parameters】（软管参数）卷展栏下的【Common Hose Parameters】（公用软管参数）区里勾选【Flex Section】（启用柔体截面）复选框，并将【Starts】（起始位置）和【Ends】（结束位置）的分别设为 50，90。

❹选中第三个软管，单击【Modify】（修改）命令面板，在【Hose Parameters】（软管参数）卷展栏下的【Common Hose Parameters】（公用软管参数）区里勾选【Flex Section】（启用柔体截面）复选框，并将【Starts】（起始位置）和【Ends】（结束位置）的分别设为 10，50。透视图中的效果如图 4-45 所示。

❺取消第❷、❸步操作，回到复制出的两个软管状态。选中第二个软管，单击【Modify】（修改）命令面板，在【Hose Parameters】（软管参数）卷展栏下的【Hose Shape】（软管形状）区内勾选【Rectangular Hose】（长方形软管）复选框，并分别设置【Fillet】（倒角）和【Fillet Segs】（倒角分段）参数分别为 10，5。

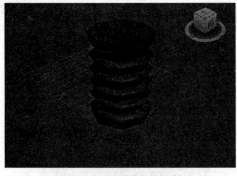
图4-44　透视图中的软管

图4-45　透视图中不同参数对软管的作用

❻选中第二个软管，单击【Modify】（修改）命令面板，在【Hose Parameters】（软管

参数）卷展栏下的【Hose Shape】（软管形状）区内勾选【D-section】（D 截面软管）复选框，并分别设置【Fillet】（倒角）和【Fillet Segs】（倒角分段）参数分别为10，5。

❼在四视图中观察各参数对软管的作用效果，如图 4-46 所示。

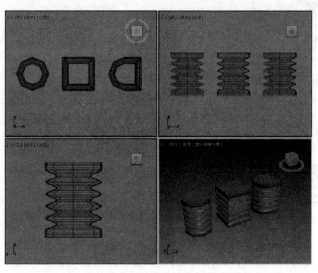

图4-46　不同形状的软管

📖4.2.13 【Prism】（棱柱）的创建

❶单击【File】（文件)菜单中的【Reset】（重置）命令，重新设置系统。

❷进入【Create】（创建）命令面板，按下【Geometry】（几何体）按钮，在下拉列表中选择【Extended Primitives】（扩展基本体）。

❸单击【Prism】（棱柱）按钮，在顶视图中按住鼠标左键并拖动，拉出三角形的一条边，松开鼠标并移动至合适位置单击，确定三角形截面。然后向上或向下移动鼠标至合适位置，再次单击左键，确定三棱柱的高度，即可完成三棱柱的创建。透视图中效果如图 4-47 所示。

❹如果要创建等腰棱柱，需要在创建前选中右侧面板上【Creat Method】（创建方法）参数区下的【Isosceles】（二等边）。

❺如果要创建等边三棱柱，需要在创建前选中右侧面板上【Creat Method】（创建方法）参数区下的【Isosceles】（二等边），并且创建时按住 Ctrl 键。等腰三棱柱和等边三棱柱在透视图中的效果如图 4-48 所示。

图4-47　透视图中的三棱柱

图4-48　等腰三棱柱和等边三棱柱

三棱柱的参数很简单，这里不再介绍。但有一点需要注意，即三棱柱的截面边长调节时要受到其他两条边长度的约束，不能任意调节。

4.3 门的创建

4.3.1 【Pivot】(枢轴门)的创建

01 创建方式

❶单击【File】(文件)菜单中的【Reset】(重置)命令，重新设置系统。

❷进入【Create】(创建)命令面板，单击【Geometry】(几何体)按钮，在下拉列表中选择【Doors】(门)，如图 4-49 所示。

❸单击【Pivot】(枢轴门)按钮，然后在【Top】(顶)视图中单击并拖动至合适位置单击，确定门的宽度。移动鼠标至合适位置单击，确定门的厚度。最后移动鼠标，至合适高度单击左键，确定门的高度，从而完成枢轴门的创建，结果如图 4-50 所示。

02 重要参数举例

❶重置系统。按照上述方法，在【Top】(顶)视图创建一个枢轴门。

❷选中枢轴门，选择移动工具，按住 Shift 键的同时沿 X 轴移动枢轴门，此时弹出复制对话框，在数量栏中输入 4 后，单击【OK】(确定)按钮，就复制出 4 个枢轴门。

图4-49 创建门的命令面板

图4-50 透视图中的枢轴门

❸选中第二个枢轴门，进入【Modify】(修改)面板，在【Parameters】(参数)卷展栏下的【Open】(打开)数值框内输入 50。此时，枢轴门打开 50°。

❹选中第三个枢轴门，进入【Modify】(修改)面板，在【Parameters】(参数)卷展栏下选中【Double】(双门)复选框，同时在【Open】(打开)数值框内输入 50。可以看到此时枢轴门有两个门板。

❺选中第四个枢轴门，进入【Modify】(修改)面板，在【Parameters】(参数)卷展栏下选中【Flip Swing】(翻转转动方向)复选框，同时在【Open】(打开)数值框内输入 50。可以看到此时枢轴门向外开，同时打开 50°。

❻选中第五个枢轴门，进入【Modify】(修改)面板，在【Parameters】(参数)卷展栏下同时选中【Double】(双门)和【Flip Swing】(翻转转枢)复选框，同时在【Open】

数值框内输入 50。

❼从透视图中观察不同参数的枢轴门的形状，如图 4-51 所示。

📖4.3.2 【Sliding】（推拉门）的创建

推拉门的创建、参数均与枢轴门相似，此处不作介绍，仅给出效果图，如图 4-52 所示。

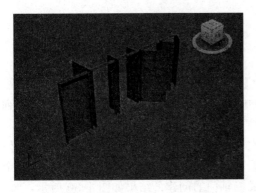 

图4-51　不同参数时枢轴门的形状　　　　图4-52　不同参数时推拉门的形状

📖4.3.3 【BiFold】（折叠门）的创建

折叠门的创建、参数也与枢轴门相似，此处不作介绍，仅给出效果图，如图 4-53 所示。

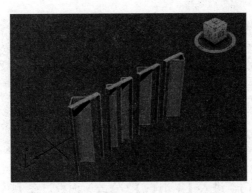

图4-53　不同参数时折叠门的形状

4.4 窗的创建

📖4.4.1 【Awning】（遮篷式窗）的创建

01 创建方式

❶单击【File】（文件）菜单中的【Reset】（重置）命令，重新设置系统。

❷进入【Create】（创建）面板，单击【Geometry】（几何体）按钮，在下拉列表中选择【Windows】（窗），如图 4-54 所示。

❸单击【Awning】（遮篷式窗）按钮，然后在【Top】（顶）视图中单击并拖动至合适位置再单击，确定窗的宽度。移动鼠标至合适位置单击，确定窗的厚度。最后移动鼠标至合适高度单击，确定窗的高度，从而完成遮篷式窗的创建。

❹在右侧参数卷展栏下的【Open】（打开）数值框内输入 50，结果如图 4-55 所示。

02 重要参数举例

这里主要介绍制作多页窗的参数：【Rails and Panels】（窗格）下的【Panel Count】（窗格数）。

❶重置系统。按照上述方法，在【Top】（顶）视图创建一个打开一定角度的遮篷式窗。

❷选中遮篷式窗，选择移动工具，按住 Shift 键的同时沿 X 轴移动遮篷式窗，此时弹出复制对话框，在数量栏中输入 2 后，单击【OK】（确定）按钮，这样就复制出两个遮篷式窗。

图4-54　创建窗的命令面板

❸选中第二个遮篷式窗，进入【Modify】（修改）面板，找到【Parameters】（参数）卷展栏下的【Rails and Panels】（窗格）参数区，在它下面的【Panel Count】（窗格数值）数值框内输入 2。

❹选中第三个遮篷式窗，进入【Modify】（修改）面板，找到【Parameters】（参数）卷展栏下的【Rails and Panels】（窗格）参数区，在它下面的【Panel Count】（窗格数值）数值框内输入 4。

❺从透视图中观察不同参数时遮篷式窗的形状，如图 4-56 所示。

图4-55　透视图中遮篷式窗

图4-56　不同参数时遮篷式窗的形状

📖 4.4.2　【Fixed】（固定窗）的创建

01 创建方式

❶单击【File】(文件)菜单中的【Reset】(重置)命令重新设置系统。进入【Create】(创建)命令面板,单击【Geometry】(几何体)按钮,在下拉列表中选择【Windows】(窗)。

❷单击【Fixed】(固定窗)按钮,然后在【Top】(顶)视图中单击并拖动至合适位置再单击,确定窗的宽度。移动鼠标至合适位置单击,确定窗的厚度。最后移动鼠标至合适高度单击,确定窗的高度,从而完成固定式窗的创建,如图4-57所示。

02 重要参数举例

❶重置系统。按照上述方法在【Top】(顶)视图创建一个打开一定角度的固定式窗。

❷选中固定式窗,选择移动工具,按住 Shift 键的同时沿 X 轴移动,此时弹出复制对话框,在数量栏中输入1后,单击【OK】(确定)按钮,这样就复制出一个固定式窗。

❸选中第一个固定式窗,进入【Modify】(修改)面板,找到【Parameters】(参数)卷展栏下的【Rails and Panels】(窗格)参数区,在它下面的【Width】(宽度)数值框内输入5,【Panel Horiz】(水平窗格数)数值框内输入4,【Panel Vert】(垂直窗格数)数值框内输入4。此时框格发生数目变化。

❹选中第二个固定式窗,同样对其应用第(3)步的修改,最后勾选【Chamfered Profile】(切角剖面)复选框,窗格的倒角发生变化。

❺在透视图中观察固定式窗在不同参数时的形状变化,如图4-58所示。

图4-57　透视图中的固定窗

图4-58　固定窗在不同参数时的形状

4.4.3　【Projected】(伸出式窗)的创建

伸出式窗的创建方式和参数基本与前面讲到的遮篷式窗相同,这里仅给出效果图,如图4-59所示。

4.4.4　【Sliding】(推拉窗)的创建

推拉窗的创建方式和参数基本与前面讲到的遮篷式窗相同,这里仅给出效果图,如图4-60所示。

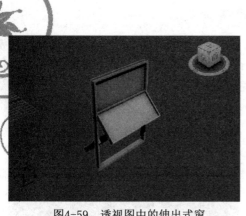

图4-59　透视图中的伸出式窗

图4-60　透视图中的推拉窗

4.4.5　【Pivoted】（旋开式窗）的创建

旋开式窗的创建方式和参数基本与前面讲到的遮篷式窗相同，这里仅给出效果图，如图 4-61 所示。

4.4.6　【Casement】（平式窗）的创建

平式窗的创建方式和参数基本与前面讲到的遮篷式窗相同，这里仅给出效果图，如图 4-62 所示。

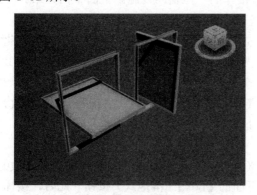

图4-61　透视图中的旋开式窗

图4-62　透视图中的平式窗

4.5　楼梯的创建

4.5.1　【L type Stair】（L形楼梯）的创建

01 创建方式

❶单击【File】（文件）菜单中的【Reset】（重置）命令，重新设置系统。

❷进入【Create】（创建）命令面板，单击【Geometry】（几何体）按钮，在下拉列表中选择【Stair】（楼梯），如图 4-63 所示。

❸单击【L type Stair】（L 形楼梯）按钮，然后在【Top】（顶）视图中单击鼠标左键并拖动。拉出一个矩形来，释放鼠标并移动至合适位置时单击，确定 L 形投影面。移动鼠标至合适高度时再次单击，确定楼梯的高度。完成 L 形楼梯的创建，如图 4-64 所示。

图4-63　创建楼梯的命令面板

图4-64　透视图中的L形楼梯

02 重要参数举例

这里主要介绍参数卷展栏下的楼梯样式和楼体的一些辅助设施。下面举例介绍。

❶重置系统。按照上述方法，在【Top】（顶）视图中创建一个 L 形楼梯。

❷选中 L 形楼梯，选择移动工具，按住 Shift 键的同时沿 X 轴移动 L 形楼梯，此时弹出复制对话框，在数量栏中输入 2 后，单击【OK】（确定）按钮，这样就复制出两个 L 形楼梯。

❸选中第二个 L 形楼梯，进入【Modify】（修改）面板，找到【Parameters】（参数）卷展栏下的【Type】（类型）参数区，勾选它下面的【Closed】（封闭式）按钮。此时，楼梯之间的空间闭合。

❹选中第三个 L 形楼梯，进入【Modify】（修改）面板，找到【Parameters】（参数）卷展栏下的【Type】（类型）参数区，勾选它下面的【Box】（落地式）按钮。此时，楼梯地下成为实体。

❺在透视图中观察三者的对比情况，如图 4-65 所示。

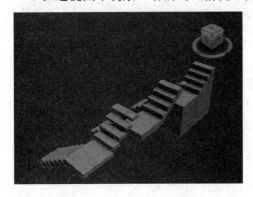

图4-65　不同样式的L形楼梯

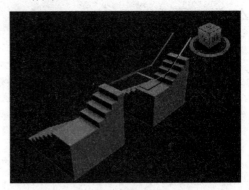

图4-66　加了护栏和扶手的L形楼梯

❻删掉前两个楼梯，保留并复制第三个楼梯，选中刚复制的楼梯，找到【Parameters】（参数）卷展栏下的【Generate Geometry】（生成几何体）参数区，勾选【Stringe】（侧弦）复选框，同时勾选【Handleraile】（扶手）后面的【Left】（左）和【Right】（右）复选框，这样就给楼梯加上了底部护栏和扶手。

❼在透视图中可以观察楼梯的形状变化，如图 4-66 所示。

📖 4.5.2　【Straight Stair】（直线楼梯）的创建

直线楼梯的创建和参数基本与 L 形楼梯相同，这里仅给出效果图，如图 4-67 所示。

📖 4.5.3　【U-Type Stair】（U 形楼梯）的创建

U 形楼梯的创建和参数基本与 L 形楼梯相同，这里仅给出效果图，如图 4-68 所示。

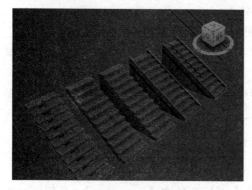

图4-67　透视图中的直线楼梯

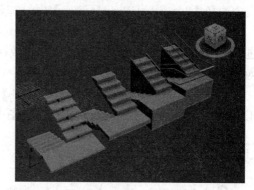

图4-68　透视图中的U形楼梯

📖 4.5.4　【Spiral Stair】（螺旋楼梯）的创建

螺旋楼梯的创建和参数基本与 L 形楼梯相同，这里仅给出效果图，如图 4-69 所示。

图4-69　透视图中的螺旋楼梯

4.6 实战训练——沙发

本章系统地介绍了基本几何体、扩展基本体以及一些建筑构件的制作方法。这些方法是建模工作的基础。下面将通过制作沙发模型的练习，学习如何利用系统内置的基本模型以及前面学到的二维建模知识来创建常用的模型。

4.6.1 沙发底座的制作

❶单击【File】(文件)菜单中的【Reset】(重置)命令，重置系统。

❷进入【Create】(创建)命令面板，单击【Geometry】(几何体)按钮，在下拉列表中选择【Extended Primitives】(扩展基本体)。

❸单击【ChamferBox】(切角长方体)按钮，创建一个倒角立方体。选中立方体，进入【Modify】(修改)命令面板，在参数栏下将长、宽、高、倒角、倒角段数分别设置为50、130、30、6和5。

❹单击右下角的【Zoom Extents All】(所有视图最大化显示选定对象)视图调整工具，可以看到制作成的沙发底座。透视图中效果如图4-70所示。

4.6.2 沙发垫的制作

❶激活顶视图，进入【Create】(创建)命令面板，单击【Geometry】(几何体)按钮，在下拉列表中选择【Extended Primitives】(扩展基本体)。

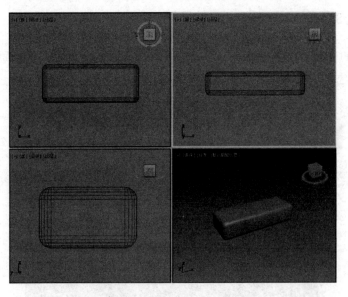

图4-70 沙发底座透视图

❷单击【ChamferBox】(切角长方体)按钮，以沙发底座的一角为起点，拉出一个

倒角立方体，进入【Modify】（修改）命令面板，在参数栏下将长、宽、高、倒角、倒角段数分别设置为 48、42、8、10 和 6。效果如图 4-71 所示。

❸这个时候在透视图中看不到创建好的坐垫，因为它被沙发底座给挡住了。在前视图空白处单击鼠标右键，激活视图，选中坐垫，将其沿 Y 轴向上移动至底座面上，结果如图 4-72 所示。

❹在前视图中选中坐垫，按住 Shift 键的同时，沿 X 轴移动坐垫，在弹出的对话框中选择【Instance】（实例）复选框，并在数量栏中输入 2，然后单击【OK】（确定）按钮，复制了两个座垫，结果如图 4-73 所示。

❺沙发垫创建完毕。

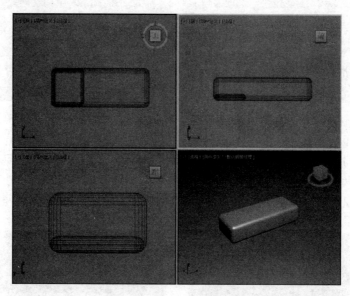

图4-71　加入坐垫后的效果

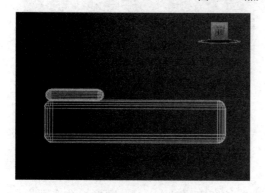

图4-72　坐垫移动后的前视图

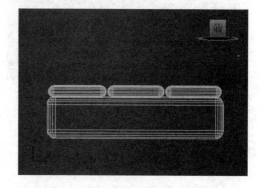

图4-73　复制坐垫后的前视图

📖4.6.3　沙发扶手的制作

❶激活前视图，单击【Create】（创建）控制按钮下【Shapes】（图形）命令面板中的【Rectangle】（矩形）按钮，创建一个矩形框。

❷进入【Modify】（修改）命令面板，在参数栏下将长、宽、角半径分别设置为 55、

15、6。此时前视图中的效果如图 4-74 所示。

❸在修改列表中选择【Edit Spline】（编辑样条线）按钮，选取【Selection】（选择）卷展栏中【Vertex】（顶点）按钮，此时所绘制的图形中的所有点都显示出来。选择最下面的那两个点，按键盘上的【Delete】（删除）键将其删除。调整底部的另外两点，使底部平直。调整后的形状如图 4-75 所示。

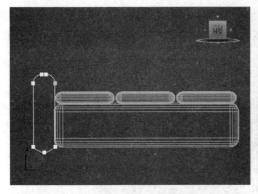
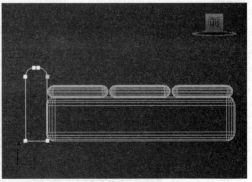

图4-74　前视图中绘制的带倒角的矩形框　　　　图4-75　前视图中调整后的矩形框

❹单击【Vertex】（顶点）按钮，退出节点层次编辑。

❺在修改列表中选择【Extrude】（挤出）按钮，并设置挤压数量为50。此时透视图中效果如图 4-76 所示。

❻激活顶视图，选中制作好的扶手，将其移动到合适位置，并在底座的另一侧复制同样的一个扶手，如图 4-77 所示。

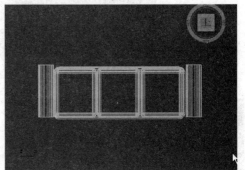

图4-76　挤压矩形框后的透视图　　　　　　　图4-77　复制一个同样的扶手

❼扶手制作完毕。

4.6.4　沙发靠背的制作

❶激活左视图，单击【Create】（创建）控制按钮下【Shapes】（图形）命令面板中的【Rectangle】（矩形）按钮，创建一个矩形框。

❷进入【Modify】（修改）命令面板，在参数栏下将长、宽、角半径分别设置为75、10、5。此时前视图中的效果如图 4-78 所示。

❸在修改列表中选择【Edit Spline】（编辑样条线）按钮，选取【Selection】（选择）卷展栏中【Vertex】（顶点）按钮，此时所绘制的图形中的所有点都显示出来。选择最下面的那个点，按 Delete（删除）键将其删除。调整底部的另外两点，使底部平

直。调整后的形状如图 4-79 所示。

❹单击【Geometry】（几何体）卷展栏下的【Refine】（优化）按钮，在矩形上插入节点并调整，制作出靠背的截面效果，如图 4-80 所示。

❺单击【Vertex】（顶点）　按钮，退出节点层次编辑。

❻在修改列表中选择【Extrude】（挤出）按钮，并设置挤压数量为 160（可视具体情况而定）。选择移动工具，将制作好的靠背移到图 4-81 所示位置。

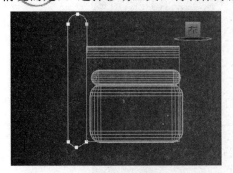
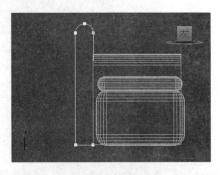

图4-78　左视图中沙发靠背的图形　　　　　图4-79　左视图中删除沙发靠背底部节点的图形

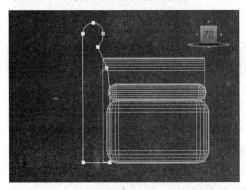
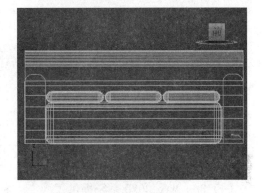

图4-80　左视图中调整好的靠背截面　　　　　图4-81　前视图中移动好的靠背

❼靠背制作完成。在四视图中观察制作好的沙发，如图 4-82 所示。

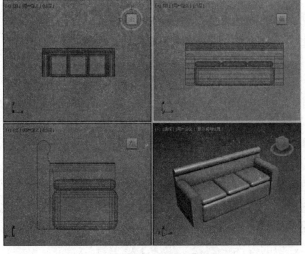

图4-82　制作好的沙发模型

❽还可以为沙发制作装饰物并赋予贴图，效果如图 4-83 所示。

图4-83 装饰后的沙发效果

4.7 课后习题

1．填空题

（1）3ds Max 2020 系统提供了_____个标准几何体模型。

（2）3ds Max 2020 系统提供了_____个扩展基本体模型。

（3）3ds Max 2020 系统提供了_____种门模型。

（4）3ds Max 2020 系统提供了_____种窗户模型。

（5）3ds Max 2020 系统提供了_____种楼梯模型。

2．问答题

（1）什么是几何体的段数？

（2）怎样才能使创建出的圆柱截面更圆滑？

（3）桶状体可以用来模拟哪些物体？试举一两个例子说明。

3．操作题

（1）在透视图中创建各标准几何体，修改几何体的参数，观察标准几何体的形状变化。

（2）在透视图中创建各扩展基本体，修改几何体的参数，观察扩展基本体的形状变化。

（3）在透视图中创建各种门，修改门的参数，观察门的形状变化。

（4）在透视图中创建各种窗，修改窗的参数，观察窗的形状变化。

（5）在透视图中创建各种楼梯，修改楼梯的参数，观察楼梯的形状变化。

（6）利用堆积建模的方法，创建一个房子造型。

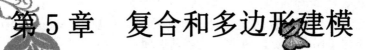

第 5 章 复合和多边形建模

教学目标

三维模型的创建方法有多种，本章主要讲述复合和多边形建模的基本方法。包括放样建模、布尔运算建模以及变形建模等。同时通过利用多边形创建椅子的全过程，介绍如何快速应用多边形建模技术，创建复杂的模型。本章内容都是创建三维造型十分常用的方法，也是制作三维动画的必要的过程，初学者应认真掌握。

教学重点与难点

- ➢ 变截面放样操作
- ➢ 对放样物体的修改
- ➢ 布尔运算操作
- ➢ Morph 变形动画

5.1 放样生成三维物体

在 3ds Max 中，一个造型物体至少由两个平面造型组成：其中一个造型作为 Path（路径），主要用于定义物体的高度。路径本身可以是开放的线段，也可以是封闭的图形，但必须是唯一的一条曲线且不能有交点。另一个造型则用来作为物体的截面，称为【Shape】（平面造型）或是【Cross Section】（剖面）。可以在路径上放置多个不同形态的【Shape】（平面造型）。下面着重讲述放样建模的方法、一些重要参数及放样变形的主要工具。

5.1.1 放样的一个例子

先建立一个简单放样物体——不规则形状的圆管，以便对放样有一个感官的认识。下面举例介绍。

❶单击【File】(文件)菜单中的【Reset】(重置)命令，重新设置系统。

❷单击命令面板上的【Create】✛（创建）命令，选取【Shapes】▧（图形）命令面板。单击【Line】（线）按钮，在前视图中绘制一条弯曲的曲线作为放样的路径，如图 5-1 所示。

❸选取【Shapes】▧（图形）命令面板。单击【Donut】(圆环)按钮，在左视图中绘制一个同心圆作为放样的截面，如图 5-2 所示。

❹单击选中 S 形曲线。单击【Create】（创建）命令面板中的【Geometry】（几何体）命令。在下拉框中选【Compound Objects】（复合对象），在弹出的菜单中选择【Loft】

（放样）选项。

❺展开【Creat Method】（创建方法）卷展栏，单击【Get Shape】（获取图形）按钮，并确定其下的【Instance】（实例）为当前选项。

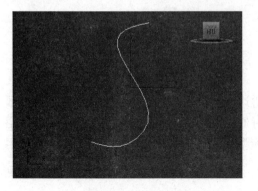

图 5-1　前视图建立 S 形放样路径　　　　图 5-2　左视图中建立同心圆作为放样截面

❻移动鼠标到同心圆上。当鼠标形状变化为⬛时单击。同心圆的关联复制品被移动到路径的起始点上，产生了一个造型物体，如图 5-3 所示。

❼这个新产生的造型物体是由 S 形曲线与同心圆的复制品组合而成的，这与命令面板中的【Move】（移动）、【Copy】（复制）、【Instance】（实例）三个选项有密切关系。至此放样建模基本完毕。

由以上的例子可以看出，放样操作的步骤一般有三步（前两步可互换），分别为：

  ✧ 建立放样的截面
  ✧ 建立放样的路径
  ✧ 放样生成物体

📖5.1.2　创建放样的截面

放样操作中，截面的作用显而易见。它按照一定的路径延伸，从而生成三维物体。所以正确有效地创建截面，将直接影响到放样的成败。

放样中的截面类型，可以分为三种：非闭合图形、闭合图形和复合图形，如图 5-4 所示。使用不同的截面类型，就会得到不同的放样对象，如图 5-5 所示。

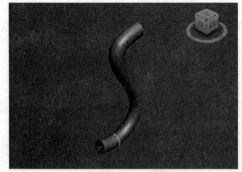

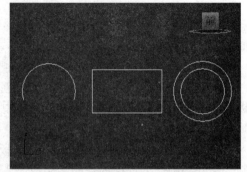

图 5-3　放样后的透视图　　　　　　　图 5-4　放样的三种截面类型

非闭合图形充当截面生成的放样对象只在一个方向可见，适用于只要求单面可见的放样模型制作中，比如窗帘、幔布等。这样的模型的点面数量相对较少。

闭合图形充当截面生成的放样对象是一个三维实体，在各方向均可见。这也是经常用到的截面。对于多个截面在一条路径上的情况，限制会多一些。不同的截面所包含的点数应一致，这不是很严格的限制，因为 3ds Max 能在点数不同的二维图形间添加表皮，从而产生比较好的过渡。但是如果要精确控制模型表面的产生，最好按照统一的顺序使不同截面保持一致的点数和步数。

复合图形：如果截面由复合图形组成，则要求不同截面间的嵌套顺序应该一致，如图 5-6 所示。

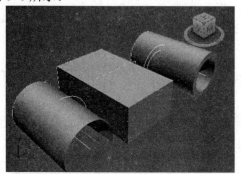

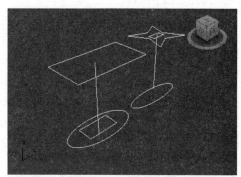

图 5-5 不同截面类型得到的放样对象   图 5-6 复合截面

📖5.1.3 创建放样的路径

放样操作中，路径是截面延伸的方向。可以根据需要创建出多种多样复杂的路径，从而达到创建复杂模型的目的。因此正确有效地创建路径，也会影响到放样的效果。

放样对路径的要求比较简单，只要不是复合图形，都可以作为放样的路径。放样中的路径类型可以分为：直线、曲线、闭合图形或者非闭合图形，如图 5-7 所示。

使用不同的路径类型，就会得到不同的放样体。将图 5-7 中的图形作为路径，以一个椭圆形截面为形，放样结果如图 5-8 所示。

图 5-7 不同的放样路径   图 5-8 不同路径的放样结果

📖5.1.4 放样生成物体

创建好了截面和路径，接下来的任务就是放样生成物体了。放样生成物体的方法分两种。一种是从截面开始放样，另一种是从路径开始放样。

5.1.1 节中讲到的方法就是从路径开始放样，这里不再详细介绍。从截面开始放样的方法跟前者基本相同，差别之处在于从截面开始放样的前提是先选择了截面，然后在视图中选择路径。下面举例介绍。

❶单击【File】(文件)菜单中的【Reset】(重置)命令，重新设置系统。

❷单击命令面板上的【Create】✚ (创建)命令，选取【Shapes】🖳 (图形)命令面板。在前视图中绘制一个弧作为放样的路径，再在左视图中绘制一个圆形作为放样的截面，如图 5-9 所示。

❸单击选中圆形。单击【Create】(创建)命令面板中的【Geometry】(几何体)命令。在下拉框中选【Compound Objects】(对象类型)，在弹出的菜单中选择【Loft】(放样)选项。

❹展开【Creat Method】(创建方法)卷展栏，单击【Get Path】(获取路径)按钮，并确定其下的【Move】(移动)为当前选项。

❺移动鼠标到弧线上。当鼠标形状变化为▧时单击。弧线的关联复制品被移动到圆形的起始面上，产生了一个放样体，如图 5-10 所示。

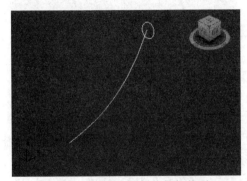

图 5-9　透视图中放样路径与截面　　　　图 5-10　透视图中从截面开始的放样体

将本例与前边 5.1.1 节中的例子对比可知，两种放样方法基本相同。从路径开始的方法着眼于路径上截面的排列，从截面开始的方法着眼于截面的延伸。

📖 5.1.5　编辑放样对象的表面特性

执行完放样操作，就可以进入修改命令面板，对放样对象进行编辑了，如图 5-11 所示的面板中可以看出，共有 5 个卷展栏。单击每个卷展栏左边的三角形，就可看到具体参数。

下面主要介绍三个卷展栏下主要参数的意义及功能：

01 创建方法卷展栏

❖ 【Get Path】(获取路径)：在先选择截面的情况下获取路径。

❖ 【Get Shape】(获取图形)：在先选择路径的情况下获取截面。

❖ 【Move】(移动)：点选的路径或截面不产生复制品，即点选后的二维图形在场景中已不独立存在了，其他路径或截面无法再使用。

❖ 【Copy】(复制)：点选的路径或截面产生原来二维图形的复制品。

◆ 【Instance】（实例）：点选的路径或截面产生原来二维图形的一个关联复制品。当对原来二维图形修改时，关联复制品也跟着变化。

02 曲面参数卷展栏

◆ 【Smooth Length】（平滑长度）：在路径方向上光滑放样表面。

◆ 【Smooth Width】（平滑宽度）：在截面方向上光滑放样表面。

◆ 【Mapping】（贴图）：激活时系统根据放样对象的形状自动赋予贴图坐标。

◆ 【Length Repeat】（长度重复）：决定贴图在放样对象路径方向上的重复次数。

◆ 【Width Repeat】（宽度重复）：决定贴图在放样对象截面方向上的重复次数。

03 蒙皮参数卷展栏

◆ 【Capping】（封口）：用于指定是否给【Loft】（放样）对象的【Cap Start】（封口始端）和【Cap End】（封口末端）添加端面，端面可以是【Morph】（变形）和【Grid】（栅格）类型。

◆ 【Shape Steps】（图形步数）：设置每个顶点的横截面样条曲线的片段数，如图 5-12 所示。

图 5-11　放样对象修改命令面板　　图 5-12　不同图形步数的对比

◆ 【Path Steps】（路径步数）：设置每个分界面间的片段数，片段数越高，表面越光滑，如图 5-13 所示。

◆ 【Optimize Shapes】（优化图形）和【Optimize Paths】（优化路径）：删除不必要的边和顶点，降低放样对象的复杂程度。

◆ 【Adaptive Path Steps】（自适应路径步数）：自动确定路径使用的步数。

◆ 【Contour】（轮廓）：确定横截面形状如何与路径排列。如果勾选该选项，则横截面总是调整为与路径相垂直的方向；如果不勾选该选项，则路径改变方向时横截面仍然保持原来的方向，如图 5-14 所示。

◆ 【Banking】（倾斜）：勾选该选项，当路径发生弯曲时横截面会随之倾斜。

◆ 【Constant Cross Section】（恒定横截面）：勾选该选项，横截面自动缩放使得它沿着路径的宽度一致。关闭该选项，横截面保持原始尺寸。

◆ 【Linear Interpolation】（线性插值）：在不同的横截面之间创建直线边。不勾选该选项就用平滑的曲线连接各个横截面。

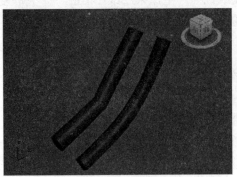 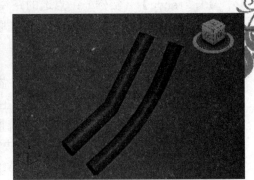

图 5-13　不同路径步数的对比　　　图 5-14　是否勾选轮廓按钮的对比

5.1.6　变截面放样变形

放样不仅可以采用单截面，还可以采用多截面放样。下面举例介绍通过采用【Get Shape】（获取形状）的方式来进行放样造型。

❶单击【File】（文件)菜单中的【Reset】（重置）命令，重新设置系统。

❷单击命令面板上的【Create】✚（创建）命令，选取【Shapes】▣（图形）命令面板。在视图中绘制一条直线作为放样的路径，绘制一个星形和一个正方形作为放样的截面，结果如图 5-15 所示。

❸在任意视图单击直线，使它显示为白色。

❹单击【Create】（创建）命令面板中的【Geometry】（几何体）命令。

❺在下拉框中选【Compound Objects】（对象类型），在弹出的菜单中选择【Loft】（放样）选项。

❻弹出【Loft】（放样）造型子命令面板后，单击【Get Shape】（获取形状）按钮，并确定其下的【Instance】（实例）为当前选项。

❼在任意视图中单击矩形。矩形的关联复制品被移动到路径的起始点上，产生了一个造型物体，如图 5-16 所示。这个新产生的造型物体是由直线与矩形的复制品组合而成的。这与命令面板中的【Move】（移动）、【Copy】（复制）、【Instance】（实例）三个选项有密切关系。

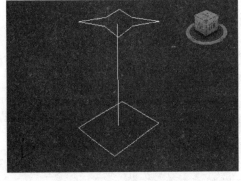 

图 5-15　建立路径与不同截面　　　图 5-16　以矩形为截面放样的造型

说明：如果选择【Move】，将不复制新的造形，只移动图形，这很可能造成原图形的破坏。如果选择【Copy】，将复制出新的造形，但放样的原图形与此新物体无关。如果选择【Instance】，新的造型组成图形与原图形相关联，这样可以通过对原图形的修改编辑而达到修改物体造型的目的，这是最佳选择方式。

❽进入【Modify】（修改）命令面板，显示出造型物体的建立参数。在路径上加入一个新的平面造型时，必须先指明造型放置在路径的什么位置，可以通过具体距离或路径的百分比值来确定。

❾在任意视图单击刚才的造型长方体。在【Path Parameters】（路径参数）栏下的【On】（启用）上单击以打开它。将【Snap】（捕捉）设为 10，将【Path】（路径）参数值设定为 50。

❿在没有着色的另三个视图中，路径中间出现一个小的"×"符号，代表新的图形加入的位置。

⓫单击【Get Shape】（获取图形）按钮。在任意视图单击星形。现在星形已经加入到了长方体中，可以选择工具对【Perspective】（透视图）进行适当角度的调整，以更好地观察效果，如图 5-17 所示。

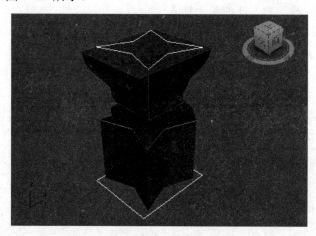

图 5-17　透视图中的多截面放样体

5.2　变形放样对象

前面在介绍放样修改命令面板上的卷展栏时，没有详细介绍变形放样卷展栏，是因为这一节非常重要，所以单独讲解。

5.2.1　使用【Scale】（缩放）变形工具

【Scale】（缩放）变形可沿着三维造型物体的局部坐标轴 X 轴或 Y 轴对横截面形状进行缩放。变形是通过编辑图形中的一条样条曲线来实现的，其水平方向表示路径的位置，垂直方向表示缩放的大小。下面举例介绍。

❶ 以 5.1.6 节中的放样对象为例，选中放样对象。

❷进入【Modify】（修改）命令面板，打开【Deformation】（变形）卷展栏，单击【Scale】（缩放）按钮，弹出缩放变形对话框，如图 5-18 所示。

❸单击均衡按钮，使其呈现黄颜色。让曲线 X、Y 轴按比例变形。

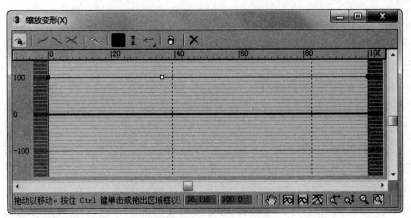

图 5-18　缩放变形对话框

❹单击插入点按钮，在曲线上插入一个点。

❺选取移动按钮，在刚插入的点上单击鼠标右键，在弹出的对话框中将刚插入的点类型设为【Bezier-Smooth】（贝塞尔平滑）。

❻利用移动工具，按住鼠标左键向下拖动插入点，将曲线调整为如图 5-19 所示。这时，可以看到，透视图中的放样物体也在轴向发生了变化，如图 5-20 所示。

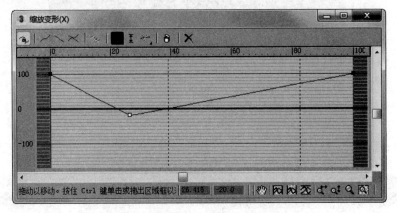

图 5-19　调整后的缩放变形曲线

❼将曲线回复到原样。再次单击改变均衡按钮，取消按比例变形，改为按照 Y 轴缩放。

❽单击插入点按钮，在曲线上插入一个点，并将其类型设为【Bezier-Smooth】（贝塞尔平滑）。

❾利用移动工具调整曲线如图 5-21 所示。此时，观察透视图中的放样体，发现物体仅在 Y 轴发生缩放，如图 5-20 所示。

可见，【Scale】（缩放）变形实际上是通过控制放样路径的形状来完成的，从而使放样对象在放样路径的方向上产生一定的缩放效果。该命令常用于创建在单一方向上具有缩放效果的对象。

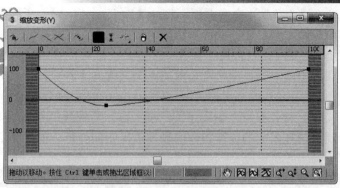

图 5-20　仅在 Y 轴缩放的曲线

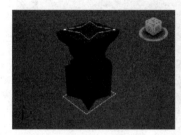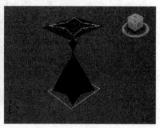

图 5-21　调整曲线后对象的形状变化

5.2.2　使用【Twist】（扭曲）变形工具

【Twist】（扭曲）变形工具是以路径为轴，对横截面进行扭转变形。下面举例介绍。

❶单击【File】（文件）菜单中的【Reset】（重置）命令，重新设置系统。

❷单击命令面板上的【Create】➕（创建）命令，选取【Shapes】（图形）命令面板。在视图中绘制一条直线作为放样的路径，绘制一个星形作为放样的截面，结果如图 5-22 所示。

❸在任意视图单击直线，使它显示为白色。单击【Create】（创建）命令面板中的【Geometry】（几何体）命令。在下拉框中选【Compound Objects】（复合对象），在弹出的菜单中选择【Loft】（放样）选项。

❹弹出【Loft】（放样）造型子命令面板后，单击【Get Shape】（获取图形）按钮。

❺在任一视图中单击星形，可以得到如图 5-23 所示的放样体。

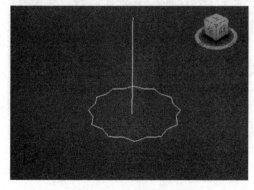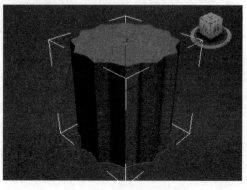

图 5-22　放样截面与路径　　　　　　　　图 5-23　放样后的对象

105

❻进入【Modify】（修改）命令面板，打开【Deformation】（变形）卷展栏。单击
【Twist】（扭曲）按钮，弹出扭曲变形对话框。

❼单击插入点按钮✳，在曲线上插入一个点。选取移动按钮✛，在刚插入的点上
单击鼠标右键，在弹出的对话框中将刚插入的点类型设为【Bezier-Smooth】（贝塞尔平
滑）。

❽利用移动工具，按住鼠标左键向下拖动插入点，将曲线调整为如图 5-24 所示形
状。这时可以看到，透视图中的放样物体明显发生了扭曲变形，如图 5-25 所示。

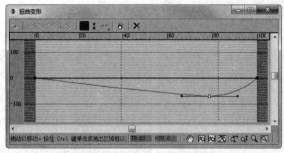
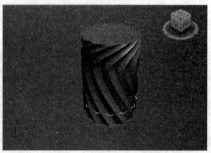

图 5-24　扭曲变形曲线调节框　　　　　　　图 5-25　扭曲后的放样体

📖5.2.3　使用【Teeter】（倾斜）变形工具

【Teeter】（倾斜）变形工具是使横截面绕 X 或 Y 坐标轴旋转，用以改变三维造型
物体在路径始末端的倾斜度。下面举例介绍。

❶还是利用上例中放样产生的星形柱体（图 5-23）。

❷进入【Modify】（修改）命令面板，打开【Deformation】（变形）卷展栏。单击
【Teeter】（倾斜）按钮，弹出轴向倾斜对话框。

❸单击均衡按钮🔒，使其呈现黄颜色。让曲线 X、Y 轴按比例变形。

❹单击插入点按钮✳，在曲线上插入一个点。选取移动按钮✛，在刚插入的点上单
击鼠标右键，在弹出的对话框中将刚插入的点类型设为【Corner】（角点）。

❺利用移动工具，按住鼠标左键向下拖动插入点，将曲线调整为如图 5-26 所示形
状。这时可以看到，透视图中的放样物体明显发生了倾斜变形，如图 5-27 所示。

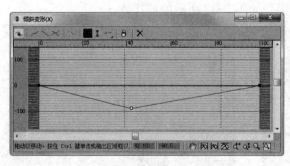

图 5-26　轴向倾斜曲线调节对话框　　　　　图 5-27　轴向倾斜后的放样体

5.2.4 使用【Bevel】(倒角)变形工具

【Bevel】(倒角)变形功能制作带倒角的文本,可大大增强立体字的金属质感。下面举例介绍。

❶单击【File】(文件)菜单中的【Reset】(重置)命令,重新设置系统。

❷单击命令面板上的【Create】➕(创建)命令,选取【Shapes】🔲(图形)命令面板。在前视图中创建文本"三维书屋工作室"字样作为放样截面。同时在左视图中创建一条直线作为放样路径,如图 5-28 所示。

❸在任意视图单击文字,使它显示为白色。单击【Create】(创建)命令面板中的【Geometry】(几何体)命令,在下拉框中选【Compound Objects】(对象类型),在弹出的菜单中选择【Loft】(放样)选项。

❹弹出【Loft】(放样)造型子命令面板后,单击【Get Path】(获取路径)按钮。

❺在任一视图中单击直线,可以得到如图 5-29 所示的放样对象。

图 5-28 放样截面与路径

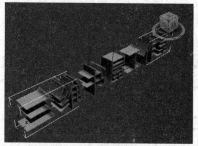
图 5-29 放样后的对象

❻进入【Modify】(修改)命令面板,打开【Deformation】(变形)卷展栏。单击【Bevel】(倒角)按钮,弹出倒角变形对话框。

❼插入一个点,并调节曲线如图 5-30 所示。此时,透视图中的文字造型也发生了变化,如图 5-31 所示。

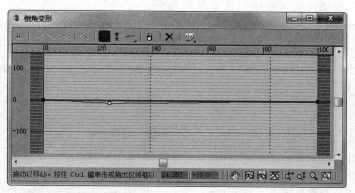
图 5-30 倒角变形对话框

注意:在进行倒角变形修改时,不要将控制点在 Y 轴方向偏离太远,一般在-5 左右,这是一个经验值,要想得到好的效果,需以此值为基础调节。

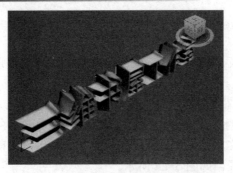

图 5-31　倒角变形后的文字造型

📖 5.2.5　使用【Fit】（拟合）变形工具

【Fit】（拟合）：在 3ds Max 的变形工具中，最强大的就是【Fit】（拟合）变形。它的原理根据三视图确定，先给出一个路径和路径上的剖面图形，再在两侧通过另外两个图形决定物体的形状。虽然较为复杂，然而一旦掌握，就会发现【Fit】（拟合）工具是名副其实的好帮手。下面举例介绍。

❶单击【File】（文件）菜单中的【Reset】（重置）命令，重新设置系统。

❷单击命令面板上的【Create】➕（创建）命令，选取【Shapes】🗗（图形）命令面板。在前视图中创建如图 5-32 所示的 4 个图形。

❸在任意视图单击四边形放样截面，使它显示为白色。单击【Create】（创建）命令面板中的【Geometry】（几何体）命令。在下拉框中选【Compound Objects】（对象类型），在弹出的菜单中选择【Loft】（放样）选项。

❹弹出【Loft】（放样）造型子命令面板后，单击【Get Path】（获取路径）按钮。

❺在任一视图中单击直线，可以得到如图 5-33 所示的放样体。

❻进入【Modify】（修改）命令面板，打开【Deformation】（变形）卷展栏。单击【Fit】（拟合）按钮，结果弹出拟合变形对话框。

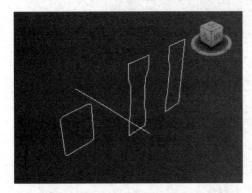
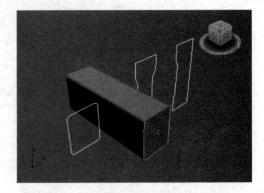

图 5-32　放样截面、路径与拟合截面　　　　图 5-33　透视图中的放样体

❼在对话框中选择【Get Shape】（获取图形）按钮，单击前视图中的第一个拟合截面。然后单击【Zoom Extents】（最大化显示）按钮，第一个拟合截面就完整地出现在对话框中，如图 5-34 所示。

❽此时三维造型物体变得很不规则，这是因为形体的方向不正确。单击【Rotate

90CCW】（逆时针旋转 90°）按钮，再单击【Generate Path】（生成路径），此时的话筒样子如图 5-85 所示。

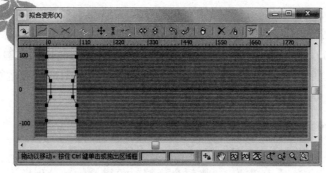

图 5-34　拟合对话框

❾单击【Display Y Axis】（显示 Y 轴）按钮。再单击【Get Shape】（获取图形）按钮，选择前视图中的第二个拟合截面。第二个拟合截面就完整地出现在对话框中。

❿单击【Rotate 90CW】（顺时针旋转 90°）按钮，单击【Generate Path】（生成路径），此时的话筒样子如图 5-36 所示。

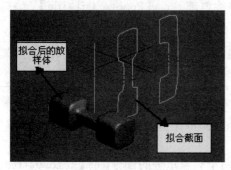

图 5-35　第一次拟合后的放样体

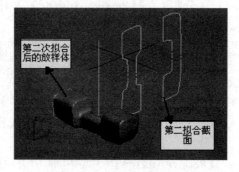

图 5-36　第二次拟合后的话筒模型

⓫拟合变形完毕。

5.3　布尔运算

当两个对象具有重叠部分时，可以使用【Boolean】（布尔）将它们组合成一个新的对象。【Boolean】（布尔）就是将两个以上的对象进行并集、差集、交集和剪切运算，以产生新的对象。

5.3.1　布尔运算的概念

01 拾取方式

4 种拾取方式：【Copy】（复制）、【Move】（移动）、【Instance】（实例）和【Reference】（参考）。

❖ 【Copy】（复制）：将原始对象的一个复制品作为运算对象 B，进行运算，不破坏原始对象。

- ❖ 【Move】（移动）：将原始对象直接作为运算对象B，进行运算后原始对象消失。
- ❖ 【Instance】（实例）：将原始对象的一个关联复制品作为运算对象B，进行布尔运算后，修改其中的一个将影响另外一个。
- ❖ 【Reference】（参考）：将原始对象的一个关联复制品作为运算对象B，进行运算后，对原始对象的操作会直接反映在运算对象B上，但对运算对象B所做的操作不会影响原始对象。

02 【Operation】（操作）

- ❖ 【Union】（并集）：将两个运算对象合并为一个对象。
- ❖ 【Intersection】（交集）：将两个运算对象重叠的部分保留下来，其他部分删除。
- ❖ 【Subtraction】（差集）：从一个对象中减去两对象相交的部分，从而形成新的对象。不同的相减顺序可以产生不同的结果。
- ❖ 【Cut】（剪切）：剪切布尔运算方式共有四种，【Refine】（优化）、【Split】（分割）、【Remove Inside】（移除内部）、【Remove Outside】（移除外部）。

> 说明：【Cut】（剪切）与以上几种运算方式有所不同，这种运算形式是针对实体对象的面来操作的。其运算结果也不同于其他几种布尔运算，所获得的新造型不是实体，而是面片物体。

- ❖ 【Refine】（优化）运算：在两个物体相交的地方添加顶点和边来细化对象A。
- ❖ 【Split】（分割）运算：将对象A转化为两个对象，一个是与对象B重叠的部分，一个是不重叠的部分。
- ❖ 【Remove Inside】（移除内部）：去掉两个对象重叠的部分，而【Remove Outside】（删除外部）则去掉不重叠的部分，从运算形式来看与【Subtraction】（差集）和【Intersection】（交集）类似，但是【Cut】（剪切）运算还要去掉两个对象表面相交接的部分，因此【Cut】（剪切）运算的对象是一个具有空洞的对象。
- ❖ 【Remove Outside】（移除外部）：【Remove outside】（移除外部）运算方式将运算对象的相交部分创建为一个空心对象，将其他部分删除。

5.3.2 制作运算物体

要进行布尔运算必须先创建用于布尔运算的物体。参加布尔运算的物体应具有一定的条件：

01 最好有多一些的段数

布尔运算功能强大，但它又是一个不太稳定的工具。经布尔运算后的对象点面分布非常混乱，出错的概率会愈来愈大，这是由于经布尔运算之后的对象会新增加很多面片，而这些面是由若干个点相互连接构成的，这样一个新增加的点就会与相邻的点连接，这种连接具有一定的随机性。随着布尔运算次数的增加，对象结构会变得越来越混乱。这就要求参加布尔运算的对象最好有多一些的段数，通过增加对象数的方法可以减少布尔运算出错的机会。

不同段数的对象布尔运算效果对比如图 5-37 所示。

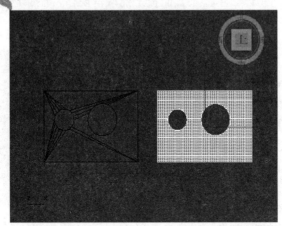

图 5-37　不同段数的对象布尔运算的效果对比

02 两个布尔运算的对象应充分相交

所谓的充分相交，是相对于对象边对齐情况而言的，由于两对象有改变情况，改变的计算归属就成了问题，这容易使布尔运算失败，所以最好使两对象不共面。

5.3.3　布尔并运算

❶单击【File】（文件）菜单中的【Reset】（重置）命令，重新设置系统。

❷进入【Create】（创建）命令面板，按下【Geometry】（几何体）按钮，展开【Object Type】（对象类型）卷展栏。在任意视图中创建一个圆柱体和一个长方体。

❸利用移动工具，调整两者的位置如图 5-38 所示。

❹在任意视图单击选中长方体，使它显示为白色。

❺单击【Create】（创建）命令面板中的【Geometry】（几何体）命令。在下拉框中选【Compound Objects】（对象类型），在弹出的菜单中选择【Bolean】（布尔）选项。

❻在【Operation】（操作）选项中选择【Union】（并集）。然后单击【Pick Operand】（拾取操作对象）按钮，并点取圆柱体。

❼圆柱和长方体并在了一起，如图 5-39 所示。

图 5-38　准备运算的两物体

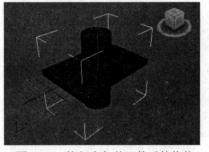

图 5-39　执行布尔并运算后的物体

5.3.4 布尔交运算

❶还是利用前面的物体。单击工具面板上的取消操作，还原已进行布尔运算的物体到初始状态。

❷在任意视图单击选中长方体，使它显示为白色。

❸单击【Create】（创建）命令面板中的【Geometry】（几何体）命令。在下拉框中选【Compound Objects】（对象类型），在弹出的菜单中选择【Bolean】（布尔）选项。

❹在【Operation】（操作）选项中选择【Intersection】（交集）。然后单击【Pick Operand】（拾取操作对象）按钮，并点取圆柱体。

❺圆柱和长方体相交的部分，也就是一段小圆柱出现在视图中，如图5-40所示。

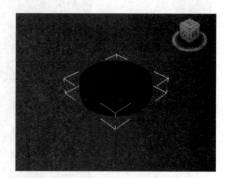

图5-40　执行布尔交运算后的物

5.3.5 布尔减运算

❶还是利用前面的物体。单击工具面板上的取消操作，还原已进行布尔运算的物体到初始状态。

❷在任意视图单击选中长方体，使它显示为白色。

❸单击【Create】（创建）命令面板中的【Geometry】（几何体）命令。在下拉框中选【Compound Objects】（对象类型），在弹出的菜单中选择【Bolean】（布尔）选项。

❹在Operation选项中选择【Subtraction】（差集）（A-B）（减）。然后单击【Pick Operand】（拾取操作对象）按钮，并点取圆柱体。

❺长方体中去掉了和圆柱相交的部分，出现了一个空洞。在透视图中的效果如图5-41所示。

❻单击工具面板上的取消操作按钮，退回到第❹步操作。在Operation选项中选择【Subtraction】（差集）（B- A）（减），然后单击【Pick Operand】（拾取操作对象）按钮，并点取圆柱体。

❼圆柱体中去掉了长方体的一部分，如图5-42所示。

图5-41　执行布尔减(A-B)运算后的物体

图5-42　执行布尔减(B-A)运算后的物体

5.3.6　剪切运算

❶单击【File】（文件）菜单中的【Reset】（重置）命令，重新设置系统。

❷进入【Create】（创建）命令面板，按下【Geometry】（几何体）按钮，展开【Object Type】（对象类型）卷展栏。在任意视图中创建一个球体和一个圆柱体。

❸利用移动工具，调整两者的位置如图 5-43 所示。

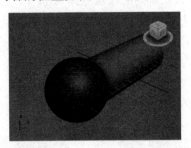

图 5-43　剪切运算前的两物体

❹选择将要保留的球体对象，然后在【Compound Object】（对象类型）命令面板上单击【Boolean】（布尔）按钮。

❺在【Operation】（操作）选项中选择【Cut】（剪切），这时 Cut 选项后的灰色选项同时被激活。

❻选择【Remove Inside】（移除内部）选项，然后单击【Pick Operand】（提取操作对象）按钮，并点取圆柱体。这时柱体与立方体相交部分被挖掉，所获得的是球体的一部分面片物体，如图 5-44 所示。

❼当选择【Cut】（剪切）中【Remove Outside】（移除外部）选项后，运算后获得的将是柱体与球体相交的部分，结果如图 5-45 所示。

图 5-44　剪切运算（删除内部）后的物体

图 5-45　剪切运算（删除外部）后的物体

5.4　变形物体与变形动画

【Morph】（变形）是一种很好的动画制作工具，可以将在形状上有微小变化的一系列物体组合起来生成变形的动画。这一系列的物体是有要求的，所有进行变形的物体必须都是同一个几何体类型，而且必须有相同的节点数、控制节点数或者控制点数。将各个物体的形态分别设置成不同的关键帧，这样就形成了形态不断变化的动画效果。下面举例介绍。

📖5.4.1 制作变形物体

❶进入【Create】(创建)的【Geometry】(几何体)子面板,在下拉列表中选择【Extended Primitives】(扩展基本体),单击【ChamferBox】(切角长方体)按钮,在【Top】(顶)视图中创建一圆角长方体,并设置长宽高的段数分别为1、5、1,如图5-46所示。

❷按住Shift键,在长方体对象上按住鼠标左键并拖动,则弹出【Clone Options】(复制选项)对话框,确保【Object】(对象)栏下的选项为【Copy】(复制),再设置【Number of Copies】(复制体数目)为2,单击【OK】(确定)按钮。

❸调整它们的位置,结果如图5-47所示。

❹单击选定中间的长方体对象,进入【Modify】(修改)面板,选定【Edit Mesh】(编辑网格)修改器选项。

图5-46 透视图中的倒角长方体

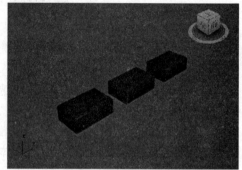

图5-47 复制操作后的透视图

❺单击【Selection】卷展栏下的【Polygon】(多边形) ▦ 按钮,单击工具栏上的【Selection and Move】(选择并移动)按钮,在顶视图中将中间长方体的顶部表面选中,并拖动鼠标,将其拉伸,结果如图5-48所示。

❻单击选定最后的长方体对象,进入【Modify】(修改)面板,选定【Edit Mesh】(编辑网格)修改器选项。

❼在第❺步操作的基础之上,将右侧长方体的顶部表面选中,并拖动鼠标,将其拉伸,结果如图5-49所示。

❽变形物体制作完毕。

图5-48 将第二个长方体拉伸后效果

图5-49 将第三个长方体拉伸后效果

5.4.2 制作变形动画

❶单击选定原始立方体对象，进入【Create】（创建）的【Geometry】（几何体）子面板，在下拉列表中选择【Compound Object】（复合对象）项，在弹出的面板上单击【Morph】（变形）按钮。出现如图5-50所示编辑面板。

❷单击【Pick Targets】（拾取目标）卷展栏下的【Pick Target】（拾取目标）按钮，拖动时间滑块到50帧，单击中间的立方体对象，此时所选变形体名称出现在列表框中，选择加入的长方体名字，然后单击【Current Targets】（当前对象）卷展栏下的【Create Morph Key】（创建变形关键点）。

❸拖动时间滑块到100帧，选择第三个变形立方体，此时所选变形体名称出现在列表框中，选择加入的长方体名字，然后单击【Current Targets】（当前对象）卷展栏下的【Create Morph Key】（创建变形关键点），如图5-51所示。

图5-51 变形对象列表

图5-50 Morph（变形）编辑面板

❹要删除其中某变形体只需选中其名称，再单击【Delete Morph Key】（删除变形目标）按钮即可。此处不用删除。

❺单击动画播放按钮【Play Animation】（播放动画）▶，则可以见到立方体变形的动画。

❻【Morph】（变形）动画制作完毕。

5.5 多边形网格建模

多边形网格建模是高效建模的手段之一，利用它可以对模型的网格密度进行较好的控制，对细节少的地方少细分一些，对细节多的地方多细分一些，使最终模型的网格分布稀疏得当，后期还能及时地对不太合适的网格分布进行纠正。

5.5.1 多边形网格子对象的选择

要对多边形网格子对象进行编辑，首要的问题是子对象的选择，多边形网格子对象的选择是在【Selection】（选择）卷展栏下进行的。【Selection】（选择）卷展栏如图5-52所示，下面介绍其常用的命令。

该卷展栏上面的5个按钮分别对应于多边形的5种子对象 【Vertex】（顶点）、

【Edge】(边)、【Border】(边界)、【Polygon】(多边形)、【Element】(元素)。被激活的子对象按钮呈蓝色显示,再次单击可以退出当前的子对象编辑层级。

图5-52 选择卷展栏

✧ 【Vertex】(顶点):顶点是空间上的点,它是对象的最基本层次。当移动或者编辑节点的时候,它们的面也受影响。对象形状的任何改变都会导致重新安排节点。在 3ds max 中有很多编辑方法,但是最基本的是节点编辑。

✧ 【Edge】(边):边是一条可见或者不可见的线,它连接两个节点,形成面的边。两个面可以共享一个边。处理边的方法与处理节点类似,在网格编辑中经常使用。

✧ 【Face】(面):面是由 3 个节点形成的三角形。在没有面的情况下,节点可以单独存在,但是在没有节点的情况下,面不能单独存在。在渲染的结果中,我们只能看到面,而不能看到节点和边。面是多边形和元素的最小单位,可以被指定光滑组,以便与相临的面光滑连接。

✧ 【Polygon】(多边形):在可见的线框边界内的面形成了多边形。多边形是面编辑的便捷方法。

✧ 【Element】(元素):元素是网格对象中以组连续的表面。

5.5.2 多边形网格顶点子对象的编辑

当用户单击【Selection】(选择)卷展栏下的 (顶点)按钮,进入点子对象层次时,修改面板上将出现【Edit Vertices】(编辑顶点)卷展栏,如图 5-53 所示,下面介绍其常用命令。

图5-53 编辑顶点卷展栏

- ❖ 【Remove】（移除）：删除选定顶点，并组合使用这些顶点的多边形，使表面保持完整。如果使用 Delete 键，那么依赖于那些顶点的多边形也会被删除，这样将会在网格中创建一个洞。

- ❖ 【Break】（断开）：在与选定顶点相连的每个多边形上都创建一个新顶点，这可以使多边形的转角相互分开，使它们不再相连于原来的顶点上。如果顶点是孤立的或者只有一个多边形使用，则顶点不受影响。

- ❖ 【Extrude】（挤出）：可以手动挤出顶点，方法是在视口中直接操作。单击此按钮，然后垂直拖动到任何顶点上，就可以挤出此顶点。

- ❖ 【Weld】（焊接）：对"焊接"对话框中指定的公差范围之内连续选中的顶点，进行合并。

- ❖ 【Target Weld】（目标焊接）：可以选择一个顶点，并将它焊接到目标顶点。

- ❖ 【Chamfer】（切角）：单击此按钮，然后在活动对象中拖动顶点。

- ❖ 【Connect】（连接）：在选中的顶点之间创建新的边。

其他多边形网格子对象的编辑这里不再赘述，读者可以根据下面的实例进行体会。

5.6　椅子的制作

5.6.1　挤压椅子靠背

❶单击【File】（文件)菜单中的【Reset】（重置）命令，重新设置系统。

❷进入【Create】（创建）命令面板，按下【Geometry】（几何体）按钮，在【Object Type】（对象类型）卷展栏里选择【Tube】（管状体）按钮。

❸在顶视图中创建一个管状体，设置参数如图 5-54 所示。得到的管状体透视图如图 5-55 所示。

图 5-54　管状体参数

图 5-55　透视图中的管状体

❹单击选中管状体，在管子上面单击鼠标右键，此时弹出右键菜单，如图 5-56 所

示。在菜单中选择【Convert to】（转换为）/【Convert to Editable Poly】（转换为可编辑多边形）选项。此时右侧参数面板调转到可编辑多边形参数面板，如图 5-57 所示。

❺单击打开【Selection】（选择）卷展栏，按下【Polygon】（多边形）按钮，进入多边形选择状态，如图 5-58 所示。

❻选中【Selection】（选择）卷展栏下的【Ignore】（忽略背面）复选框。激活顶视图，按住 Ctrl 键，选中最上面的 4 个面，使其呈现红颜色，如图 5-59 所示。

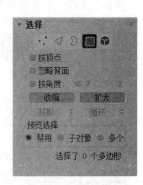

图 5-56　鼠标右键参数　　　图 5-57　可编辑多边形参数面板　　　图 5-58　选择卷展栏

❼往下拖动右侧的参数面板，打开【Edit Polygons】（编辑多边形）卷展栏，如图 5-60 所示。单击面板上【Extrude】（挤出）按钮旁边的小方框，随后弹出如图 5-61 所示的对话框。

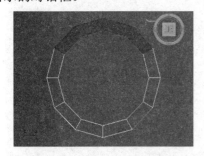

图 5-59　选中上面的 4 个面　　　图 5-60　编辑多边形卷展栏　　　图 5-61　挤出对话框

❽在文本框中输入 60 之后，单击 按钮关闭对话框，完成第一次挤出操作，此时的四视图如图 5-62 所示。

❾单击面板上【Extrude】（挤出）按钮旁边的小方框，在文本框中输入 60 之后，关闭对话框，完成第二次挤出操作，此时的四视图如图 5-63 所示。

❿单击面板上【Extrude】（挤出）按钮旁边的小方框，在文本框中输入 20 之后，

关闭对话框，完成第三次挤压操作，此时的四视图如图 5-64 所示。

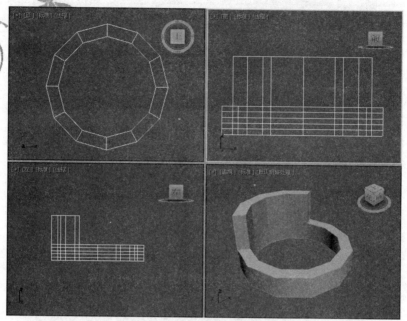

图 5-62　第一次挤出靠背后的四视图

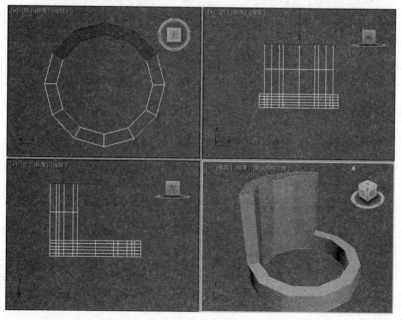

图 5-63　第二次挤出靠背后的四视图

⓫取消【Ignore Backfacing】（忽略背部）复选框。用视图调整工具调整透视图，按住 Ctrl 键选中椅子靠背最上一层背后的 4 个面。单击面板上【Extrude】（挤出）按钮旁边的小方框，在文本框中输入 15 之后，关闭对话框，完成第四次挤出操作。此时的四视图如图 5-65 所示。

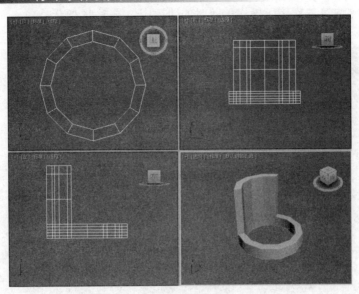

图 5-64　第三次挤出靠背后的四视图

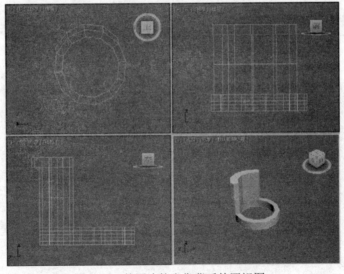

图 5-65　第四次挤出靠背后的四视图

5.6.2　调整椅子靠背

❶单击打开【Selection】（选择）卷展栏，按下【Vertex】（顶点）按钮，进入点层次编辑。选中【Selection】（选择）卷展栏下的【Ignore Backfacing】（忽略背面）复选框。

❷激活透视图，按住 Ctrl 键选中靠背中间的 5 个点，使其呈现红颜色。

❸需要注意的是，选择时注意结合其他视图观察是否多选了其他的点。如果多选了其他的点，可以按住 Alt 键，再选择多选的点，这样就会从选择集中去掉多选的点。

❹单击主工具栏上的移动按钮，将这 5 个点沿 Y 轴移动，使靠背的中间部位略微收缩，结果如图 5-66 所示。

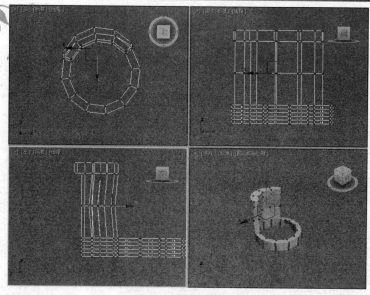

图 5-66 调整后的靠背

5.6.3 椅子腿的挤出与调整

❶ 用视图调整工具调整透视图，单击打开【Selection】（选择）卷展栏，按下【Polygon】（多边形）按钮，进入多边形选择状态。选中【Selection】（选择）卷展栏下的【Ignore】（忽略背面）复选框。

❷ 激活透视图，按住 Ctrl 键选中如图所示的 4 个面，使其呈现红颜色，作为椅子腿挤出的起始位置，如图 5-67 所示。

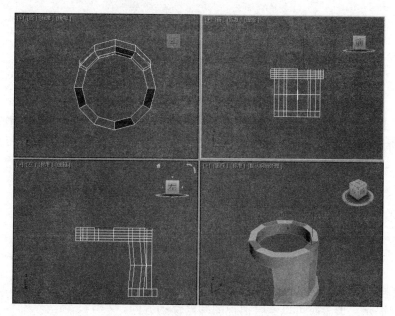

图 5-67 椅子腿挤出起始面

❸ 往下拖动右侧的参数面板，打开【Edit Polygons】（编辑多边形）卷展栏。单

击面板上【Extrude】（挤出）按钮旁边的小方框，在随后弹出的对话框中文本框内输入80之后，关闭对话框，完成椅子腿的第一次挤出操作。此时的四视图如图5-68所示。

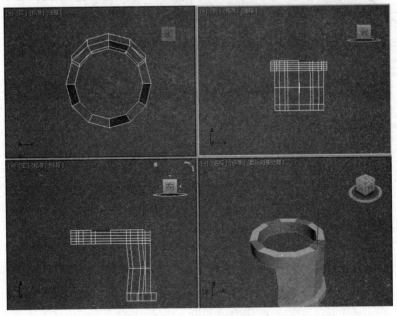

图5-68　第一次挤压椅子腿

❹用上述方法生成的椅子腿过直，下面来做适当调整。单击选中刚挤出的四个面当中右下方的那个，单击工具栏上的移动按钮，并在按钮上面单击右键。此时弹出移动对话框，如图5-69所示。在【Offset：Screen】（偏移：世界）下的X、Y文本框内均输入-100。关闭对话框。

图5-69　移动对话框

❺单击工具栏上的等比缩放按钮，并在按钮上面单击右键。此时弹出缩放对话框，如图5-70所示。在图示文本框内输入80。关闭对话框。此时椅子腿如图5-71所示。

图5-70　缩放对话框

❻用同样的方法，调整另外三个椅子腿，使所有的椅子腿都稍微向外偏，结果如图5-72所示。提示：调整时可以结合顶视图确定移动方向。

❼激活透视图，按住Ctrl键选中椅子腿底部的4个面，使其呈现红颜色。单击面

板上【Extrude】（挤出）按钮旁边的小方框，在随后弹出的对话框中的文本框内输入 80 之后，关闭对话框，完成椅子腿的最后一次挤出操作。

❽退出多边形编辑。用视图调整工具调整透视图，此时的椅子形状如图 5-73 所示。

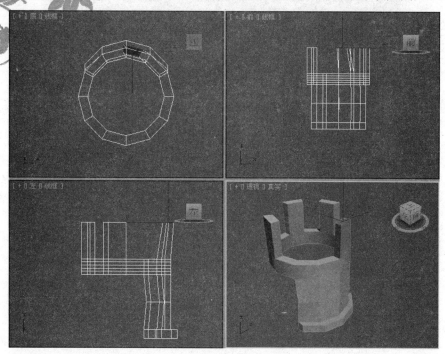

图 5-71　调整椅子腿

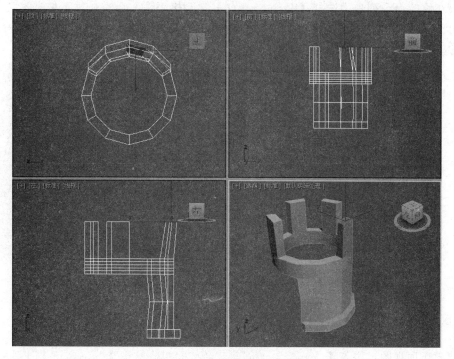

图 5-72　全部调整后的椅子腿

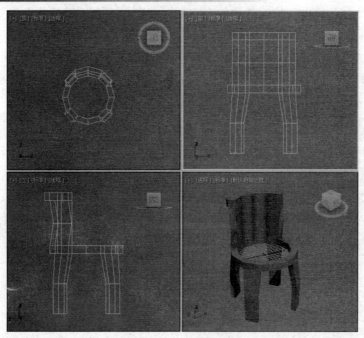

图 5-73　制作好的椅子造型

📖 5.6.4　细化椅子造型

❶ 单击选中椅子，进入修改命令面板。

❷ 在修改命令列表中选择【Mesh Smooth】（网格平滑）命令，往下拖动参数面板，找到图 5-74 所示的细分量卷展栏，在【Iterations】（迭代次数）框里面输入 2。

❸ 观察透视图，此时的椅子造型已经很逼真了，如图 5-75 所示。

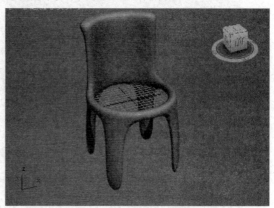

图 5-74　细分量卷展栏　　　　　　　　　　　　图 5-75　细化后的椅子造型

📖 5.6.5　加入椅子坐垫

❶ 激活顶视图，进入【Create】（创建）命令面板，按下【Geometry】（几何体）按钮，在下拉列表中选择【Extended Primitives】（扩展基本体）。

❷单击【Oiltank】（桶状体）按钮，以椅子的中心位置为圆心按住鼠标左键并拖动，创建一个桶状体造型。

❸选中桶状体，进入修改命令面板做适当调整，之后将桶状体移动到合适位置，结果如图 5-76 所示。

5.6.6 添加材质和贴图

给物体赋予材质和贴图将在材质和贴图章节详细介绍，这里不再赘述。仅给出提示：椅子坐垫采用漫反射贴图通道和凹凸贴图通道。椅子主体采用木质纹理贴图。最终效果如图 5-77 所示。

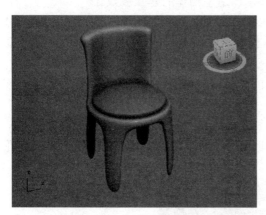

图 5-76 加入坐垫的椅子造型

图 5-77 装饰后的椅子造型

5.7 实战训练

前面学习了有关复合和多边形建模方面的知识，现在通过实战来巩固这些知识。

5.7.1 圆桌

❶单击【File】（文件)菜单中的【Reset】命令，重新设置系统。

❷单击命令面板上的【Create】✛（创建）命令，选取【Shapes】（图形）命令面板。在视图中绘制一条直线作为放样的路径，绘制一个星形和一个圆形作为放样的截面。结果如图 5-78 所示。

❸在任意视图单击直线，使它显示为白色。

❹单击【Create】（创建）命令面板中的【Geometry】（几何体）命令，在下拉框中选【Compound Objects】（复合对象），在弹出的菜单中选择【Loft】（放样）选项。

❺弹出【Loft】（放样）造型子命令面板后，单击【Get Shape】（获取图形）按钮，并确定其下的【Instance】（实例）为当前选项。

❻在任意视图中单击圆形。结果圆形的关联复制品被移动到路径的起始点上，产生了

一个造型物体，如图 5-79 所示。这个新产生的造型物体是由直线与圆形的复制品组合而成的。

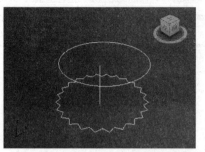

图 5-78　放样的截面与路径

图 5-79　选取圆形截面后的放样体

❼进入【Modify】（修改）命令面板，显示出造型物体的建立参数。

❽在任意视图单击刚才的放样体。在【Path Parameters】（路径参数）栏下的【On】（启用）上单击，以打开它。并将【Snap】（捕捉）设为 10，将【Path】（路径）参数值设定为 50。

❾在没有着色的另三个视图中，路径中间出现一个小的"×"符号，代表新的图形加入的位置。

❿单击【Get Shape】（获取图形）按钮。在任意视图单击星形。现在星形已经加入到了放样体中，可以选择工具对【Perspective】（透）视图进行适当角度的调整，以更好地观察效果，如图 5-80 所示。

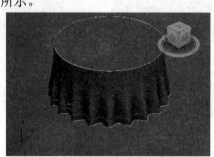

图 5-80　变截面放样后的放样体

⓫选中放样体，进入【Modify】（修改）命令面板，打开【Deformation】（变形）卷展栏。单击【Scale】（缩放）按钮，结果弹出缩放变形对话框。

⓬单击均衡按钮，使其呈现黄颜色。让曲线 X、Y 轴按比例变形。

⓭单击插入角点按钮，在曲线上插入一个点。

⓮选取移动按钮，在刚插入的点上单击鼠标右键，在弹出的对话框中将刚插入的点类型设为 Bezier-Smooth。

⓯利用移动工具，按住鼠标左键拖动插入点，将曲线调整为如图 5-81 所示。这时，可以看到透视图中的放样物体也发生了变化，如图 5-82 所示。

⓰圆桌的形状已基本完成，但圆桌的棱角处还过于尖锐，下面将通过倒角变形来改善。

⓱选中放样体，打开【Deformation】（变形）卷展栏，单击【Bevel】（倒角）按钮，弹出倒角变形对话框。

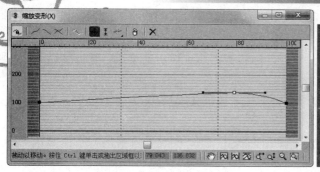

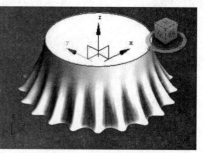

图 5-81 缩放变形曲线图 图 5-82 缩放变形后的放样体

❶❽在曲线中插入一个点,并调节曲线如图 5-83 所示。此时,透视图中的圆桌边缘产生了圆滑的倒角,如图 5-84 所示。

❶❾圆桌的制作全部完成。可以为圆桌添加贴图并制作装饰物,图 5-85 给出了参考效果。

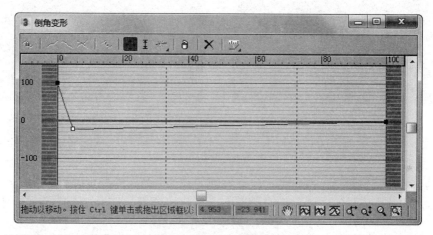

图 5-83 倒角变形曲线图

图 5-84 倒角变形后的放样体 图 5-85 装饰后的圆桌

5.7.2 水龙头

❶单击【File】(文件)菜单中的【Reset】(重置)命令,重新设置系统。

❷进入【Create】(创建)命令面板,按下【Geometry】(几何体)按钮,在顶视

图中创建一个长方体。长宽高分别为100、100、40。并设高的段数为2，结果如图 5-86 所示。

❸单击选中长方体，在长方体上单击鼠标右键，通过弹出的菜单将长方体转换为可编辑多边形。

❹单击打开【Selection】（选择）卷展栏，按下【Polygon】（多边形）按钮，进入多边形选择状态。

❺单击选中最上面的多边形面片，单击面板上【Extrude】（挤出）按钮旁边的小方框，在弹出的对话框中输入 100。再单击工具栏上的等比缩放按钮，将选中的面缩放为80。然后单击工具栏上的旋转按钮，将选中的面绕 Y 轴旋转-30°，结果如图 5-87 所示。

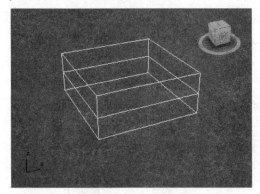
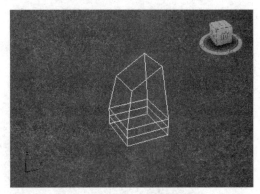

图 5-86　创建长方体　　　　　　图 5-87　第一次挤压、缩放以及旋转后的效果

❻按照上步操作的方法，再将顶面经过 4 次挤出、旋转。最终得到如图 5-88 所示的效果。

❼制作出水口的部位。选中出水口部位的多边形面片，单击面板上【Extrude】（挤出）按钮旁边的小方框，在弹出的对话框中输入 20。再单击工具栏上的等比缩放按钮，将选中的面缩放为70。完成出水部位的创建，结果如图 5-89 所示。

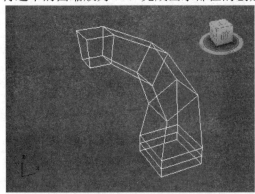
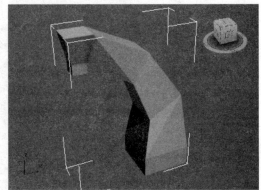

图 5-88　在挤出、旋转 4 次后的效果　　　　图 5-89　挤出水龙头出水部位的效果

❽退出多边形编辑。选中水龙头，进入修改命令面板。在修改命令列表中选择【Mesh Smooth】（网格平滑）命令，往下拖动参数面板，在【Iterations】（迭代指数）框里面输入 2。细化后的水龙头模型如图 5-90 所示。

❾进入材质编辑器，给水龙头赋予不锈钢材质，渲染透视图，结果如图 5-91 所示。

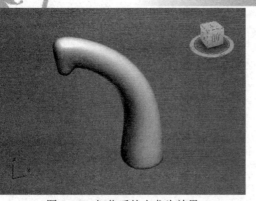

图 5-90 细化后的水龙头效果

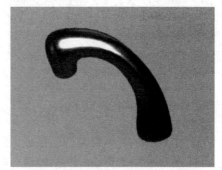

图 5-91 添加材质后的水龙头效果

5.8 课后习题

1．填空题

（1）放样建模的方法有_____和_____两种。

（2）放样物体的变形工具有_____、_____、_____、_____和_____。

（3）布尔运算的四种形式为_____、_____、_____和_____。

（4）组合建模有_____种方法，例如_____、_____和_____。

（5）按住_____键可以为选择集中增加元素。

（6）可以使用_____命令来细化多边形模型。

2．问答题

（1）放样建模的步骤是什么？

（2）如何在放样物体的路径上放置不同的截面？

（3）布尔运算建模的步骤是什么？

（4）布尔运算 Cut 类型又可以分为两种类型，分别介绍他们的运算结果。

（5）阐述组合建模的几种方法。

（6）【Morph】变形建模的方法步骤是什么？

（7）如何将标准几何体转换为可编辑多边形？

3．操作题

（1）放样生成一个物体，并在其中部加入一个不同的截面。

（2）放样生成一个物体，对物体应用变形工具，体验变形工具的作用。

（3）建立几个物体，进行布尔运算，体验不同类型布尔运算的效果。

（4）利用【Morph】变形建模的方法，创建一段动画。

（5）利用多边形建模的方法，创建一个锤子模型。

第 6 章   NURBS 建模

教学目标

　　NURBS 是一种功能非常强大的建模工具，高级三维软件都支持这种建模方式。NURBS 能够比传统的网格建模方式更好地控制物体表面的曲线度，从而能够创建出更逼真、生动的造型。NURBS 模型同一般的三维模型一样也是由点、（曲）线、（曲）面三要素构成。本章主要从后两个要素入手，逐步介绍建立 NURBS 模型所必需的各项知识。NURBS 曲线和 NURBS 曲面在传统的制图领域是不存在的，是专门为使用计算机进行三维建模而建立的。在三维建模的内部空间用曲线和曲面来表现轮廓和外形。

教学重点与难点

➢ NURBS 曲线的创建与修改
➢ NURBS 曲面的创建与修改
➢ NURBS 工具箱的使用
➢ NURBS 建模的方法

6.1　NURBS 曲线的创建与修改

6.1.1　点曲线的创建

01 直接创建

❶ 单击【File】（文件)菜单中的【Reset】（重置）命令，重新设置系统。

❷单击命令面板上的【Create】✚（创建）命令，选取【Shapes】▦（图形），在下拉列表中选择【NURBS Curves】（NURBS 曲线）选项。弹出的创建命令面板如图 6-1 所示。

❸单击【Point Curve】（点曲线）按钮，可以看到右侧的命令面板也随之发生了变化。

❹激活顶视图，单击鼠标确定第一个点，然后拖动鼠标指针，可以看见从第一个点引出一条连接到鼠标指针上的线，而且第一个点为绿色方块显示。

❺单击鼠标确定第二个点，如此下去，最后单击右键结束曲线的创建。此时光滑的点曲线如图 6-2 所示。

❻在建立一条 NURBS 曲线的过程中，可以按退格键来删除上一次建立的点。

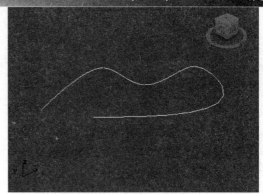

图 6-1　NURBS 曲线创建面板　　　　　　　　图 6-2　开放的点曲线

❼如果结束点和起始点重合，系统将弹出一个对话框，询问是否封闭这条曲线，如图 6-3 所示。单击【是】按钮封闭曲线并结束建立，如图 6-4 所示。单击【否】继续建立，这时曲线是打开的。

02 键盘创建

❶单击【File】（文件）菜单中的【Reset】（重置）命令，重新设置系统。

❷单击命令面板上的【Create】 ✚ （创建）命令，选取【Shapes】 （图形），在下拉列表中选择【NURBS Curves】（NURBS 曲线）选项。弹出曲线创建命令面板。

❸单击【Point Curve】（点曲线）按钮，打开参数面板上的【Keyboard Entry】（键盘输入）卷展栏，如图 6-5 所示。

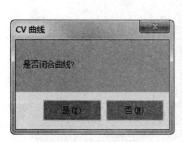

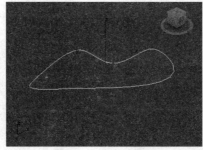

图 6-3　询问对话框　　　　　图 6-4　闭合点曲线　　　　图 6-5　键盘输入卷展栏

❹在 X、Y、Z 框中分别输入 1，1，0，单击【Add Point】（添加点）按钮，就在空间坐标（1，1，0）处创建了第一个点。

❺在 X、Y、Z 框中分别输入 100、80、0，单击【Add Point】（添加点）按钮，就在空间坐标（100，80，0）处创建了第二个点。

❻在 X、Y、Z 框中分别输入 100、-60、0，单击【Add Point】（添加点）按钮，就在空间坐标（100，-60，0）处创建了第三个点。此时顶视图中的曲线形状如图 6-6 所示。

❼单击【Close】（关闭）按钮，即可将曲线闭合并完成创建工作，结果如图 6-7 所示。

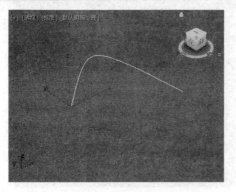

图 6-6　创建了三个点的曲线形状

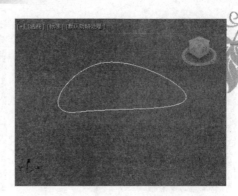

图 6-7　键盘输入创建闭合曲线

6.1.2　控制点曲线（CV 曲线）的创建

01 直接创建

❶ 单击【File】（文件)菜单中的【Reset】（重置）命令，重新设置系统。

❷单击命令面板上的【Create】✛（创建）命令，选取【Shapes】（图形），在下拉列表中选择【NURBS Curves】（NURBS 曲线）选项。

❸在顶视图单击鼠标右键将视图激活。单击【CV Curve】（CV 曲线）按钮。

❹单击鼠标确定第一个控制点，拖动鼠标，再次单击鼠标确定第二个控制点，如此下去，最后单击鼠标右键结束曲线的创建。此时控制点曲线形状如图 6-8 所示。

❺如果想封闭曲线，只需将结束点移动到起始点位置，在弹出的对话框中单击【是】按钮即可，结果如图 6-9 所示。

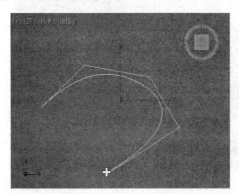

图 6-8　开放控制点曲线

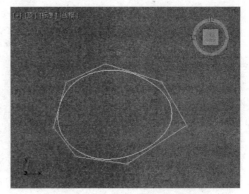

图 6-9　闭合控制点曲线

02 键盘创建

❶单击【File】（文件)菜单中的【Reset】（重置）命令，重新设置系统。

❷单击命令面板上的【Create】✛（创建）命令，选取【Shapes】（图形），在下拉列表中选择【NURBS Curves】（NURBS 曲线）选项。弹出曲线创建命令面板。

❸单击【Point Curve】（点曲线）按钮，打开参数面板上的【Keyboard Entry】（键盘输入）卷展栏。

❹可以发现，和点曲线相比，控制点曲线的创建栏里面多了【Weight】（权重）。其他参数和点曲线键盘创建面板一样，这里就不再详述。

6.1.3　用样条曲线建立 NURBS 曲线

❶单击【File】（文件)菜单中的【Reset】（重置）命令，重新设置系统。

❷单击命令面板上的【Create】➕（创建）命令，选取【Shapes】（图形），在下拉列表中选择【Spline】（样条曲线）选项。

❸任意选择一个样条曲线类型，本例选择椭圆形。在顶视图中创建一个椭圆。

❹在椭圆上单击鼠标右键，弹出的菜单中选择【Covert To】（转化为)|【Covert To NURBS】（转化为 NURBS)，如图 6-10 所示。

❺完成了通过样条曲线来创建 NURBS 曲线。

6.1.4　点曲线的修改

❶单击【File】（文件)菜单中的【Reset】（重置）命令，重新设置系统。

❷在顶视图中建立一条【Point Curve】（点曲线)，如图 6-11 所示。

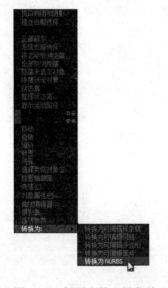

图 6-10　椭圆上的右键菜单

图 6-11　创建点曲线

❸进入【Modify】（修改）面板，单击修改器列表中【NURBS Curve】（NURBS 曲线）左侧的"+"号，进入子物体编辑，如图 6-12 所示。

❹单击【Point】（点）子选项，弹出如图 6-13 所示的修改面板，即可对曲线进行编辑。

❺单击【Refine】（优化）按钮，将鼠标移动到曲线中间单击，就可以在曲线中间插入一个点，结果如图 6-14 所示。

❻单击【Extend】（延伸）按钮，将鼠标移动到曲线上，曲线变成蓝颜色，同时曲线的一个端点被蓝色方框框了起来，如图 6-15 所示。

❼单击并按住鼠标拖动到一点，发现从被蓝色方框围起来的点处又引出一条线，这

条线的另一个端点正是鼠标拖动到的点，如图 6-16 所示。

图 6-12 点曲线修改列表　　　　　　　　　图 6-13 点曲线修改面板

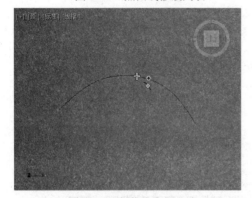

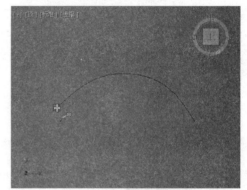

图 6-14 在曲线上插入点　　　　　　　　　图 6-15 延伸曲线

❽单击【Fuse】（熔合）按钮，将鼠标移动到右上方点上，拖动到鼠标到邻近点上，发现两个点熔合成了一个，如图 6-17 所示。

❾点曲线的修改还有隐藏、删除、移动等操作，读者可自行练习，此处不再详细介绍。

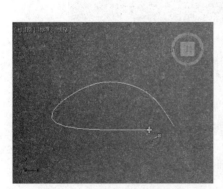

图 6-16 扩展后的曲线形状　　　　　　　　图 6-17 熔合后的曲线

6.1.5　控制点曲线的修改

❶单击【File】（文件）菜单中的【Reset】（重置）命令，重新设置系统。

❷在顶视图中建立一条【CV Curve】（CV 曲线），如图 6-18 所示。

❸进入【Modify】（修改）面板，单击修改器堆栈中【NURBS Curve】（NURBS 曲线）左侧的"+"号，进入子物体编辑。

❹单击【Curve CV】（曲线 CV）子选项，弹出如图 6-19 所示的修改面板，即可对曲线控制点进行编辑。

❺从图中可以看出，控制点曲线的控制点修改面板比点曲线的点修改面板多出来两项，即【Weight】（权重）和【Display Lattice】（显示晶格）。

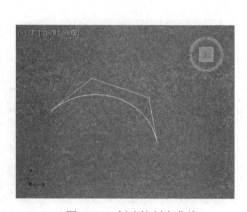

图 6-18　创建控制点曲线　　　　　图 6-19　控制点修改面板

❻选中右上方的点，改变其权重为 10，在顶视图观察曲线的变化，发现曲线向所选点靠近了些，如图 6-20 所示。

❼取消勾选【Display Lattice】（显示晶格），观察曲线的变化，发现控制点间的线框已经取消，如图 6-21 所示。

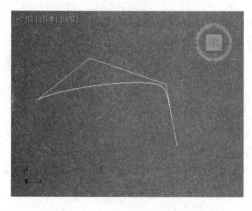

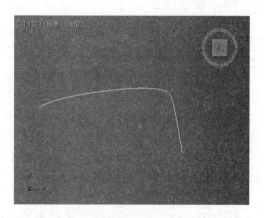

图 6-20　改变权重之后的曲线形状　　　　图 6-21　取消显示晶格后的曲线形状

❽其他命令和点曲线的点层次修改命令基本相同，读者可自行练习。

6.2 NURBS 曲面的创建与修改

6.2.1 点曲面的创建

01 直接创建

❶单击【File】(文件)菜单中的【Reset】(重置)命令，重新设置系统。

❷单击【Create】(创建)命令面板，在【Geometry】(几何体)子面板的下拉列表中选择【NURBS Surfaces】(NURBS 曲面)选项。展开【Object Type】(对象类型)卷展栏，如图 6-22 所示。

图 6-22 NURBS 曲面创建面板

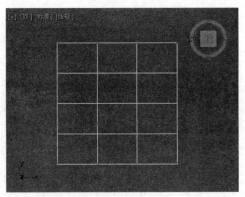

图 6-23 创建点曲面

❸单击创建面板中的【Point Surf】(点曲面)按钮，激活顶视图。

❹在视图中单击并拖动，拉出一个点曲面。上面均匀分布着 4×4 个点，如图 6-23 所示。右侧面板中【Creation Parameters】(创建参数)卷展栏给出了创建的曲面参数。

02 键盘创建

❶单击【File】(文件)菜单中的【Reset】(重置)命令，重新设置系统。

❷单击【Create】(创建)命令面板，在【Geometry】(几何体)子面板的下拉列表中选择【NURBS Surfaces】(NURBS 曲面)选项。展开【Object Type】(对象类型)卷展栏。

❸单击创建面板中的【Point Surf】(点曲面)按钮，激活顶视图。

❹在右侧面板中展开【Keyboard Entry】(键盘输入)卷展栏，如图 6-24 所示。

❺将 X、Y、Z 的值均设为 0，【Length】(长度)和【Width】(宽度)值均设为 100，【Length Point】(长度点数)和【Width Point】(宽度点数)均设为 6，单击【Creat】(创建)按钮，观察顶视图，一个点曲面就创建好了，如图 6-25 所示。

❻其中 X、Y、Z 的值代表曲面的中心坐标。

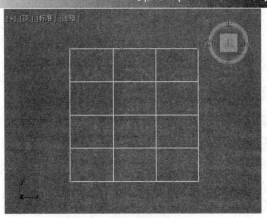

图 6-24　点曲面键盘创建面板　　　　　图 6-25　用键盘创建好的点曲面

6.2.2　CV 曲面的创建

01 直接创建

❶单击【File】(文件)菜单中的【Reset】(重置)命令，重新设置系统。

❷单击【Create】(创建)命令面板，在【Geometry】(几何体)子面板的下拉列表中选择【NURBS Surfaces】(NURBS 曲面)选项。展开【Object Type】(物体类型)卷展栏。

❸单击创建面板中的【CV Surf】(控制点曲面)按钮，激活顶视图。

❹在视图中单击并拖动，即可拉出一个 CV 曲面。上面均匀分布着 4×4 个控制点，如图 6-26 所示。右侧面板中【Creation Parameters】(创建参数)卷展栏给出了创建的曲面参数。

02 键盘创建

用键盘创建 CV 曲面的方法和用键盘创建点曲面的方法相同，读者可自己创建，此处不再赘述。给出用 6.2.1 节中的参数创建的 CV 曲面图，如图 6-27 所示。

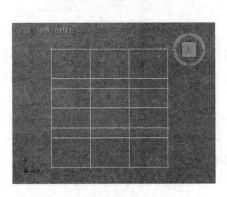

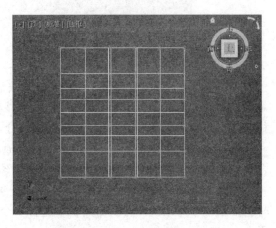

图 6-26　直接创建 CV 曲面　　　　　图 6-27　用键盘创建的 CV 曲面

6.2.3 NURBS 曲面的修改

NURBS 曲面的修改分为 NURBS 曲面级别修改、表面级别修改和点级别修改。

01 NURBS曲面级别修改

❶单击【File】(文件)菜单中的【Reset】(重置)命令，重新设置系统。

❷单击【Create】(创建)命令面板，在【Geometry】(几何体)子面板的下拉列表中选择【NURBS Surfaces】(NURBS 曲面)选项。展开【Object Type】(物体类型)卷展栏。在顶视图建立两个点曲面。

❸选中一个点曲面，进入【Modify】(修改)面板，单击修改器堆栈中的【NURBS Surface】(NURBS 曲面)，如图 6-28 所示。使其变成黑颜色，进入 NURBS 曲面级别修改。

❹在右侧的参数面板中可以看到物体修改卷展栏，本例着重介绍【General】(常规)卷展览，如图 6-29 所示。

❺很多时候，需要将几个独立的曲面结合在一起，以便进行其他操作，这时就要用到【Attach】(附加)命令。

❻保持一个曲面处于选中状态，单击【Attach】(附加)按钮，然后将鼠标移动到需要连接的曲面上，鼠标变成如图 6-30 所示的形状时单击左键，此时可以看到，两个曲面均以高亮度显示，表明结合成功。

图 6-28　NURBS 曲面修改器堆栈　　　　图 6-29　常规卷展栏

❼【Attach Multiple】(附加多个)按钮与【Attach】(附加)按钮类似，不同的是单击后会弹出对话框，如图 6-31 所示。可以从对话框中选择需要结合的多个曲面的名称，然后单击【Attach】(附加)键完成结合。

❽【Import】(导入)命令用于引入其他物体到 NURBS 物体里。操作方法与曲面结合是一样的，但引入的物体将保留自己的创建参数和变动修改。

❾【Import Multiple】(导入多个)命令用于引入多个物体到 NURBS 物体里。单击时会显示一个对话框，可以在列表中选择多个物体，然后单击【Import】(导入)键完成引入。

⓾【Reorient】（重新定向）命令打开时，所结合的或引入的物体会移动到 NURBS 物体的中心。

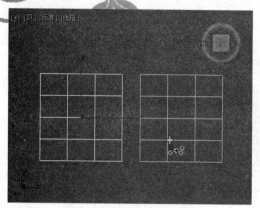

图 6-30　附加时鼠标形状　　　　　图 6-31　附加多个曲面对话框

⓫其他参数用于 NURBS 模型和曲面的显示控制，这里不再详细讲解。

02 表面级别修改

❶同样以上面的例子来讲解，选中一个曲面，进入【Modify】（修改）面板，单击修改器堆栈中【Surface】（曲面），使其变成黄颜色，即可进入表面层次编辑。此时，参数面板变成表面编辑面板。

❷经过上面的实例操作，已经将两个独立的表面结合在了一起。单击选中一个表面，使其变成红颜色，右边的许多命令就由灰色变成可用状态。下面举例讲解几个命令。

❸单击【Break Row】（断开行）按钮，将鼠标移动到表面上，曲面上出现蓝色的横线，如图 6-32 所示。单击即可从蓝色线处断开。移动表面，可以看到已经分成了两部分，如图 6-33 所示。

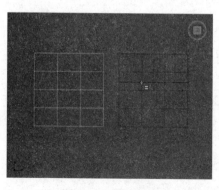

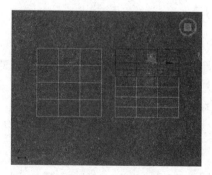

图 6-32　断开行前　　　　　　　图 6-33　断开行后

❹单击【Join】（连接）按钮，将鼠标放在右边表面的一个边上，当边变成蓝颜色时，拖动鼠标到左边表面的边上，此时弹出对话框，如图 6-34 所示。单击【OK】（确定）按钮，即可将两个面连接在一起，结果如图 6-35 所示。

❺表面级别的修改还有其他许多命令，读者可自行练习，这里不再详述。

03 点层次修改

选中一个曲面，进入【Modify】（修改）面板，单击修改器堆栈中【Point】（点），使其变成黄颜色，即可进入点层次编辑。此时，参数面板变成点编辑面板。这些命令都比较简单，这里不作特别介绍。

图 6-34 连接表面对话框

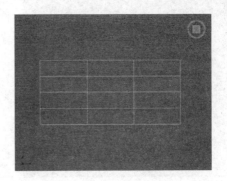

图 6-35 连接后的表面

6.3 NURBS 工具箱

在 6.2.3 节中，图 6-29 标出了 NURBS 工具箱的位置。在建模的过程中，经常需要建立一些次物体，NURBS 工具箱是很有帮助的。NURBS 工具箱如图 6-36 所示。从图中可以看出，它主要分三部分，分别为：建立点次物体、曲线次物体以及曲面次物体。建立点次物体比较简单，这里不作介绍。重点介绍建立曲线次物体和曲面次物体的方法。

6.3.1 建立曲线次物体

曲线次物体种类很多，这里仅仅介绍一部分。希望读者能举一反三。

01【Create Transform Curve】（创建变换曲线）

❶单击【File】（文件)菜单中的【Reset】（重置）命令，重新设置系统。
❷激活顶视图，单击【Create】（创建）命令面板，创建一条点曲线。
❸选中点曲线，进入【Modify】（修改）命令面板，调出 NURBS 工具箱。
❹单击【Create Transform Curve】（创建变换曲线）按钮，将鼠标移动到创建好的曲线上使之变成蓝颜色，按住鼠标并拖动，即可创建出一条变换曲线，如图 6-37 所示。

02【Create Blend Curve】（创建混合曲线）

❶仍以上面的曲线为例。
❷选中第一条点曲线，单击【Greate Blend Curve】（创建混合曲线）按钮。
❸将鼠标移动到第一条点曲线上使之变成蓝颜色，同时点曲线末端出现一个蓝色方框，如图 6-38 所示。
❹按住鼠标左键并拖动到要连接的另一条曲线末端，释放鼠标，完成连接操作，结果如图 6-39 所示。

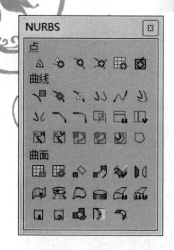

图 6-36　NURBS 工具箱

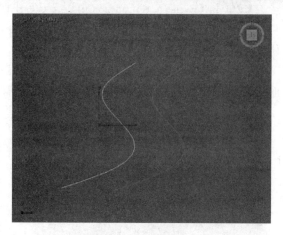

图 6-37　变换曲线

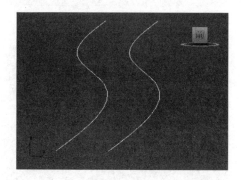

图 6-38　混合前

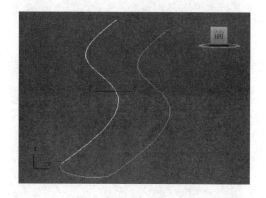

图 6-39　混合后

03 【Create Offset Curve】（创建偏移曲线）

❶仍以上面的曲线为例。

❷选中最左边的曲线，单击【Create Offset Curve】（创建偏移曲线）按钮。

❸将鼠标移动到最左边的曲线上使之变成蓝颜色，按住鼠标左键并拖动到想要偏移的地方，完成偏移曲线的创建，结果如图 6-40 所示。可以看出，偏移曲线的曲率发生了变化。

04 【Create Mirror Curve】（创建镜像曲线）

❶单击【File】（文件）菜单中的【Reset】（重置）命令，重新设置系统。

❷激活顶视图，单击【Create】（创建）命令面板，创建一条点曲线。

❸选中点曲线，进入【Modify】（修改）命令面板，调出 NURBS 工具箱。

❹单击【Create Mirror Curve】（创建镜像曲线）按钮，将鼠标移动到创建好的曲线上使之变成蓝颜色，按住鼠标并拖动到需要镜像的位置，释放鼠标，即可创建出一条镜像曲线，如图 6-41 所示。

05 【Create　Chamfer Curve】（创建切角曲线）

❶ 仍以上面的曲线为例。

❷单击【Create Chamfer Curve】（创建切角曲线）按钮。

❸将鼠标移动到最左边的曲线上方使之变成蓝颜色，同时最上面的端点被蓝色框包围，如图 6-42 所示。

❹按住鼠标左键并拖动到另一条曲线的端部，可以看到另一条曲线也变成蓝色，同时端点也被蓝色框包围，释放鼠标，完成直角曲线的创建，结果如图 6-43 所示。

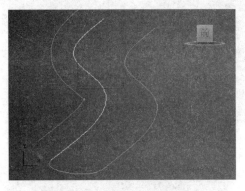

图 6-40　偏移曲线的创建

图 6-41　镜像曲线的创建

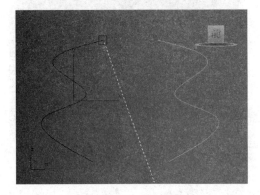

图 6-42　连接前

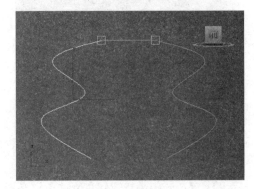

图 6-43　连接后

6.3.2　建立曲面次物体

01　【Create Transform　Surface】（创建变换曲面）

❶单击【File】（文件)菜单中的【Reset】（重置）命令，重新设置系统。

❷激活顶视图，单击【Create】（创建）命令面板，创建一个点曲面。

❸选中点曲面，进入【Modify】（修改）命令面板，调出 NURBS 工具箱。

❹单击【Create Transform　Surface】（创建变换曲面）按钮，将鼠标移动到创建好的曲面上使之变成蓝颜色，按住鼠标左键并拖动到需要变换的位置，释放鼠标，即可创建出一条变换曲面，如图 6-44 所示。

02　【Create Blend Surface】（创建混合曲面）

❶仍以上面的曲面为例。

❷选中第一个点曲面，单击【Create Blend　Surface】（创建混合曲面）按钮。

③将鼠标移动到第一个点曲面的一条边上使之变成蓝颜色。

④按住鼠标左键并拖动到要融合的另一个曲面的一条边上，释放鼠标，完成融合操作，如图 6-45 所示。

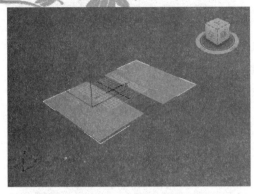
图 6-44　创建变换曲面

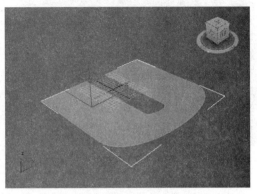
图 6-45　创建混合曲面

03　【Create Extrude　Surface】（创建挤出曲面）

①单击【File】（文件）菜单中的【Reset】（重置）命令，重新设置系统。

②激活顶视图，单击【Create】（创建）命令面板，创建一条点曲线，如图 6-46 所示。

③选中点曲线，进入【Modify】（修改）命令面板，调出 NURBS 工具箱。

④单击【Create Extrude Surface】（创建挤出曲面）按钮，将鼠标移动到创建好的曲线上使之变成蓝颜色，按住鼠标并拖动，释放鼠标，即可创建出一条挤出曲面。默认的情况下，曲面的挤压是沿着 NURBS 模型自身的 Z 轴方向进行的，如图 6-47 所示。

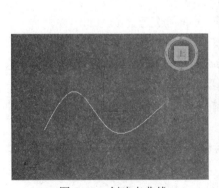
图 6-46　创建点曲线

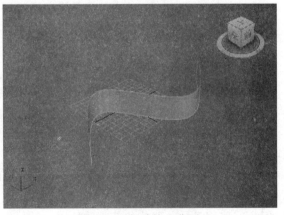
图 6-47　创建挤出曲面

04　【Create Lathe Surface】（创建车削曲面）

①单击【File】（文件）菜单中的【Reset】（重置）命令，重新设置系统。

②激活顶视图，单击【Create】（创建）命令面板，创建一条点曲线，如图 6-48 所示。

③选中点曲线，进入【Modify】（修改）命令面板，调出 NURBS 工具箱。

④单击【Create Lathe Surface】（创建车削曲面）按钮，将鼠标移动到创建好的曲线上使之变成蓝颜色，单击鼠标，即可创建出一条车削曲面。默认情况下车削曲面

是沿着 NURBS 模型自身的 Y 轴进行旋转的，如图 6-49 所示。

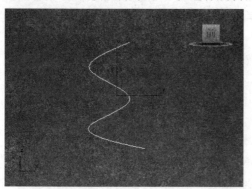

图 6-48　车削前的点曲线

图 6-49　车削后的透视图

6.4　NURBS 建模的方法

（1）直接创建 NURBS 模型。使用创建命令面板里的命令按钮直接在视图中单击鼠标就可以创建出 NURBS 曲线或者 NURBS 曲面，然后利用各种修改工具、修改命令来建立 NURBS 模型。

（2）可以先创建出标准几何体，然后在几何体上单击鼠标右键，在弹出的对话框中选择【Covert to|Covert to NURBS】（转换为|转换为 NURBS）完成标准几何体向 NURBS 对象的转化，然后利用各种 NURBS 修改工具对其进行编辑修改，得到最终的 NURBS 模型。

（3）先创建一条 NURBS 曲线（或是样条曲线转换的 NURBS 曲线），利用【Lathe】（车削）或【Extrude】（挤出）命令来创建出最终的 NURBS 模型。

下面就利用第三种方法，以制作苹果的造型来说明如何快速建立 NURBS 模型。

❶单击【File】(文件)菜单中的【Reset】（重置）命令，重新设置系统。

❷单击命令面板上的【Create】✚（创建）命令，选取【Shapes】▣（图形），在下拉列表中选择【NURBS Curves】（NURBS 曲线）选项。

❸单击【Point Curve】（点曲线）按钮，激活前视图，并绘制如图 6-50 所示的点曲线作为苹果半截面。

❹选中点曲线，进入【Modify】（修改）命令面板，在修改堆栈中选择点层次修改。则截面的节点全部显示出来，如图 6-51 所示。

❺利用移动工具，调整各节点的位置，结果如图 6-52 所示。

❻退出点层次修改，在修改器列表中选择【Lathe】（车削）命令，对曲线进行旋转修改，结果如图 6-53 所示。

❼向下拖动右侧的参数面板，在对齐方式下选择【Min】（最小），并设置【Segments】（段数）为 32。此时的透视图中苹果形状如图 6-54 所示。

❽在顶视图中的苹果中心拉出一个圆柱体作为苹果梗，并移动到适当位置，前视图中的位置如图 6-55 所示。

❾选中圆柱体，进入【Modify】（修改）命令面板，在修改命令列表中选择【Bend】（弯曲）命令，适当调整参数，对圆柱进行弯曲，结果如图 6-56 所示。

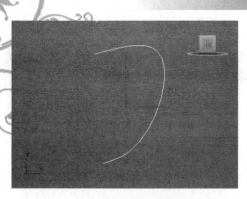

图 6-50　苹果半截面

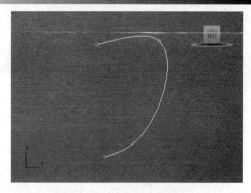

图 6-51　进入点层次修改

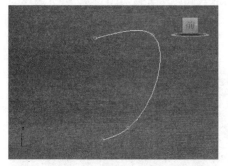

图 6-52　调整后的苹果半截面

图 6-53　旋转后的透视图

⑩苹果造型创建完毕，读者有兴趣的话还可给苹果赋予材质和贴图，使其更加真实。这里给出一张参考图，如图 6-57 所示。

图 6-54　调整对齐方式后的苹果造型

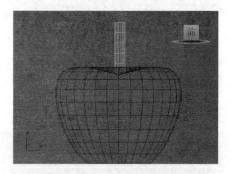

图 6-55　加入苹果梗的苹果造型

图 6-56　修改后的苹果梗

图 6-57　最终的苹果效果

6.5 实战训练——易拉罐

本节通过一个实例——易拉罐制作的过程来综合应用 NURBS 建模相关知识，以巩固读者对 NURBS 建模方法和技巧的掌握。

❶单击【File】（文件）菜单中的【Reset】（重置）命令，重新设置系统。

❷单击命令面板上的【Create】✚（创建）命令，选取【Shapes】（图形），在下拉列表中选择【NURBS Curves】（NURBS 曲线）选项。

❸单击【Point Curve】（点曲线）按钮，激活前视图，并绘制如图 6-58 所示的点曲线。

❹选中点曲线，进入【Modify】（修改）命令面板，在修改堆栈中选择点层次修改。则截面的节点全部显示出来，如图 6-59 所示。

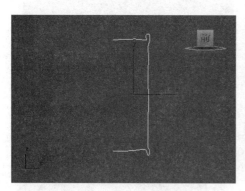

图 6-58　易拉罐半截面　　　　　　　图 6-59　进入点层次修改

❺利用移动工具，调整各节点的位置，结果如图 6-60 所示。

❻退出点层次修改，在修改器列表中选择【Lathe】（车削）命令，对曲线进行旋转修改，结果如图 6-61 所示。

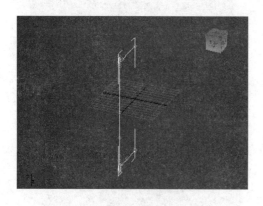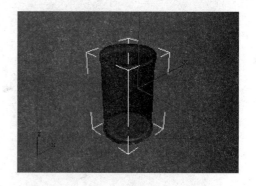

图 6-60　调整后的易拉罐半截面　　　　　图 6-61　旋转后的透视图

❼选中易拉罐，单击工具栏中的按钮进入材质编辑器。

❽选中一个样本球，在【Map】（贴图）卷展栏下选择【Reflection】（反射）选

项，并单击它旁边的【None】（无贴图）按钮，在弹出的材质/贴图浏览器中双击选择【Bitmap】（位图）贴图。从弹出的对话框中选择一张铝制品的图片（光盘中的贴图/CHROMIC.jpg 文件），设置【Amount】（数量）值为 60。

❾复制【Reflection】（反射）贴图到【Refraction】（折射）贴图通道，并将【Amount】（数量）值设为 30。

❿单击横向工具栏中的【Assign Material to Selection】（将材质指定给选定物体）按钮，然后单击【Show Map in Viewport】（视口中显示明暗处理材质）按钮。此时透视图中的效果如图 6-62 所示。

⓫选中易拉罐，进入修改命令面板。对易拉罐添加【Edit Mesh】（编辑网格）修改，进入面片层级修改，选择中间部分的所用面片，如图 6-63 所示。

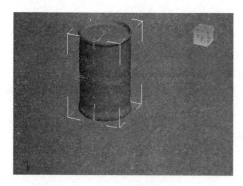
图 6-62　贴上铝制品贴图的易拉罐

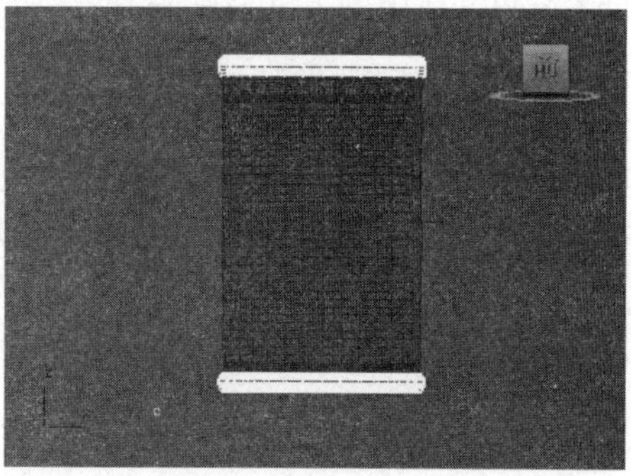

图 6-63　选中中间所有面片

⓬在材质编辑器中给这部分赋予一张易拉罐贴图（光盘中的贴图/BAIWEI3.jpg 文件）。

⓭选中易拉罐，进入修改命令面板。对易拉罐添加【UVW maping】（UVW 贴图）修正贴图坐标。

⓮快速渲染透视图，效果如图 6-64 所示。

⓯还可以为易拉罐添加桌面作为装饰，此处给出参考效果，如图 6-65 所示。

图 6-64　易拉罐效果图

图 6-65　装饰后的易拉罐效果图

6.6　课后习题

1. 填空题

（1）NURBS 曲线分两种类型，即_____和_____。

（2）NURBS 曲线有_____，_____，_____等_____种显示方式。

（3）NURBS 曲面的修改面板卷展栏主要包括_____、_____和_____等。

（4）引力值的作用是_____。

2．问答题

（1）点曲线与控制点曲线有什么不同？

（2）如何用样条曲线来建立 NURBS 曲线？

（3）如何进入次级对象修改？

（4）点曲面与控制点曲面有什么不同？

（5）如何打开 NURBS 工具箱？

（6）NURBS 建模的方法有哪三种？

3．操作题

（1）分别绘制一条点曲线、CV 曲线，体会两者的区别。

（2）分别创建点曲面和控制点曲面，比较其不同。

（3）练习将多个不同的 NURBS 曲线加入到同一个曲线集当中，练习 Attach 命令的用法。

（4）绘制一个 CV 曲面，对其进行编辑修改，制作出山丘模型。

第 7 章　物体的修改

教学目标

　　建模的过程是先建立模型的雏形，再用修改器进行修改编辑，使之最终符合要求。可见，物体的修改编辑是很重要的。模型的编辑修改器是修改造型的主要工具，3ds Max 2020 提供了多种修改编辑器且功能各异。掌握这些修改器的使用是 3ds Max 2020 的重点内容。本章将介绍一些常用编辑修改器的用法，为读者最终创建出完美的造型和动画奠定基础。

教学重点与难点

> ➤ 修改器堆栈的使用
> ➤ 常用编辑修改器的使用
> ➤ 利用简单编辑器建立复杂模型

7.1　初识修改器面板

　　一些简单的模型和场景在建模阶段即可完成，但大多数情况下都需要进一步地修改、编辑才能完成。本章重点学习如何利用修改器对物体进行加工、编辑，使造型更加满足我们的要求。

　　首先认识修改器面板，如图 7-1 所示。可以看出，Modify 命令面板分为 4 个基本区域，分别是：

> ✧ 对象名称与颜色编辑区：位于 Modify 命令面板的顶部，动态地显示被选物体的名称和颜色，并且可以随时进行编辑。物体名称在文本框中直接修改即可，颜色修改需单击文本框右边的色块，在【Object Color】（物体颜色）对话框中设定所需的颜色。
>
> ✧ 【Modifier List】（修改器列表）：位于名称与颜色区的下部。其中列举了各种修改器，这些修改器只有对当前被选对象有效时才可使用。单击右侧的小三角，即可看到修改器。

图 7-1　修改器面板

> ✧ 【Modifier Stack】（修改器堆栈）：此区域储存和管理修改器。即当用户对某一对象进行修改时，所用过的各种修改器便显示在该区域内，可方便用户重复操作。
>
> ✧ 【Parameters】（参数区）：位于【Modify】（修改）命令面板的最底部，该区域显示当前修改器堆栈中被选对象的参数。

其中的名称和颜色区域比较简单，和物体创建命令面板上的名称和颜色区域完全相同。参数区域根据物体的种类和所选择的修改器而有所不同。下面重点介绍修改器堆栈和修改器列表。

7.2 修改器堆栈的使用

3ds Max 软件提供了【Modifier Stack】（修改器堆栈），用于存储物体创建及修改编辑过程中的参数与信息。3ds Max 中创建的每一个物体都有自己的堆栈。通过堆栈，可以了解物体的创建及编辑过程，并可以动态地改变物体的每一个建立及编辑参数，达到修改物体及产生动画的效果。

修改器堆栈可以把每一步的操作记录保存起来。它拥有堆栈的特点，就是先进后出。它以堆栈的结构把每一步的操作保存起来，提供一个操作名称的列表，最先进行的操作被放在堆栈的底部，而最后一步操作放在堆栈的顶端。

7.2.1 应用编辑修改器

只有对物体应用了修改器进行修改后，修改器堆栈里面才有相关的修改器历史操作。如果没对物体应用修改器，修改器堆栈里面仅仅是所选物体的名字。下面举例介绍。

❶单击【File】（文件）菜单中的【Reset】（重置）命令，重新设置系统。

❷进入【Create】（创建）命令面板，按下【Geometry】（几何体）按钮，展开【Object Type】（对象类型）卷展栏，在透视图中创建一个长方体。

❸选中长方体，进入【Modify】（修改）命令面板，观察此时修改器堆栈的内容，如图 7-2 所示。

❹单击【Modifier List】（修改器列表）旁边的小三角，在弹出来的列表里任意选择一个修改器，这里选择【Noise】（噪波），对物体进行修改。

❺观察修改器堆栈的内容，发现除了物体的名字以外，刚才选择的修改器出现在了修改器列表里，如图 7-3 所示。

图 7-2 应用修改器前

图 7-3 应用修改器后

📖 7.2.2　开关编辑修改器

在修改器堆栈中，每一个修改器前面均有一个图标，它的作用是打开或者关闭修改器。如果要查看该修改器对物体的影响效果，可以使用该图标。下面举例介绍。

❶继续使用上面的例子介绍。

❷选中长方体，进入【Modify】（修改）命令面板，观察此时修改器堆栈中开关按钮的形状，如图 7-4 所示。

❸观察透视图，应用【Noise】（噪波）修改器修改后的长方体形状如图 7-5 所示（读者所做的效果跟这里不一样没关系，这里的目的不是为了做效果，而是用来做对比）。

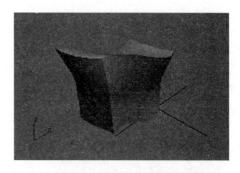

图 7-4　修改器开关开启状态　　　　图 7-5　开启时透视图中物体的效果

❹进入【Modify】（修改）命令面板，在修改堆栈中单击开关按钮，使其处于图 7-6 所示的状态。关闭时透视图中物体的效果如图 7-7 所示。

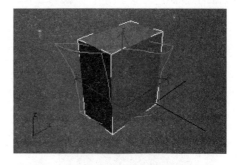

图 7-6　修改器开关关闭状态　　　　图 7-7　关闭时透视图中物体的效果

📖 7.2.3　复制和粘贴修改器

在建模的过程中，有时候需要用到同样的修改器对物体进行修改，这时就需要用到修改器的复制和粘贴功能。下面举例介绍。

❶ 继续使用上面的例子介绍。

❷选中长方体，进入【Modify】（修改）命令面板，在修改器堆栈中找到要复制的修改器，这里选择【Noise】（噪波）修改器，如图 7-8 所示。

❸然后在其上面单击鼠标右键位置，此时弹出右键菜单，如图 7-9 所示。在菜单中选择【Copy】（复制）命令，这样，就把使用该修改器对物体修改的相关参数全部复制下来了。注意：这里不能用 Ctrl+C 命令来复制，因为这样会使透视图切换到摄像机视图。

❹在堆栈中找到需要插入的位置，再次单击鼠标右键，在弹出的菜单中选择【Paste】（粘贴）命令。这样，修改器就被粘贴到了相应的位置，如图 7-10 所示。注意：这里不能用 Ctrl+V 命令来粘贴。因为这样只会复制一个同样的物体而不是复制修改器。

图 7-8　选择【Noise】（噪波）修改器　　　　　　　图 7-9　右键菜单

❺观察透视图，发现长方体物体发生了变化，如图 7-11 所示。这是因为在原来噪波修改器的基础上又多了一个噪波修改器。

图 7-10　粘贴后的修改器堆栈　　　　　　　图 7-11　粘贴后透视图的变化

7.2.4 重命名编辑修改器

一般来讲，系统默认的修改器的名称就是修改器本身的名称。可以根据自己的需要来命名修改器。如当复制粘贴修改器后，修改器堆栈中两个修改器的名称一样，不方便了解修改的过程，这时就可以重命名修改器。下面举例介绍。

❶继续使用上面的例子介绍。

❷选中长方体，进入【Modify】（修改）命令面板，在修改器堆栈中找到要重命名的修改器，这里选择第一个【Noise】（噪波）修改器，然后在其上面单击鼠标右键。

❸弹出右键菜单，在菜单中选择【Rename】（重命名）命令，此时堆栈中的修改器名称变成可编辑的文本框，如图 7-12 所示。输入"噪波 01"。

❹用同样方法，修改第二个修改器名称为"噪波 02"。修改器堆栈如图 7-13 所示。

图 7-12 重命名修改器

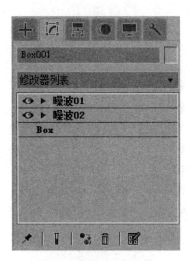

图 7-13 重命名后的堆栈

7.2.5 删除编辑修改器

如果一个修改器命令没有达到预期的效果，或者把该效果命令放在了一个错误的位置，这个时候就可以删除它。下面举例介绍。

❶继续使用上面的例子介绍。

❷首先选中长方体，进入【Modify】（修改）命令面板，在修改器堆栈中找到要删除的修改器，这里选择【噪波 02】修改器。

❸在【噪波 02】修改器上面单击鼠标，使其变成灰色选中状态，按下堆栈框下边的

🗑 按钮，即可将选择的修改器删除。删除后的结果如图 7-14 所示。注意：删除时不能按 Delete（删除）键，因为这样会导致场景中的物体被删除。

❹删除修改器后，该修改器作用于物体的修改也将随之失效。透视图中的物体状态如图 7-15 所示。

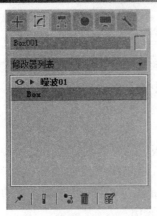

图 7-14　删除后的修改器堆栈

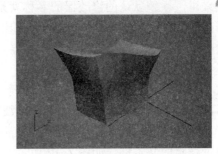

图 7-15　删除后的物体状态

7.2.6　修改器的范围框

对物体的修改功能实际上是作用于物体范围框，它用桔黄色框表示，代表物体的结构。读者可以对它进行移动、旋转等变换，从而影响物体的形状。下面举例介绍。

❶继续使用上面的例子介绍。

❷选中长方体，进入【Modify】（修改）命令面板，在修改器堆栈中找到要修改的修改器，这里选择【噪波 01】修改器。

❸在【噪波 01】修改器前面的三角形符号上面单击，展开【噪波 01】修改器，结果如图 7-16 所示。

❹在【Gizmo】（范围框）上面单击鼠标，使其变成灰色选中状态。

❺选取工具栏上的移动工具，在透视图中移动桔黄色框。观察长方体的变形情况，如图 7-17 所示。

图 7-16　展开后的修改器

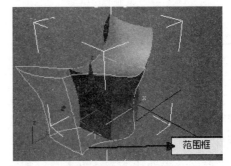

图 7-17　移动范围框物体形状的变化

❻同样可以通过变换【Center】（中心）来改变物体的形状，如图 7-18 所示。

7.2.7　塌陷堆栈操作

编辑修改器堆栈不仅记录了物体从创建到修改的每一步操作，而且保留了 3ds Max 场景文件中的所有编辑操作，因而编辑修改器对内存的消耗非常巨大。塌陷堆栈是减少物体耗费内存的好办法。塌陷堆栈操作保留每个编辑修改器对物体作用的效果，将对象缩减成高级的几何体。但塌陷后的编辑修改器的作用效果被冻结成为显式的，不能再进行编辑。

❶ 继续使用上面的例子介绍。

❷ 首先选中长方体，进入【Modify】（修改）命令面板，在修改器堆栈中找到要塌陷的修改器，这里选择【噪波 01】修改器。

❸ 在【噪波 01】修改器上面单击鼠标右键，在弹出的右键菜单里选择【Collapse To】（塌陷到）命令，随后弹出对话框如图 7-19 所示，提示是否塌陷。

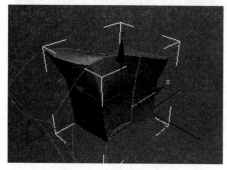

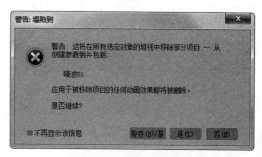

图 7-18　变换中心改变物体形状的变化　　　　　图 7-19　塌陷对话框

❹ 选择【Yes】（是）按钮，完成塌陷操作。观察修改器堆栈和透视图中物体的变化。发现修改器堆栈中的修改器名称变成了【Editable Mesh】（可编辑网格），如图 7-20 所示。透视图中的桔黄色框也消失了，只有一个白色的框，如图 7-21 所示。

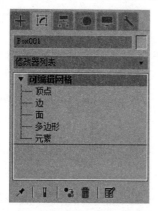

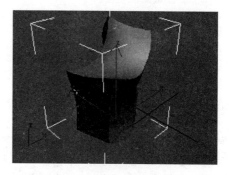

图 7-20　塌陷后的修改器名称　　　　　　图 7-21　塌陷后的物体状态

7.2.8　修改器堆栈的其他命令简介

❖ 【Pin Stack】（锁定堆栈）按钮：冻结堆栈的当前状态。能够在变换场景物体时，仍然保持原来选择物体的编辑修改器的激活状态。由于修改面板总是反映当前选择物体的状态，因而【Pin Stack】（锁定堆栈）就成为一种特殊情况。这种特殊情况对于协调编辑修改器的最后结果和其他对象的位置和方向非常有帮助。

❖ 【Show end result on / off toggle】（显示最终结果开/关切换）按钮：确定是否显示堆栈中的其他编辑修改器的作用结果。该功能可以直接看到某一项编辑修改器产生的效果，避免其他的编辑修改器产生效果的干扰。通常在观察一项编辑修改器产生效果时，关闭该按钮；在观察所有的编辑修改器产生的总体效果时，打开该按钮。

✧ 【Make unique】（使唯一）按钮🔳：使物体关联编辑修改器独立，用来去除与共享同一编辑修改器的其他物体的关联。

7.3 常用编辑修改器的使用

📖 7.3.1 【Bend】（弯曲）编辑器的使用

【Bend】（弯曲）编辑器可以对当前选中的对象进行弯曲化处理，可以对物体以 X、Y、Z 三个轴中的任意一个方向进行规则的弯曲化处理。同时可以使用限制选项来限制物体的弯曲区域以及使用方向选项来限制弯曲方向与水平面之间的夹角。Bend（弯曲）编辑器的参数面板如图 7-22 所示。

01 参数简介

✧ 【Angle】（角度）：设置弯曲角度。

✧ 【Direction】（方向）：设置弯曲的方向。

✧ 【Bend Axis】（弯曲轴）：设置弯曲的基准轴，可以以 X、Y、Z 任一轴为基准进行弯曲变形。

✧ 【Upper Limit】（上限）：设置弯曲变形的上限，在此限度以上的区域将不受到弯曲变形的影响。

✧ 【Lower Limit】（下限）：设置弯曲变形的下限，在此限度以下的区域将不受到弯曲变形的影响。

02 实例应用

❶单击【File】(文件)菜单中的【Reset】（重置）命令，重新设置系统。

❷进入【Create】（创建)命令面板，按下【Geometry】（几何体)按钮,展开【Object Type】（对象类型）卷展栏，在透视图中创建一个圆柱体，如图 7-23 所示。

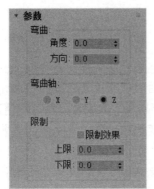

图 7-22　Bend 编辑器参数面板

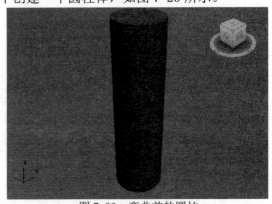

图 7-23　弯曲前的圆柱

❸选中圆柱体，进入【Modify】（修改）命令面板，在【Modifers List】（修改器列表）中按 B 键快速选择【Bend】（弯曲）编辑器。此时圆柱参数面板跳转至弯曲参数面板。为了对比效果，先复制出来三个独立的圆柱体。

❹在参数面板中分别设置第一、二、三、四个圆柱体的弯曲角度【Angle】值为 30、90、180、360。观察弯曲效果，如图 7-24 所示。

❺取消上步操作，在参数面板中分别设置第一、二、三、四个圆柱体的【Angle】（角度）值和【Direction】（方向）值为（50，0）、（50，90）、（50，180）、（50，270），在透视图中观察弯曲效果，如图 7-25 所示。

图 7-24　不同弯曲角度的对比

图 7-25　不同弯曲方向的对比

❻取消上步操作，将 4 个圆柱的【Angle】（角度）值均设为 50，并勾选【Limit Effect】（限制效果）复选框。再分别设 4 个圆柱的【Upper Limit】（上限）为 0、30、60、90。观察透视图，如图 7-26 所示。对比不同上限时的弯曲效果。

7.3.2　Taper（锥化）编辑器的使用

锥化编辑器通过放缩物体的两端而产生锥形轮廓，可以限制物体局部锥化的效果。【Taper】（锥化）编辑器的参数面板如图 7-27 所示。

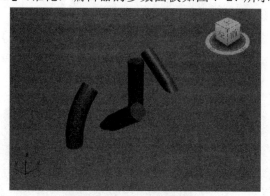
图 7-26　不同上限的对比

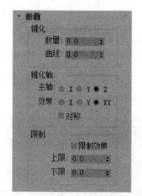
图 7-27　锥化编辑器参数面板

01 参数简介

❖　【Amount】（数量）：设置锥化倾斜程度。

- ✧ 【Curve】（曲线）：设置锥化的弯曲程度。
- ✧ 【Taper Axis】（锥化轴向）：设置基本的依据轴向。
- ✧ 【Upper Limit】（上限）：设置弯曲变形的上限，在此限度以上的区域将不受到弯曲变形的影响。
- ✧ 【Lower Limit】（下限）：设置弯曲变形的下限，在此限度以下的区域将不受到弯曲变形的影响。

02 实例应用

❶单击【File】（文件）菜单中的【Reset】（重置）命令，重新设置系统。

❷进入【Create】（创建）命令面板，按下【Geometry】（几何体）按钮，展开【Object Type】（对象类型）卷展栏，在透视图中创建一个长方体。高的段数设为10，如图 7-28 所示。

❸选中长方体，进入【Modify】（修改）命令面板，在【Modifers List】（修改器列表）中按 T 键快速选择【Taper】（锥化）编辑器。此时长方体参数面板跳转至锥化参数面板。为了对比效果，先复制出三个独立的长方体。

❹在参数面板中分别设置第一、二、三、四个长方体的【Amount】（数量）值为-0.5、-1、0.5、1。观察锥化效果，如图 7-29 所示。

图 7-28　锥化前的长方体　　　　　　　　　　图 7-29　锥化数量的对比

❺取消上步操作，在参数面板中分别设置第一、二、三、四个长方体的【Amount】（数量）值和【Curve】（曲线）值为（-0.5，0.5）、（-0.5，1）、（-0.5，-0.5）、（-0.5，-1）。在透视图中观察锥化效果，如图 7-30 所示。

❻取消上步操作，将四个长方体的【Amount】（数量）值均设为-2，【Curve】（曲线）值均设为0，并勾选【Limit Effect】（限制效果）复选框。再分别设 4 个长方体的【Upper Limit】（上限）分别为0、10、20、30。观察透视图，如图 7-31 所示。对比不同上限时的锥化效果。

图 7-30　不同锥化曲线的对比　　　　　　　　图 7-31　不同上限的对比

7.3.3 【Twist】(扭曲)编辑器的使用

【Twist】(扭曲)编辑器的参数面板如图 7-32 所示。

图 7-32　扭曲编辑器参数面板

01 参数简介

✧　【Angle】(角度):设置扭曲的角度。

　　【Bias】(偏移):该数值表示扭曲沿物体扭曲轴的分布情况。该值越大,扭曲就越集中在扭曲轴的上部;该值越小,扭曲就越集中在扭曲轴的下部。

✧　【Twist Axis】(扭曲轴):设置基本的依据轴向。

✧　【Upper Limit】(上限):设置扭曲变形的上限值。

✧　【Lower Limit】(下限):设置扭曲变形的下限值。

02 实例应用

❶单击【File】(文件)菜单中的【Reset】(重置)命令,重新设置系统。

❷进入【Create】(创建)命令面板,按下【Geometry】(几何体)按钮,展开【Object Type】(对象类型)卷展栏,在透视图中创建一个条形长方体。高的段数设为 10,如图 7-33 所示。

❸选中长方体,进入【Modify】(修改)命令面板,在【Modifers List】(修改器列表)中按 T 键快速选择【Twist】(扭曲)编辑器。此时长方体参数面板跳转至扭曲参数面板。为了对比效果,先复制出三个独立的长方体。

❹在参数面板中分别设置第一、二、三、四个长方体的【Angle】(角度)值为 90、180、270、360。观察扭曲效果,如图 7-34 所示。

❺取消上步操作,在参数面板中分别设置第一、二、三、四个长方体的【Angle】(角度)值和【Bias】(偏移)值为(360,0)、(360,50)、(360,−50)、(−360,0)。在透视图中观察扭曲效果,如图 7-35 所示。

图 7-33　扭曲前的长方体

图 7-34　不同扭曲角度的对比

❻取消上步操作,将 4 个长方体的【Angle】(角度)值均设为 360,【Bias】(偏移)值均设为 0,并勾选【Limit Effect】(限制效果)复选框。再分别设 4 个长方体

的【Upper Limit】（上限）分别为 50、100、150、200。观察透视图，如图 7-36 所示。对比不同上限时的锥化效果。

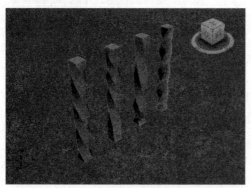

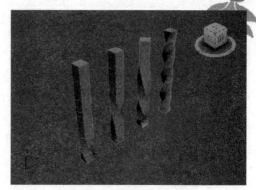

图 7-35　不同偏移量的对比　　　　　图 7-36　不同上限的对比

7.3.4 【Noise】（噪波）编辑器的使用

噪波编辑器的功能是给几何造型体加上一些随机的变化，使之生成有随机外观的形体。例如，可以给一平整的面片进行【Noise】（噪波）变形，使其具有不规则的起伏形态，再利用它来制作出立体的模型。【Noise】（噪波）修改器的参数面板如图 7-37 所示。

01 参数简介

✧ 【Seed】（种子）：表示随机数生成器的模式，其值必须为整数。

✧ 【Scale】（比例）：参数表示噪波的总体比例，数值越大则噪波越粗，设置其值为 100。

✧ 【Roughness】（粗糙度）：表示不规则形状的尺寸或者曲线的总体表面粗糙度，其值介于 0~1 之间。

✧ 【Iterations】（迭代次数）：确定生成噪波所要的不规则函数计算次数，数值越高，生成的不规则图形噪波越精确，但所需时间越长。

✧ 【X、Y、Z】：分别表示形体沿这 3 个轴方向产生的噪波的强度大小。

✧ 【Frequency】（频率）：噪波变动的频率值，数值越大，对象颤动就越快。

✧ 【Phase】（相位）：影响噪波动画控制的相位值，不同的数值将产生噪波参数的不同画面。

02 实例应用

❶单击【File】（文件）菜单中的【Reset】（重置）命令，重新设置系统。

❷进入【Create】（创建）命令面板，按下【Geometry】（几何体）按钮，展开【Object Type】（对象类型）卷展栏，在透视图中创建一个板状长方体。长和宽的段数均设为 20，如图 7-38 所示。

❸选中长方体，进入【Modify】（修改）命令面板，在【Modifers List】（修改器列表）中按 N 键快速选择【Noise】（噪波）编辑器。此时长方体参数面板跳转至噪波参数面板。为了对比效果，先复制出来三个独立的长方体。

❹在参数面板中分别设置第一、二、三、四个长方体的【Strength】（强度）区域下的 Z 值为 100、200、300、400。观察噪波效果，如图 7-39 所示。

❺取消上步操作，将 4 个长方体的【Strength】（强度）区域下的 Z 值均设为 200，再设置第一、二、三、四个长方体的【Scale】（比例）值分别为 40、60、80、100。在透视图中观察不同比例下的噪波效果，如图 7-40 所示。

图 7-37 噪波编辑器参数面板

图 7-38 噪波前的板状物

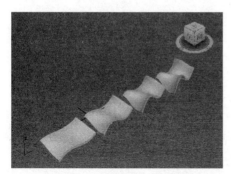

图 7-39 不同噪波强度的对比

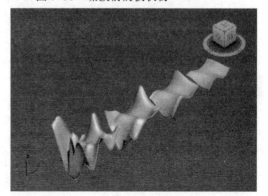

图 7-40 不同噪波比例的对比

7.3.5 【Lattice】（晶格）编辑器的使用

【Lattice】（晶格）编辑器能将所选中的对象处理成格构晶格。这种功能对于网架结构的建模非常有用。【Lattice】（晶格）编辑器的参数面板如图 7-41 所示。

01 参数简介

* 【Geometry】（几何体）：设置晶格的组成。
* 【Apply to Entine Object】（应用于整个对象）：晶格仅由支柱构成，支柱的连接处无节点。
* 【Joints Only from Vertices】（仅来自顶点的节点）：晶格仅由节点构成，

没有支柱。

◇ 【Both】（二者）：晶格不仅包括支柱，也包括节点。

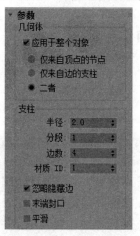

图 7-41 【Lattice】（晶格）编辑器参数面板

● 【Struts】（支柱）：以下的选项是对支柱的大小及段数进行调解。

◇ 【Radius】（半径）：调节支柱的半径大小。

◇ 【Segments】（分段）：调节支柱长度方向的段数，一般设置为 1。

◇ 【Sides】（边数）：调节支柱截面的边数，边数越多支柱越近似于圆柱。

◇ 【Material ID】（材质 ID）：给该晶格中所有支柱赋予一种材质的编号，以便以后可以给支柱和点分别赋予不同材质。

● 【Joints】（节点）：控制节点的相关参数。

● 【Geodesic Base Type】（基点面类型）：【Teatra】（四面体）、【Octa】（八面体）、【Icosa】（二十面体）。

◇ 【Radius】（半径）：调节节点的半径大小。

◇ 【Segments】（分段）：调节节点的段数，值越大节点越接近球体。

◇ 【Material ID】（材质 ID）：给该晶格中所有节点赋予一种材质的编号。

● 【Mapping Coordinates】（贴图坐标）：晶格贴图坐标设置。

◇ 【None】（无）：不对所产生的晶格指定贴图坐标。

◇ 【Reuse Existing】（重用现有坐标）：使用当前对象已有的贴图坐标。

◇ 【New】（新建）：自动为支柱和节点赋予贴图坐标。也就是说，为支柱指定圆柱贴图， 为节点指定球体贴图。

02 实例应用

❶单击【File】（文件）菜单中的【Reset】命令，重新设置系统。

❷进入【Create】（创建）命令面板，按下【Geometry】（几何体）按钮，展开【Object Type】（对象类型）卷展栏，在透视图中创建一个立方体。长宽高的段数均设为 2，如图 7-42 所示。

❸选中立方体，进入【Modify】（修改）命令面板，在【Modifers List】（修改器列表）中按 L 键快速选择【Lattice】（晶格）编辑器。此时正方体参数面板跳转至晶格参数面板。为了对比效果，再复制出两个独立的长方体。

❹单击选中第一个立方体，选定【Struts Only from Vertices】（仅来自边的支柱）复选框；单击选中第二个立方体，选定【Joints Only from Edges】（仅来自顶点的节点）复选框；单击选中第三个立方体，选定【Both】（二者）复选框。观察效果，如图 7-43 所示。

❺这时三者的对比情况大致可以看出来。但是对于建模来说，这样的效果还不完美，下面就来对其进行修改。

❻单击选中第一个立方体，将节点类型选为【Icosa】（二十面体），使其变得像球形。

❼单击选中第二个立方体，将支柱边数【Sides】设为 5，使其变得较像圆柱体。

❽单击选中第三个立方体，将节点类型选为【Icosa】（二十面体），并将节点段数【Segments】（分段）设为 3，适当增大半径。同时将支柱边数【Sides】（边数）设为 5。观察修改后的形状，结果如图 7-44 所示。

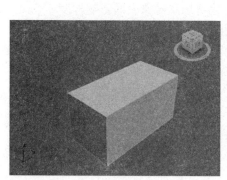

图 7-42 晶格化前的立方体

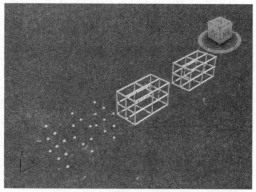

图 7-43 不同选项时的效果对比

❾也可以通过晶格命令建立其他形状的晶格，比如球形。这里仅给出半球形效果图，如图 7-45 所示。读者可多尝试。

图 7-44 修改后的格构晶格

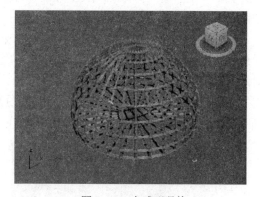

图 7-45 半球形晶格

📖 7.3.6 【Displace】（置换）编辑器的使用

【Displace】（置换）修改器的功能是利用图像的灰度变化来改变对象表面的结构。Displace（置换）编辑器的参数面板如图 7-46 所示。

01 参数简介

图 7-46　Displace（置换）编辑器参数面

- ❖　【Strength】（强度）：控制图像明度变化对场景对象表面影响程度。
- ❖　【Decay】（衰退）：在强度变化基础之上，用来控制表面陡峭程度。
- ❖　【Bitmap】（位图）：单击【None】（无）长按钮，可以在弹出的菜单中直接寻找贴图。较 Map 选项直接。
- ❖　【Map】（贴图）：定义贴图使如何投影到场景对象的表面。
- ❖　【Blur】（模糊）：使凹凸锐化边缘趋于平滑过渡。
- ❖　【Alignment】（对齐）：设置各种对齐方式。

02 实例应用

❶单击【File】(文件)菜单中的【Reset】（重置）命令，重新设置系统。

❷进入【Create】（创建）命令面板，按下【Geometry】（几何体)按钮，展开【Object Type】（对象类型）卷展栏，在透视图中创建一个板状长方体。长和宽的段数均设为 20，如图 7-47 所示。

❸选中长方体，进入【Modify】（修改）命令面板，在【Modifers List】（修改器列表）中按 D 键快速选择【Displace】（置换）修改器。此时长方体参数面板跳转至置换参数面板。

❹在参数面板中单击【Bitmap】（位图）旁的【None】（无）长按钮，在弹出的菜单中找一张黑白图片，如图 7-48 所示。

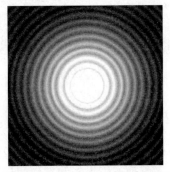

图 7-47　修改前的板状物　　　　　图 7-48　用于贴图的黑白图片

❺调节【Strength】（强度）值为 100，观察透视图，长方体的形状发生了变化。贴图中心比较亮的地方凸了起来。亮度越大，凸起越高，如图 7-49 所示。

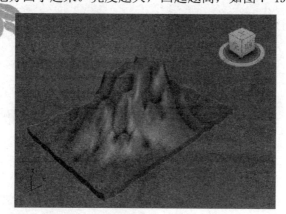

图 7-49　施加贴图位移后的对象

❻调节【Decay】（衰退）值为 10，观察透视图，发现产生的山峰平缓了许多。

7.3.7　【Ripple】（涟漪）编辑器的使用

【Ripple】（涟漪）编辑器的功能是产生一个同心圆状的波浪，自中心一直延伸到无限远的地方。可以在几何体上产生起伏效果，用来模拟池塘或者大海上的涟漪效果。【Ripple】（涟漪）编辑器的参数面板如图 7-50 所示。

01 参数简介

✧　【Amplitude 1】（振幅 1）：用来定义涟漪中心的高度，在创建波浪的时候，这个值通常设置成与【Amplitude 2】（振幅 2）一样的数值，但是在建立特殊波浪的时候，可以改变它。

✧　【Amplitude 2】（振幅 2）：用来定义波的宽度两边边界的高度。

✧　【Wave Length】（波长）：用来定义波的周期长度，可以控制波峰之间的距离。

✧　【Phase】（相位）：用来设置波所处于的相位。

✧　【Decay】（衰退）：　用来设置波的幅度随着距离而衰减的量。

02 实例应用

❶单击【File】（文件）菜单中的【Reset】（重置）命令，重新设置系统。

❷进入【Create】（创建）命令面板，按下【Geometry】（几何体）按钮，展开【Object Type】（对象类型）卷展栏，在透视图中创建一个板状长方体。长和宽的段数均设为 20，如图 7-51 所示。

❸选中长方体，进入【Modify】（修改）命令面板，在【Modifers List】（修改器列表）中按 R 键快速选择【Ripple】（涟漪）修改器。此时长方体参数面板跳转至涟漪参数面板。

❹在参数面板中将【Amplitude 1】（振幅 1）和【Amplitude 2】（振幅 2）值均设为 20，并将【Wave Length】（波长）值设为 50。观察透视图中长方体形状的变化，如图 7-52 所示。

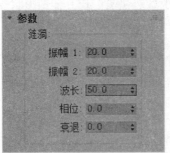

图 7-50 【Ripple】(涟漪) 编辑器参数面板

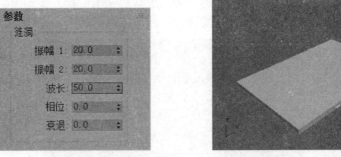

图 7-51 未变形前的板状长方体

❺调节【Decay】(衰退) 值为 0.01, 观察透视图, 发现产生的涟漪平缓了许多, 如图 7-53 所示。

图 7-52 施加涟漪后的对象图

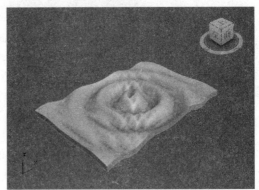

图 7-53 设置衰减后的效果

7.3.8 【Mesh Smooth】(网格平滑) 编辑器的使用

【Mesh Smooth】(网格平滑) 编辑器的功能使可以网格平滑。它通过在拐角处沿着边加入面片的方法来平滑网格。同时, 它可以在尖角处产生褶皱, 用来模拟皮沙发等造型的效果。【Mesh Smooth】(网格平滑) 编辑器的参数面板如图 7-54 所示。

01 参数简介

✧ 【Iterations】(迭代次数): 设置场景对象表面平滑次数, 增加一次, 则对象表面的复杂度会增大 4 倍左右。

✧ 【Subobject Level】(子对象层级): 决定平滑对象表面是针对什么样的面片拓扑结构。其下有顶点和边两种。顶点表以三角形顶点为平滑基础, 这样会产生更多的细节和面片; 边代表以多边形面片为平滑基础, 这样产生平滑较少, 而且面片很少。

02 实例应用

❶单击【File】(文件)菜单中的【Reset】(重置) 命令, 重新设置系统。

❷进入【Create】(创建) 命令面板, 按下【Geometry】(几何体) 按钮, 在下拉列表中选择扩展基本体选项, 展开【Object Type】(对象类型) 卷展栏, 在透视图中创

建一个切角长方体，如图 7-55 所示。

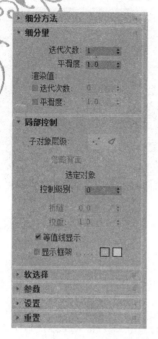

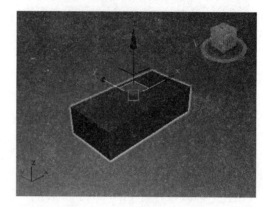

图 7-54　网格平滑编辑器的参数面板　　　　图 7-55　修改前的倒角长方体

❸选中长方体，进入【Modify】（修改）命令面板，在【Modifers List】（修改器列表）中按 M 键快速选择【Mesh Smooth】（网格平滑）修改器。此时长方体参数面板跳转至【Mesh Smooth】（网格平滑）参数面板。

❹在参数面板中将【Iterations】（迭代次数）设为 3，并将【Subobject Level】（子对象层级）类型换为三角形。观察透视图中倒角长方体形状的变化，如图 7-56 所示。发现倒角长方体表面平滑了很多。

❺读者也可调试其他参数，了解其功能。

7.3.9　【Edit Mesh】（编辑网格）编辑器的使用

编辑网格编辑器功能十分强大。在建模过程中会经常用到。编辑网格编辑器的应用分为节点层次、边层次和片层次。这里以点层次编辑为例，介绍编辑网格编辑器的使用方法。

❶单击【File】（文件）菜单中的【Reset】（重置）命令，重新设置系统。

❷进入【Create】（创建）命令面板，按下【Geometry】（几何体）按钮，展开【Object Type】（对象类型）卷展栏，在透视图中创建一个球体，如图 7-57 所示。

❸选中球体，进入【Modify】（修改）命令面板，在【Modifers List】（修改器列表）中按 M 键快速选择【Edit Mesh】（编辑网格）修改器。此时球体参数面板跳转至 Edit Mesh（编辑网格）参数面板。

❹在【Selection】（选择）卷展栏下选择【Vertex】（顶点）按钮，此时的球体上显示所有节点（蓝色），如图 7-58 所示。

❺用鼠标框选球体中间部分点，可以看到框选的部分节点呈红色显示，表示被选中，

如图 7-59 所示。

图 7-56　应用网格平滑后的长方体

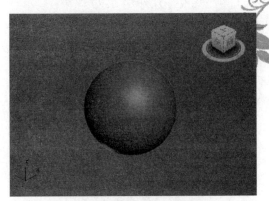

图 7-57　透视图中的球体

❻在主工具栏上选择等比缩放工具，在透视图中对选中的点沿着 XY 平面进行缩放变形，结果如图 7-60 所示。

❼用鼠标框选最上面的四层点（如图 7-61 所示），在主工具栏上选择移动工具，在透视图沿着 Z 轴向下移动选中的点，效果如图 7-62 所示。

❽还可以对所选中的点施加修改器，这里选择最下面的五层点，对其施加【Taper】（锥化）修改，并将【Amount】（数量）和【Curve】（曲线）值均设为-1，在透视图中观察修改效果，结果如图 7-63 所示。

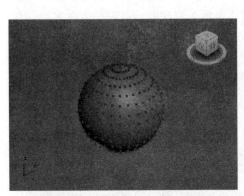

图 7-58　处于点编辑状态下的球体

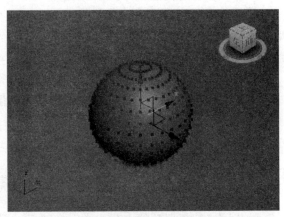

图 7-59　选中中间部分点

图 7-60　缩放选中点后的效果

图 7-61　选中上面四层点

168

从上面的操作可以看出，点级别修改灵活多用，功能强大，读者应多练习，从而了解点级别编辑各种变换的效果。

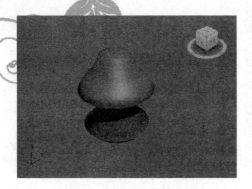

图 7-62　移动选中点后的效果

图 7-63　锥化选中点后的最终效果

7.4　实战训练——山峰旭日

本章学习了许多修改器命令，这些修改器功能非常强大，本节就通过山峰建模实例介绍如何用简单的修改器创建复杂的场景。

❶单击【File】(文件)菜单中的【Reset】(重置)命令，重新设置系统。

❷进入【Create】(创建)命令面板，在透视图中创建一个长方体。长宽高分别设为 300、300、30，长宽的段数均设为 50，结果如图 7-64 所示。

❸选中长方体，进入【Modify】(修改)命令面板，在【Modifers List】(修改器列表)中选择【Noise】(噪波)编辑器。

❹设置【Seed】(种子)值为 10，【Scale】(比例)值为 40，Z 方向的【Strength】(强度)值为 200。调整透视图，结果如图 7-65 所示。

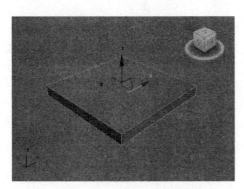

图 7-64　修改前的长方体

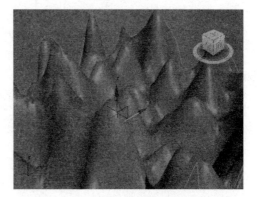

图 7-65　添加噪波修改后的山峰

❺选中造型体，打开材质编辑器，给造型体贴上一张山草的图片（光盘中的贴图/山草.jpg 文件），结果如图 7-66 所示。

❻单击主菜单栏上的【Rendering】(渲染)|【Evironment】(环境)，给造型贴上一张夕阳的背景贴图（光盘中的贴图/ scen148.jpg 文件）。渲染透视图，结果如图

7-67 所示。

图 7-66　贴图后的山峰

图 7-67　添加背景贴图后的山峰

7.5　课后习题

1．填空题

（1）3d max 中对物体进行编辑修改的方式主要有四种：_____、_____、____和_____。

（2）修改器堆栈的工具按钮有：_____、_____、_____、_____。

（3）网格编辑中的子物体选择包括_____、_____、_____、_____和_____。

（4）进入子物体编辑修改的两种途径：_____、_____。

2．问答题

（1）修改器堆栈的各工具按钮具体作用是什么？

（2）修改器堆栈的作用是什么？

（3）如何快速选择修改器？

（4）几何体的段数对修改器有何影响？

3．操作题

（1）创建一个长方体，对其应用各种类型的修改器，观察变化效果。

（2）练习对同一个物体采用不同的顺序应用多个修改器，观察顺序对最终结果的影响。

（3）练习用 Mesh Select 对物体进行子选择操作。

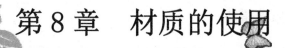

第 8 章　材质的使用

教学目标

　　【材质】（Material）是物体的表面经过渲染之后所表现出来的特征，它包含的内容有物体的颜色、质感、光线、透明度和图案等特性。本章将介绍 3ds Max 2020 中的重头戏——材质编辑。材质编辑是通过材质编辑器来完成的。通过本章的学习，将掌握如何在材质编辑器中给场景中的物体设定材质，如何获得材质的路径，以及如何编辑材质。

教学重点与难点

> 材质编辑器的界面
> 复合材质的用法
> 冷、热材质

8.1　材质编辑器简单介绍

　　所谓材质，就是指定物体的表面或数个面的特性，它决定这些平面在着色时以特定的方式出现，如【Color】（颜色）、【Shininess】（光亮程度）、【Self-Illumination】（自发光度）及【Opacity】（不透明度）等。基础材质是指赋予对象光的特性而没有贴图的材质，上色最快，内存占用少。当模型完成以后，为了表现出物体各种不同的性质，需要给物体的表面或里面赋予不同的特性，这个过程称为给物体加上材质。它可使网格对象在着色时以真实的质感出现，表现出如石头、木板、布等的性质特征来。如图 8-1 所示，右侧墙壁为加上材质后显出的砖块效果。

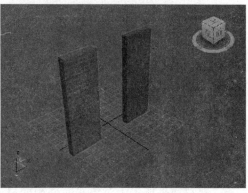

图 8-1　赋予材质前后的对比

8.1.1 使用材质编辑器

【Material Editor】（材质编辑器）是 3ds Max 中一个非常重要的控制面板。可以利用它来建立、编辑材质和贴图，使视图中的对象更真实可信。但需要注意的是，材质编辑器必须指定到场景中的物体上才起作用。单击主工具栏的【Material Editor】（材质编辑器）按钮图标，弹出材质编辑器窗口，如图 8-2 所示。

材质编辑器分为两部分：上半部为样本球视窗，内有 6 个样本球，旁边有垂直工具栏和水平工具栏、名称栏、当前材质的各种控制按钮；下半部为各种卷展栏，默认情况下宾氏基本参数卷展栏为打开状态，材质编辑器下半部的内容随材质的不同而自动改变。

8.1.2 使用样本球

01 样本球的显示

系统默认的样本槽显示区域是 3×2 的模式。图 8-2 所示即横向有三个材质样本，纵向有两个材质样本。如果想利用更多的材质球，可以向右或向下拖动滑块以显示其他的样本球。改变材质球的显示个数方法是，在材质显示区域单击鼠标右键，此时弹出浮动菜单，如图 8-3 所示。如选取 6×4 的显示模式，结果如图 8-4 所示。

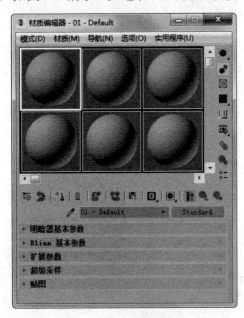

图 8-2 材质编辑器窗口　　　　　　　图 8-3 样本球区域的右键菜单

02 样本材质的冷热

材质的类型有三种，分别是热材质、暖材质和冷材质。

✧ 热材质是场景中对象正在使用的材质，它的 4 个角也没有白色的三角形作为标识，图 8-4 第一个材质即为热材质。

✧ 暖材质是热材质的复制品，其名称与热材质的名称相同，但没有被场景中的对象所使用，它的 4 个角没有白色的三角形。

✧ 冷材质与场景中的对象毫无关系，它的 4 个角没有白色的三角形。

在场景中，对象与热材质的联系非常紧密。当用户改变热材质的任何参数时，场景中的相应材质也立刻发生改变，而改变暖材质和冷材质参数，场景对象不会发生改变。

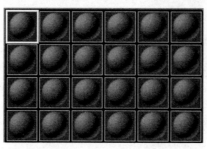

图 8-4　6×4 的显示模式

8.1.3　使用材质编辑器工具选项

材质编辑器的工具选项包括水平工具栏、垂直工具栏、名称栏、材质类型栏和一个吸取物体材质的吸管，如图 8-5 所示。

> 说明：材质编辑器工具选项提供了显示材质的示例球以及一些控制显示属性，层级切换等常用工具，它们的操作绝大多数对材质没有影响。

● 垂直工具栏：在示例窗的右侧，主要是用来控制材质显示的属性。图 8-6 所示为使用了某些垂直工具后的样本球区域。

✧ 【Sample Type】（采样类型）：用鼠标左键单击该图标会弹出示例球显示方式选择框，有三种显示方式 ● 🔘 ◆。

✧ 【Backlight】（背光）：决定示例球是否打开背光灯。

✧ 【Background】（背景）：决定是否在示例窗中增加一个彩色方格背景，通常制作透明、折射与反射材质时开启方格背景。

✧ 【Options】（选项）：单击此按钮将弹出材质编辑器选项，可逐一选择示例窗的功能选项。

● 水平工具栏：在样本视窗的下方，是常用工具，非常重要。

✧ 【Get Material】（获取材质）：单击该按钮将弹出材质／贴图浏览器，允许调出材质和贴图进行编辑修改，如图 8-7 所示。

✧ 【Assign Material to Selection】（将材质指定给选定对象）：将材质赋予当前场景中所选择的对象，是编辑材质时最常用的命令按钮。

✧ 【Make Material Copy】（生成材质副本）：单击该按钮备份当前的材质。

✧ 【Put to Library】（放入库）：单击该按钮将弹出名称输入对话框，输入名称后，将把当前材质储存到材质库中。

✧ 【Pick Material From Object】（从对象拾取材质）：用作获取场景中对象材质的工具。

✧ 【Standard】（标准）材质类型栏 Standard ：单击该按钮将会弹出材质类

型选择框，如图 8-8 所示。

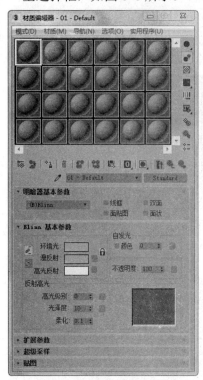

图 8-5　材质编辑器工具选项

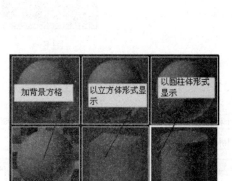

图 8-6　使用工具后的样本球区域

图 8-7　材质/贴图浏览器

图 8-8　材质类型选择框

8.1.4　应用材质与重命名材质

现在就来练习如何给场景中的对象赋材质，以及如何命名所创建的材质。

❶单击【File】（文件）菜单中的【Reset】（重置）命令，重新设置系统。

❷进入【Create】（创建）命令面板，按下【Geometry】（几何体）按钮，展开【Object Type】（对象类型）卷展栏，在透视图中创建一个茶壶，如图 8-9 所示。

❸选中茶壶，单击工具栏中的 按钮进入材质编辑器。

❹激活第一个样本球，打开【Basic Parameter】（基本参数）卷展栏。

❺用鼠标单击【Diffuse】（漫反射）后面的色块，在弹出的调色控制面板中选一种蓝色后退出面板，此时样本槽中的材质球被涂成了蓝色。

❻在【Specular Lever】（高光级别）和【Glossiness】（光泽度）选项中分别输入 200、60，结果样本球如图 8-10 所示。

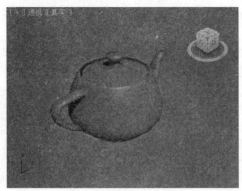

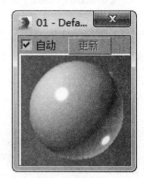

图 8-9　透视图中的茶壶　　　　　图 8-10　调好材质的样本球

❼单击横向工具栏中的【Assign Material to Selection】（将材质指定给选定对象）按钮 ，然后单击【Show Map in Viewport】（视口中显示明暗处理材质）按钮 。

❽观察透视图中的茶壶，已经被赋予了金属状材质，如图 8-11 所示。

图 8-11　赋予材质后的茶壶

❾调整好的材值默认的名称可以从名称栏中看出，本例中是 01 - Default ▼ 。如果想改变名称，只需改变文本框中的文字即可。

8.2 标准材质的使用

材质编辑器的下半部分为各种参数卷展栏，包括：【Shader Basic Parameters】（着色基本参数）、【Blinn Basic Parameters】（Blinn 基本参数）、【Extended Parameters】（扩展参数）、【Super Sampling】（超级采样）、【Maps】（贴图）、【mental rayConnection】（mental ray 连接）。

> 注意：参数卷展栏和着色基本参数区参数是动态参数区，它的界面不仅随材质类型的改变而改变，也随贴图层级的变化而改变。

材质编辑器的默认界面为【Standard】（标准材质）界面。标准材质是默认的贴图类型，也是最基本、最重要的一种。下面将介绍标准材质下的几个卷展栏。

📖8.2.1 【Shader Basic Parameters】（明暗器基本参数）卷展栏

如图 8-12 所示为 3ds Max 2020 材质编辑器的明暗器基本参数区。它一共提供了 8 种着色方式。单击左侧的下拉框可以在 8 种着色方式中任选一种，如图 8-13 所示。

图 8-12　明暗器基本参数卷展栏　　　　图 8-13　8 种明暗器模式

8种明暗器模式：

- 【Anisotropic】（各向异性）：适合对场景中被省略的对象进行着色。
- 【Blinn】（宾氏）：默认的着色方式，与 Phong（方氏）相似，适合为大多数普通的对象进行渲染。
- 【Metal】（金属）：专门用作金属材质的着色方式，体现金属所需的强烈高光。
- 【Multi-Layer】（多层）：为表面特征复杂的对象进行着色。
- 【Oren-Nayar-Blinn】：为表面粗糙的对象如织物等进行着色的方式。
- 【Phong】（方氏）：以光滑的方式进行着色，效果柔软细腻。
- 【Strauss】：与其他着色方式相比，【Strauss】具有简单的光影分界线，可以为金属或非金属对象进行渲染。
- 【Translucent Shader】（半透明明暗器）:赋予材质半透明效果。

图 8-14 给出了 4 种常用着色方式的对比。

图 8-14　4 种着色方式的对比

图8-15给出了4种显示模式的对比。4种场景对象材质的显示模式：

◇　【Wire】（线框）：线架结构显示模式。

◇　【2 Sided】（双面）：双面材质显示。

◇　【Face Map】（面贴图）：将材质赋予对象所有的面。

◇　【Faceted】（面状）：将材质以面的形式赋予对象。

图 8-15　4种显示模式的对比

8.2.2　【Blinn Basic Parameters】（Blinn 基本参数）卷展栏

如图 8-16 所示，【Blinn Basic Parameters】（Blinn 基本参数）包括颜色通道和强度通道两部分。其中颜色通道有：【Ambient】（环境光）、【Diffuse】（漫反射）和【Specular】（高光反射）；强度通道有：【Self-Illumination】（自发光）、【Opacity】（不透明度）、【Specular Highlights】（反射高光）。

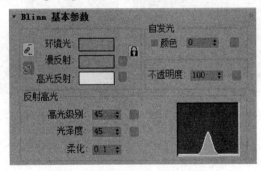

图 8-16　Blinn 基本参数卷展栏

01 颜色通道简介

◇　【Ambient】（环境光）：材质阴影部分反射的颜色。在样本球中是指绕着圆球右下角的部位。

◇　【Diffuse】（漫反射）：反射直射光的颜色。在样本球中是左上方及中心附近看到的主要颜色。

◇　【Specular】（高光反射）：物体高光部分直接反射到人眼的颜色。在样本球中反映为球左上方白色聚光部分的颜色。

02 强度通道简介

◇　【Self-Illumination】（自发光）：制作灯管、星光等荧光材质时选此项，可以指定颜色，也能指定贴图，方法是单击颜色选择框旁边的空白按钮。效果对比如图 8-17 所示。

◇　【Opacity】（不透明度）：控制灯管物体透明程度的工具，当值为 100 时为不透明荧光材质，值为 0 时则完全透明。效果对比如图 8-18 所示。

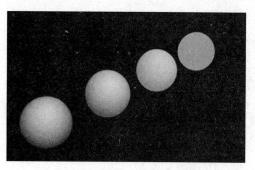

图 8-17 自发光效果对比图

图 8-18 不透明度效果对比图

✧ 【Specular Highlights】（反射高光）：包括【Specular Level】（高光级别）、
【Glossiness】（光泽度）和【Soften】（柔化）三个参数区及右侧的曲线显
示框，其作用是用来调节材质质感的。效果对比如图 8-19、图 8-20 所示。

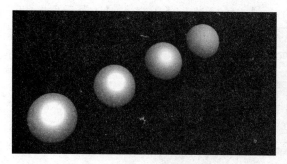

图 8-19 高光级别效果对比图

图 8-20 光泽度效果对比图

> 说明：高光级别、光泽度与柔化三个值共同决定物体的质感，曲线是对这三个参数的描述，通过它
> 可以更好地把控对高光的调整。

8.2.3 【Extended Parameters】（扩展参数）卷展栏

它是基本参数区的延伸，包括高级透明度控制区（Advanced Transparency）、线框
材质控制区（Wire）和反射暗淡控制区（Reflection Dimming）三部分，如图 8-21 所示。

01 【Advanced Transparency】（高级透明）调节透明材质的透明度

✧ 【Falloff】（衰减）有两种透明材质的不同衰减效果，【In】（内）是由外向
内衰减，【Out】（外）是由内向外衰减。衰减程度由衰减参数控制。图 8-22
给出了不同衰减效果的对比。

✧ 【Type】（类型）有三种透明过滤方式，即【Filter】（过滤）、【Subtractive】
（相减）、【Additive】（相加）。在三种透明过滤方式中，【Filter】（过
滤）是常用的选择，该方式用于制作玻璃等特殊材质的效果。图 8-23 所示为不
同类型的效果对比。

✧ 【Index of Refraction】（折射率）用来控制折射贴图和光线的折射率。

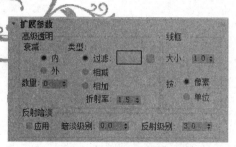

图 8-21　扩展参数卷展栏

图 8-22　不同衰减效果

02　【Wire】（线框）

它必须与基本参数区中的线框选项结合使用，可以做出不同的线框效果。

图 8-23　不同类型的效果对比

✧　【Size】（大小）用来设置线框的大小。

✧　【In】（按）用来选择单位。

03　【Reflection Dimming】（反射暗淡）

主要针对使用反射贴图材质的对象。当物体使用反射贴图以后，全方位的反射计算导致其失去真实感。此时，单击【Apply】（应用）选项旁的勾选框，打开反射暗淡，反射暗淡即可起作用。

8.2.4　【Super Sampling】（超级采样）卷展栏

图 8-24 所示是超级采样的界面。针对使用很强【Bump】（凹凸）贴图的对象，超级采样功能可以明显改善场景对象渲染的质量，并对材质表面进行抗锯齿计算，使反射的高光特别光滑，同时渲染时间也大大增加。超级采样界面内的下拉式列表中提供了超级采样的 4 种不同类型的选择。

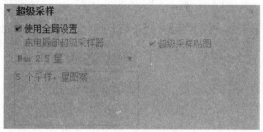

图 8-24　超级采样卷展栏

8.2.5 【Maps】（贴图）卷展栏

贴图是材质制作的关键环节，3ds Max 2020 在标准材质的贴图区提供了 12 种贴图方式，如图 8-25 所示。每一种方式都有它独特之处，能否塑造真实材质在很大程度上取决于贴图方式与形形色色的贴图类型结合运用的成功与否。

12种贴图方式简介：

- 【Ambient Color 】（环境光颜色）：默认状态中呈灰色显示，通常不单独使用，效果与【Deffuse】（漫射区）锁定。

- 【Diffuse Color 】（漫反射颜色）：使用该方式，物体的固有色将被置换为所选择的贴图，应用漫反射原理，将贴图平铺在对象上，用以表现材质的纹理效果，是最常用的一种贴图。

- 【Specular Color 】（高光颜色）：高光色贴图与固有色贴图基本相近，不过贴图只展现在高光区。

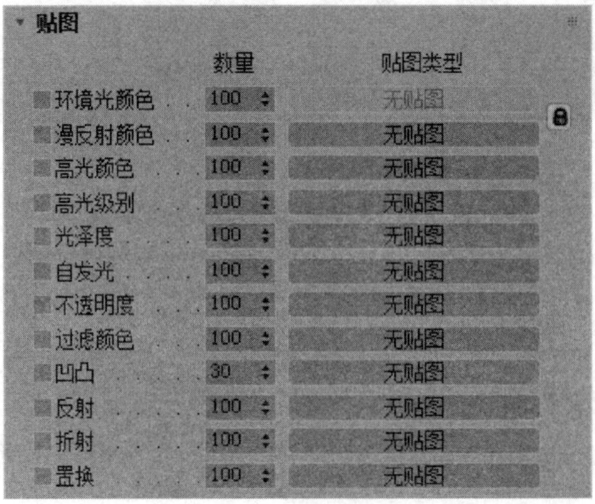

图 8-25　贴图卷展栏

- 【Specular Level 】（高光级别）：与高光色贴图相同，但强弱效果取绝于参数区中的高光强度。

- 【Glossiness 】（光泽度）：贴图出现在物体的高光处，控制对象高光处贴图的光泽度。

- 【Self-Illmination 】（自发光）：当自发光贴图赋予对象表面后，贴图浅色部分产生发光效果，其余部分不变。

- 【Opacity】 （不透明度）：依据贴图的明暗度在物体表面产生透明效果。贴图颜色深的地方透明，颜色越浅的地方越不透明。

- 【Filter Color】 （过滤颜色）：过滤色贴图会影响透明贴图，材质的颜色取决于贴图的颜色。

- 【Bump 】（凹凸）：非常重要的贴图形式，贴图颜色浅的部分产生凸起效果，颜色深的部分产生凹陷效果，是塑造真实材质效果的重要手段。

- 【Reflction 】（反射）：反射贴图是一种非常重要的贴图方式，用以表现金属的强烈反光质感。

◇ 　【Refraction 】（折射）：折射贴图运用于制作水、玻璃等材质的折射效果，可通过参数控制面板中的【Refract Map/Ray Trace IOR 】（折射贴图 / 光线跟踪折射率）调节其折射率。

◇ 　【Displacement】（置换）：3ds MAX 2.5 以后新增的置换贴图。

8.3　复合材质的使用

默认情况下，材质编辑器的 6 个样本窗均为标准材质。材质编辑器（图 8-2）中部右边有一个按钮为【Standard】（标准），说明这是标准材质。如果要改变材质的类型，单击【Standard】（标准）按钮，出现一个【Material/Map Browser】（材质 / 贴图浏览器）对话框（图 8-8）。

8.3.1　复合材质的概念及类型

由若干材质通过一定方法组合而成的材质统称为复合材质，复合材质包含两个或两个以上的子材质，子材质可以是标准材质也可以是复合材质。复合材质类型为：【Blend】（混合材质）、【Composite】（合成）、【Double Sided】（双面）、【Matte/Shadow】（无光 /投影）、【Morpher】（变形器）、【Muti/Sub-Object】（多维/子对象）、【Raytrace】（光线跟踪）、【Shellac 】（虫漆）、【Standard 】（标准）、【Top/Bottom】（顶 / 底）、【Advanced Lighting Override】（高级照明覆盖）、【InK'n Paint】（动画材质）、【Shell Material】（壳材质）。【Directx Shader】【Xref Material】（外部参照材质）。下面就来介绍几个重要的复合材质的参数，并举例介绍其应用。

8.3.2　创建【Blend】（混合材质）

【Blend】（混合材质）就是把两个标准材质或其他子材质混合在一起使用，产生特殊的融合效果。混合材质可以有无数层，即一个混合材质可以作为另一个混合材质的子材质。另外，混合材质的制作还可以将混合的过程记录为动画，做成动画材质。混合材质参数区如图 8-26 所示。

01 参数简介

◇ 　【Material 1 】（材质 1）：单击按钮将弹出第一种材质的材质编辑器，可设定该材质的贴图、参数等。

◇ 　【Material 2 】（材质 2）：单击按钮会弹出第二种材质的材质编辑器，调整第二种材质的各种选项。

◇ 　【Mask】（遮罩）：单击按钮将弹出材质/贴图浏览器，选择一张贴图作为遮罩，对上面两种材质进行混合调整。

◇ 　【Interactive】（交互式）：在材质 1 和材质 2 中选择一种材质展现在物体表面，主要是在以实体着色方式进行交互渲染时运用。

◇ 　【Mix Amount】（混合量）：当数值为 0 时只显示第一种材质，为 100 时只显示第二种材质。当【Mask】（遮罩）选项被激活时，【Mix Amount】（混合量）为灰色不可操作状态。

❖ 　【Mixing Curve】（混合曲线）：此选项以曲线方式来调整两个材质混合的程度。下方的曲线将随时显示调整的状况。

❖ 　【Use Curve】（使用曲线）：以曲线方式设置材质混合的开关。

❖ 　【Transition Zone】（转换区域）：通过更改【Upper】（上部）和【Lower】（下部）的数值达到控制混合曲线的目的。

02 实例讲解

❶单击【File】（文件）菜单中的【Reset】（重置）命令，重新设置系统。

❷进入【Create】（创建）命令面板，按下【Geometry】（几何体）按钮，展开【Object Type】（对象类型）卷展栏，在视图中创建一个茶壶，并打开材质编辑器。

❸激活第一个样本材质球。单击【Standard】（标准）后的类型按钮，在弹出的对话框中双击【Blend】（混合）选项。

❹在出现的对话框中选择【Discard old Material】（丢弃旧材质）选项，如图8-27所示，之后单击【OK】（确定），材质编辑器的下半部分变成混合材质的各项内容。为混合材质起名为"混合材质"。

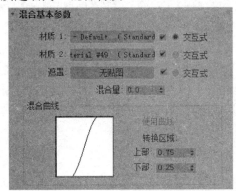

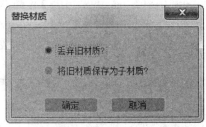

图 8-26 混合材质参数区　　　　　　　图 8-27　混合材质替换对话框

❺单击【Material 1】（材质 1）选项区域中显示材质名称的按钮，材质编辑器的下半部分切换为标准材质的属性内容。

❻在【Shader Basic Parameters】（明暗器基本参数）卷展栏下选择【Metal】（金属）着色方式，然后调整【Blinn Basic Parameters】（Blinn 基本参数）卷展栏下的【Ambient】（环境光）、【Diffuse】（漫反射）和【Self-Illumination】（自发光）的参数值。

❼直到将第一个子材质调整为金属材质，如图8-28所示。

❽如果想回到混合材质状态下，可以选择【Go to parent】（转到父对象）按钮，也可以单击名字域中的下拉列表框中下三角按钮，选择弹出的名称列表中的"混合材质"。如果想继续编辑第二个材质，就直接单击【Go Forward to Sibling】（转到下一个同级项）按钮，编辑器的参数就变成了第二个子材质的参数。

❾在【Shader Basic Parameters】（明暗器基本参数）卷展栏下选择【Phong】着色方式，然后调整【Blinn Basic Parameters】（Blinn 基本参数）卷展栏下的【Ambient】

（环境光）、【Diffuse】（漫反射）和【Self-Illumination】（高光反射）的参数值（参数值自己任意设置）。

⑩直到将第二个材质调整为玻璃材质，如图 8-29 所示。

⑪需要注意的是，在调整第二个材质时需将【Blend Basic Parameters】（混合基本参数)栏下的第一个材质后面的对号去掉，并且将【Amount】（环境光）值设为100。

⑫单击【Go to Parent】（转到父对象）按钮，回到混合材质状态，同时勾选两个材质后面的复选框，并将【Amount】（环境光）值设为 50。此时，混合材质样本球如图8-30 所示。

图 8-28 金属材质　　　图 8-29 玻璃材质　　　图 8-30 混合后材质

⑬单击【Assign Material to Selection】（将材质指定给选定对象）按钮，把混合材质赋给茶壶。单击【Render Production】（渲染产品）按钮，进行快速渲染。效果如图 8-31 所示。

⑭为了观察混合效果，分别将【Amount】（环境光）值设为 30、70，再次渲染，效果如图 8-32 所示。

图 8-31 环境光值为 50 时的效果图

环境光值为 30 时的效果图　　　　　环境光值为 70 时的效果图

图 8-32 环境光的混合效果

8.3.3 创建【Double-Sided】（双面）材质

【Double-Sided】（双面）材质功能很强大，可以将对象的双面分用不同的材质来着色。这种材质通常用来为表面较薄的场景物体的两个表面指定不同的材质，从而可以将物体的两个表面区分开。【Double-Sided】（双面）材质参数设置面板如图 8-33 所示。

01 参数简介

✧ 【Translucency】（半透明）：用来混合【Facing】（正面）和【Back】（背面）材质，当其值为零时，这两种材质一种在正面，一种在背面，值在 0~50 之间时两边混合，大于 50 则混合材料的背面材料多一点，当其等于 100 时材质反转设置，即原来的背面材质变为正面。

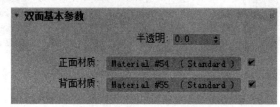

图 8-33 双面基本参数

✧ 【Facing Material】（正面材质）：设定正面所用的材质。
✧ 【Back Material】（背面材质）：设定背面所用的材质。

02 实例讲解

❶ 单击【File】（文件）菜单中的【Reset】（重置）命令，重新设置系统。

❷ 单击命令面板上的【Create】✚（创建）命令，选取【Shapes】▣（图形）命令面板。在视图中绘制一条直线作为放样的路径，绘制一个圆形作为放样截面。结果如图 8-34 所示。

❸ 在任意视图单击直线，使它显示为白色。单击【Create】（创建）命令面板中的【Geometry】（几何造型）命令。在下拉框中选【Compound Objects】（复合对象），在弹出的菜单中选择【Loft】（放样）选项。

❹ 弹出【Loft】（放样）造型子命令面板后，单击【Get Shape】（获取图形）按钮，并确定其下的【Instance】（实例）为当前选项。

❺ 单击圆形，可以看到矩形的关联复制品被移动到路径的起始点上，产生了一个造型物体，进入【Modify】（修改）命令面板，对放样体进行缩放变形和倒角变形。

❻ 在【Skin Parameters】（蒙皮参数）卷展栏下取消【Cap Start】（封口始端）复选框，得到如图 8-35 所示的茶杯。

❼ 进入材质编辑器，勾选【2-Side】（双面），并将之赋予对象。单击材质编辑器上的【Standard】（标准）按钮。在弹出的材质浏览器中选择【Double Sided】（双面），此时基本参数卷展栏已被切换为双面材质参数栏。

❽ 单击卷展栏中【Facing Material】（正面材质）按钮。这时卷展栏变为外表面参数的卷展栏。单击【Diffuse】（漫反射）旁的色块，弹出颜色调整框。将表面材质的颜

色设为 R：242；G：192；B：86。

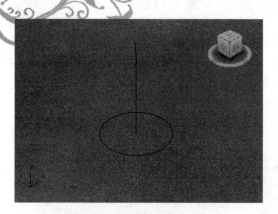

图 8-34　放样截面与路径

图 8-35　放样及变形后的茶杯

❾调整其他参数如图 8-36 所示，此时的样本球效果如图 8-37 所示。

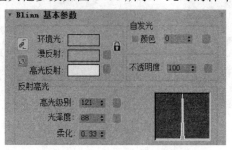

图 8-36　外表面材质调整框

图 8-37　外表面材质球效果

❿单击工具栏上的【Go to Parent】（返回父对象）按钮，将【Translucency】（半透明度）设为 100，单击【Back Material】（背面材质），进入背表面材质编辑框。

⓫参数调整参考图 8-38，最终的样本球效果如图 8-39 所示。

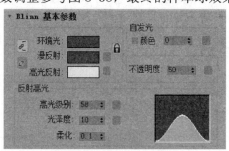

图 8-38　背面材质编辑框

图 8-39　背面材质调整效果

⓬单击工具栏上的【Go to Parent】（返回父对象）按钮，将【Translucency】（半透明）设为 0，并将材质赋予物体。

⓭为了看得清楚一些，给茶杯后面建一个长方体的盒子，使其铺满整个透视图的背景，并将颜色设为蓝绿色。

⓮在透视图渲染场景，被赋予双面材质物体效果如图 8-40 所示。

8.3.4 创建【Multi/Sub-object】（多维/子对象）材质

【Multi/Sub-object】（多维/子对象）的神奇之处在于能分别赋予对象的子级不同的材质。这种材质可以使用户对场景中的物体在面的层次上为同一个物体制定多种材质，使物体看起来丰富多彩。多维/子对象材质参数卷展栏如图 8-41 所示。

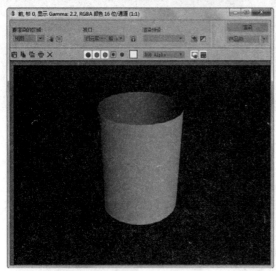

图 8-40　赋予双层材质的茶杯

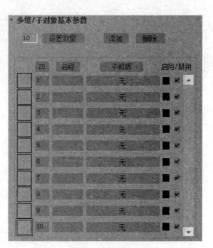

图 8-41　多维/子对象基本参数卷展栏

01 参数简介

❖　【SetNumber】（设置数量）：在这里设置对象子材质的数目。系统默认的数目为 10 个。

❖　【Number Of Materials】（材质数量）：上面设置的子材质数目显示在这里。

❖　子材质数目设定后，单击下方参数区卷展栏中间的按钮进入子材质的编辑层，对子材质进行编辑。单击按钮右边的颜色框，能够改变子材质的颜色，而最右边的小框决定是否使当前子材质发生作用。

> 注意：为了给每个面设置材质，必须先给每个面指定单独的 ID 号。一般使用 Edit Mesh 编辑修改器来制定。

02 实例讲解

❶ 打开【Create】（创建）命令面板，在下拉菜单里选择【Standard Primitives】（标准基本体），然后单击【Cylinder】（圆柱）按钮，在视图上创建一个圆柱模型并设置高的段数为 5。

❷打开【Modify】（修改）命令面板，在下拉菜单里选择【Edit Mesh】（编辑网格）选项，然后在下面的参数面板里的【Selection】（选择）选项里选择【Polygon】（多边形）选项。

❸采用框选方式，选中圆柱最上面一圈的所有面，如图 8-42 所示。在下面参数面板中的【Material】（材质）参数区里设定 ID 号为 1。用同样的方式，依次把下面的三

圈面分别设为 2、3、4、5。

❹打开材质编辑器，选中一个样本材质球，然后单击下面文本框右边的【Standard】（标准）按钮，在打开的对话框里选择【Multi/Sub-Object】（多维/子对象）选项，然后单击【OK】（确定）。

❺返回材质编辑器，在【Multi/Sub-Object Basic Parameters】（多维/子对象基本参数）设置面板上单击【Set Number】（设置数量）项。在弹出的对话框里把材质个数设为 5 个。

❻单击第一个子材质按钮，进入第一个子材质编辑框，这里仅设定其颜色为绿色。

❼单击【Go to Parent】（返到父对象）按钮，单击第二个材质按钮，进入第二个子材质编辑框，这里仅设定其颜色为红色。

❽采取同样的方式，分别编辑其他子材质颜色为蓝、黑、白。

❾把这个材质球的材质赋予视图中的对象，透视图中的效果如图 8-43 所示。

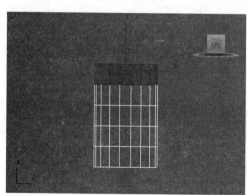
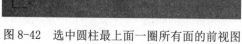
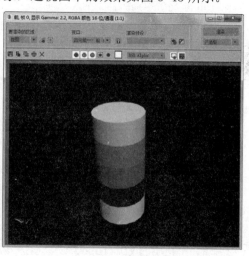

图 8-42　选中圆柱最上面一圈所有面的前视图　　　图 8-43　多重材质贴图效果

8.3.5　创建【Top/bottom】（顶/底）材质

【Top/bottom】（顶/底）是将对象顶部和底部分别赋予不同材质。如图 8-44 所示为顶/底材质基本参数卷展栏。

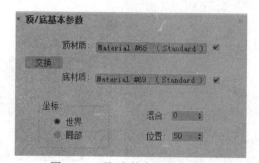

图 8-44　顶/底基本参数卷展栏

01 参数简介

◇ 【Top Material】（顶材质）：单击其右侧的按钮将直接进入标准材质卷展栏，可以对顶材质进行设置。

◇ 【Bottom Material】（底材质）：单击其右侧的按钮将直接进入标准材质卷展栏，可以对底材质进行设置。

◇ 【Swap】（交换）：单击此按钮可以把两种材质进行颠倒，即将顶材质置换为底材质，将底材质置换为顶材质。

◇ 【Coordinates】（坐标）：选择坐标轴。当设定为 Word（世界坐标轴）后，对象发生变化（如旋转）时，物体的材质将保持不变。当设定为 Local（自身坐标轴）时，旋转变化等将带动物体的材质一起旋转。

◇ 【Blend】（混合）：决定上下材质的融合程度。数值为 0 时，不进行融合；为100 时将完全融合。

◇ 【Position】（位置）：决定上下材质的显示状态。数值为 0 时，显示第一种材质；为100 时，显示第二种材质。

02 实例讲解

❶单击【File】（文件）菜单中的【Reset】（重置）命令，重新设置系统。

❷进入【Create】（创建）命令面板，按下【Geometry】（几何体）按钮，在下拉列表中选择【Extended Primitives】（扩展基本体）。

❸单击【Spindle】（纺锤）按钮。在透视图中创建一个纺锤体模型，如图 8-45 所示。

❹打开材质编辑器，选择第一个材质球。单击【Standard】（标准）按钮，选择【Top/Bottom】（顶/底）复合材质。

❺材质编辑器参数区变化顶/底复合材质参数区，单击【Top Material】（顶材质）进入顶材质编辑，将材质的【Diffuse】（漫反射）颜色设为黄金的颜色（R：242，G：192，B：86），并适当调整高光量。

❻单击 进入底材质编辑，将材质的【Diffuse】（漫反射）颜色设为金属银的颜色（R：233，G：233，B：216），并适当调整高光量。

❼单击 进入父材质编辑，调整【Blend】（混合）分别为0 和 50，样本球如图 8-46 所示。

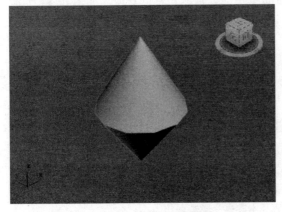

图 8-45　透视图中的纺锤体

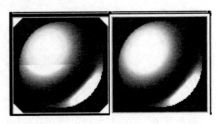

图 8-46　Blend 为 0 和 50 时的样本球

❽单击 将材质赋予对象，效果如图 8-47 所示。

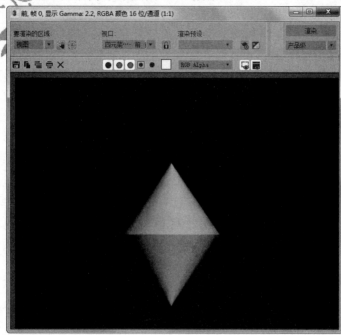

图 8-47 采用顶/底材质的效果图

8.3.6 创建【Matte/Shadow】（无光/投影）材质

【Matte/Shadow】（无光/投影）材质可以让三维模型在渲染时变得不可见，让场景的背景显示出来，但赋予无光/阴影材质的物体可以接受阴影。打开投影材质的方法同上述材质类型相同，它的参数区卷展栏如图 8-48 所示。

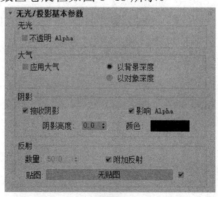

图 8-48 无光/投影基本参数卷展栏

01 参数简介

❖ 【Matte】（无光）：决定是否将不可见的物体渲染到不透明的【Alpha】通道中。

❖ 【Atmosphere】（大气）：设置大气环境。

❖ 【Apply Atmosphere】（应用大气）：将决定不可见物体是否受场景中的大气设置的影响。

- ✧ 【At Background 】（以背景深度）：是二维效果，场景中的雾不会影响不可见物体，但可以渲染它的投影。
- ✧ 【At ObjectDepth】（以对象深度）：是三维效果，雾将覆盖不可见物体表面。
- ✧ 【Shadow】（阴影）：设置阴影的属性。
- ✧ 【Receive Shadow】（接收阴影）：决定是否显示所设置的投影效果。默认情况下【Affect Alpha】（影响 Alpha）为灰色不可用状态，将上方【Opaque Alpha】（不透明 Alpha）项关闭便开启此选项，其作用是将不可见物体接受的阴影渲染到【Alpha】通道中产生一种半透明的阴影通道图像。
- ✧ 【Shadow Brightness】（阴影亮度）：可调整阴影的亮度，阴影亮度随数值增大而变得越亮越透明。
- ✧ 【Color】（颜色）：设置阴影的颜色。可通过单击旁边的颜色框选择颜色。
- ✧ 【Reflection】（反射）：决定是否设置反射贴图，系统默认为关闭。需要打开时，单击【Map】(贴图)旁的空白按钮指定所需贴图即可。

02 实例讲解

❶ 利用上面创建好的金银锥，再在视图中创建一个足够大的长方体，用作投影的平面。

❷ 单击【Create】（创建）面板，进入【Lights】（灯光）选项，单击【Omni】（泛光灯），创建一个泛光灯。

❸ 选中泛光灯，进入【Modify】（修改）面板，在参数区勾选【Shadows】（阴影）【On】（开启）选项。

❹ 进入材质编辑器，选中第一个材质球，单击【Standard】（标准），选中【Matte/Shadow】（无光/投影）。材质编辑器的参数区随之改变。

❺ 在参数区中勾选【Recevie Shadows】（接受阴影），在【Color】（颜色）一项中选择投影的颜色。将【Refrection】（反射）设为 100，在【Map】(贴图)项，选择【Gradint】（渐进）。选中【Box】（长方体）对象，将阴影材质赋予它。

❻ 调整之后渲染，结果如图 8-49 所示。

图 8-49　投影材质渲染效果

8.3.7　创建【Composite Material】（合成材质）材质

【Composite Material】（合成材质）的界面类似于前面的多重/子物体子材质，而其功能与混合材质类似。单击材质编辑器的材质类型按钮，在弹出的材质/贴图浏览器中选【Composite Material】（合成材质），单击【OK】（确定）按钮退出，材质编辑器的参数区卷展栏变为如图 8-50 所示的【Composite Bisic Parameters】（合成基本参数）卷展栏。

参数简介

❖ 【Base Material】（基础材质）：单击基本材质按钮，为合成材质指定一个基础材质，该材质可以是标准材质，也可以是复合材质。

❖ 【Mat.1~Mat.9】（材质 1~材质 9）：合成材质最多可合成 9 种子材质。单击每个子材质旁的空白按钮，弹出材质/贴图浏览器，可为子材质选择材质类型。

❖ 选择完毕后，材质编辑器的参数区卷展栏将从合成材质基础参数区卷展栏自动变为所选子材质的参数区卷展栏，编辑完成后可单击水平工具行的命令返回。

❖ 如果没有为子材质指定【Alpha】通道的话，则必须降低上层材质的输出值才能起到合成的目的（最右边的数值就是材质的输出值），否则只显示最上面一层的材质。

8.3.8　创建【Shellac】（虫漆材质）材质

【Shellac】（虫漆材质）是将两种材质进行重合，并且通过虫漆颜色对两者的混合效果做出调整。虫漆材质参数区卷展栏如图 8-51 所示。

图 8-50　合成材质基本参数卷展栏　　　　图 8-51　虫漆材质基本参数卷展栏

参数简介：

❖ 【Base Material】（基础材质）单击旁边的按钮进入标准材质编辑栏。

❖ 【Shellac Material 】（虫漆材质）单击旁边的按钮进入虫漆材质编辑栏。

❖ 【Shellac Color Blend】（虫漆颜色混合）通过百分比控制上述两种材质的混合度。

8.3.9 创建【Raytrace】（光线跟踪）材质

【Raytrace】（光线跟踪）功能非常强大，参数区卷展栏的命令也比较多，它的特点是不仅包含了标准材质的所有特点，而且能真实反映光线的反射折射。但光线追踪材质尽管效果很好却需要较长的渲染时间。光线跟踪材质的参数区卷展栏如图 8-52 所示。

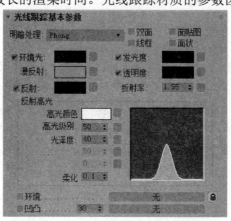

图 8-52　光线跟踪材质基本参数卷展栏

参数简介

- 　【Shading】（明暗处理）：光线追踪材质提供了 4 种渲染方式。
- 　【2-Sided】（双面）：打开此项，光线追踪计算将在内外表面上均进行渲染。
- 　【Face Map】（面贴图）：决定是否将材质赋予对象的所有表面。
- 　【Wire】（线框）将对象设为线架结构。
- 　【Ambient】（环境光）：与标准材质不同，此处的阴影色将决定光线追踪材质吸收环境光的多少。
- 　【Diffuse】（漫反射）：决定物体的固有色的颜色，当反射为 100％时固有色将不起作用。
- 　【Reflect】（反射）：决定物体高光反射的颜色。
- 　【Luminosity】（发光度）：依据自身颜色来规定发光的颜色。同标准材质中的自发光相似。
- 　【Transparency】（透明度）：光线追踪材质通过颜色过滤表现出的颜色。黑色为完全不透明，白色为完全透明。
- 　【Index Of Refration 】（折射率）：决定材质折射率的强度。准确调节该数值能真实反映物体对光线折射的不同折射率。数值为 1 时，表示空气的折射率；数值为 1.5 时，表示玻璃的折射率；数值小于 1 时，对象沿着它的边界进行折射。
- 　【Specular Highlight】（反射高光）：决定对象反射区反射的颜色。【Specular Color 】（高光颜色）决定高光反射灯光的颜色；【Specular Level】（反射）决定反射光区域的范围；【Glossiness 】 （光泽度）决定反光的强度，数值在 0 ～1000 之间；【Soften】（柔化）将反光区进行柔化处理。

◇ 【Environment】（环境）贴图：不开启此项设置时，将使用场景中的环境贴图。当场景中没有设置环境贴图时，此项设置将为场景中的物体指定一个虚拟的环境贴图。

◇ 【Bump】（凹凸）贴图：打开对象的凹凸贴图。

8.4 实战训练——茶几

本章学习了材质相关知识，本节就通过茶几建模实例介绍如何灵活应用材质命令创建逼真的三维模型。

8.4.1 茶几模型的制作

❶单击【Files】（文件）菜单中的【Reset】（重置）命令，重置系统。

❷进入【Create】（创建）命令面板，按下【Geometry】（几何体）按钮，在下拉列表中选择【Extended Primitives】（扩展基本体）。

❸单击【ChamferBox】（切角长方体）按钮，创建一个倒角长方体作为茶几顶面。选中长方体，进入【Modify】（修改）命令面板，在参数栏下将长、宽、高、倒角分别设置为 80、200、4 和 10。如图 8-53 所示。

❹激活并放大前视图，进入【Create】（创建）命令面板，按下【Shape】（图形）按钮，选择画线工具。在前视图绘制茶几顶面的包边框截面，并进行编辑。最终结果如图 8-54 所示。

❺激活并放大顶视图，进入【Create】（创建）命令面板，按下【Shape】（图形）按钮，选择矩形工具。在前视图绘制茶几顶面的包边框轮廓，并进行编辑。最终结果如图 8-55 所示。

图 8-53　茶几顶面

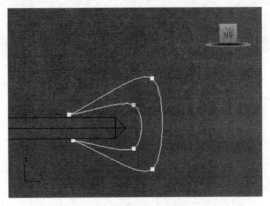

图 8-54　茶几顶面边框截面

❻选中轮廓线，单击【Create】（创建）命令面板中的【Geometry】（几何体）命令。在下拉框中选【Compound Objects】（复合对象），在弹出的菜单中选择【Loft】（放样）选项。

❼以四边形框为路径，以截面为型进行放样，得到放样体边框并修改，　最终如图

8-56 所示。

图 8-55　茶几顶面包边框轮廓

图 8-56　放样得到茶几顶面包边框

❽进入【Create】（创建）命令面板，按下【Geometry】（几何体）按钮，在下拉列表中选择【Extended Primitives】（扩展基本体）。

❾激活顶视图，单击【Oiltank】（桶状体）按钮，在适当位置创建一个带凸面的柱体，并复制三个，分别移动到茶几表面的 4 个角，如图 8-57 所示。

❿选中顶表面与边框，复制一个底表面，完成茶几模型的创建，如图 8-58 所示。

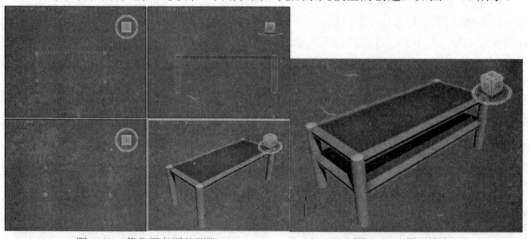

图 8-57　茶几顶表面及四脚

图 8-58　茶几模型

📖8.4.2　茶几材质的制作

❶单击工具栏中的█按钮进入材质编辑器。激活第一个样本材质球。

❷单击【Diffuse】（漫反射）旁边的颜色块，在弹出的颜色框中调制淡蓝色。参数设置可参考图 8-59。

❸在任意视图中选中两个茶几面，单击█将材质赋予对象。

❹激活第二个样本材质球。单击【Diffuse】（漫反射）旁边的颜色块，在弹出的颜色框中调制淡绿色。其他参数设置如图 8-60 所示。

❺在场景中选中两个边框，单击█将材质赋予对象。

❻激活第三个样本材质球，设置着色方式为【Metal】（金属）类型。如图 8-61 所示调制不锈钢基本参数。

❼展开【Maps】(贴图)卷展栏,单击【Reflection】(反射)贴图通道上的【None】(无贴图)按钮,随后添加光盘中的贴图/CHROMIC.jpg文件。

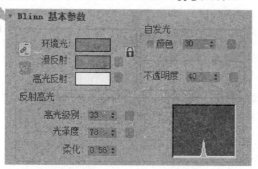

图 8-59 玻璃材质调整参数

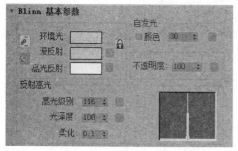

图 8-60 淡绿色塑料材质参数

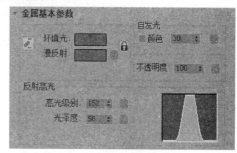

图 8-61 不锈钢材质参数

❽选中 4 个茶几腿,单击 将材质赋予对象。

❾渲染透视图,茶几效果如图 8-62 所示。

❿还可以创建一个平面作为地面,并赋予一张木纹贴图,这里仅给出参考效果,如图 8-63 所示。

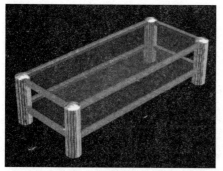

图 8-62 渲染后的茶几

图 8-63 添加地面后的茶几

8.5 课后习题

1. 填空题

(1)系统默认的样本槽显示区域是_____显示模式。

(2)材质的类型有三种,分别是_____、_____、_____。

(3)【Shader Basic Parameters】(明暗器基本参数)卷展栏中提供了_____种着

色方式。

（4）_____统称为复合材质。

2．问答题

（1）怎样重命名材质？

（2）怎样将材质赋予场景中的物体？

（3）4 种场景对象材质的显示模式是什么？

（4）复合材质有哪些类型？

3．操作题

（1）创建一个长方体，调制玻璃材质并赋予长方体。

（2）创建一个球体，练习混合材质的调制并赋予球体。

（3）创建一个茶壶，练习多重子材质的调制并赋予茶壶。

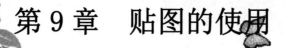

第9章 贴图的使用

教学目标

贴图是继材质之后又一个增强物体质感和真实感的强大技术功能。可以说，即使很蹩脚的模型，如果能很好地进行贴图处理，它的面目也会得到很大改观。所以读者应引起足够的重视。本章将全面介绍贴图类型、贴图通道以及贴图方式。其中，贴图通道的使用是本章的重点。正确运用贴图通道是贴图成功与否的关键所在。

教学重点与难点

➢ 熟悉各种贴图类型
➢ 掌握贴图通道的含义
➢ 采用正确的贴图方式

9.1 贴图类型

9.1.1 二维贴图

❖ 【Bitmap】（位图）：是最常用的一种贴图类型，支持多种格式，包括 bmp、gpj、jpg、tif、tga 等图像以及 avi、flc、fli、cel 等动画文件。位图运用范围广而且非常方便，可以将需要的图像进行扫描或在绘图软件中制作，存为图像格式后就可以通过【Bitmap】（位图）引进 3ds Max 作为贴图使用了。

❖ 【Checker】（棋盘格）：赋予对象两色方格交错的棋盘格图案。

❖ 【Gradient】（渐变）：设置任意三种颜色或贴图进行渐变处理，包括直线渐变和放射渐变两种类型。

01 Checker（棋盘格）贴图方式举例

❶单击【File】（文件)菜单中的【Reset】（重复）命令，重新设置系统。

❷进入【Create】（创建)命令面板，按下【Geometry】（几何体)按钮，展开【Object Type】（对象类型）卷展栏，在透视图中创建一个长方体平板，作为贴图的对象。如图 9-1 所示。

❸选中长方体，单击工具栏中的▦按钮进入材质编辑器。

❹在【Map】（贴图）卷展栏下选择【Diffuse Color】（漫反射颜色）选项，并单击它旁边的【No Map】（无贴图)按钮，在弹出的(材质/贴图浏览器)面板中选择【Checker】（棋盘格）贴图。这时进入【Checker】（棋盘格）贴图面板，如图 9-2 所示。

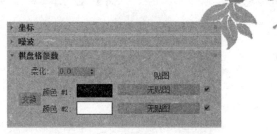

图 9-1　透视图中的平板贴图对象　　　　图 9-2　【Checker】（棋盘格）贴图面板

❺系统默认的形态是黑白相间的格子，这从样本球的变化可以看出。可以单击颜色块，在弹出的颜色框里改变两者的颜色，制作各种各样的格子贴图。这里将这两种颜色设为红色和蓝色。

❻展开【Coordinates】（坐标）卷展栏，将【Tiling】（瓷砖）下的 U、V 值分别设为 4。

❼单击横向工具栏中的【Assign Material to Selection】（将材质指定给选定对象）按钮，然后单击【Show Map in Viewport】（视口中显示明暗处理材质）按钮。透视图中的效果如图 9-3 所示。板状长方体已经被贴上了格子状贴图。

❽格子贴图不但可以采用颜色块，而且还可以用两张图片来填充。单击工具栏中的按钮进入材质编辑器。展开【Checker Parameters】（棋盘格参数）卷展栏，单击它旁边的【No Map】（无贴图）按钮，打开"位图参数"面板，从中选择"位图"选项，在弹出的对话框中选择一张图片，如图 9-4 所示。

图 9-3　应用格子贴图后的长方体　　　　图 9-4　位图参数卷展栏

❾单击【Bitmap】（位图）旁边的【None】（无）按钮，在弹出的对话框中选择一张图片。

❿单击【Go to Parent】（转到父对象）按钮，返回格子贴图参数区，单击另一个颜色块旁边的【No Map】（无贴图）按钮，用同样的方法设置另一个格子的贴图。

⓫单击横向工具栏中的【Assign Material to Selection】（将材质指定给选定对象）按钮，渲染透视图，效果如图 9-5 所示。板状长方体已经被贴上了两张图片组成的格子状贴图。

02 【Gradient】（渐变）贴图方式举例

❶单击【File】（文件)菜单中的【Reset】（重置）命令，重新设置系统。

❷进入【Create】（创建)命令面板，按下【Geometry】（几何体)按钮，展开【Object Type】（对象类型)卷展栏，在透视图中创建一个长方体，作为贴图的对象，如图 9-6 所示。

图 9-5　用两张图片填充的格子贴图　　　　图 9-6　透视图中的长方体贴图对象

❸选中长方体，单击工具栏中的▩按钮进入材质编辑器。

❹在【Map】（贴图）卷展栏下选择【Diffuse Color】（漫反射颜色）选项，并单击它旁边的【No Map】（无贴图）长按钮，在弹出的材质/贴图浏览器面板中选择【Gradient】（渐变）贴图。这时进入【Gradient】（渐变）参数面板，如图 9-7 所示。

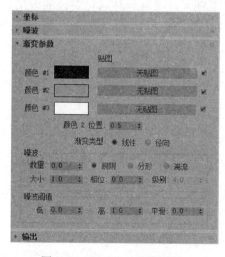

图 9-7　Gradient 贴图面板　　　　　　　图 9-8　颜色渐变贴图的效果

❺系统默认的形态是黑到白过渡，这从样本球的变化可以看出。可以单击颜色块在弹出的颜色框里改变两者的颜色，制作各种各样的渐变贴图。这里将这三种颜色分别设为绿色、黄色和红色。

❻单击横向工具栏中的【Assign Material to Selection】（将材质指定给选定对象）按钮▩，然后单击【Show Map in Viewport】（视口中显示明暗处理材质）▩按钮。透视图中的效果如图 9-8 所示。板状长方体已经被贴上了从绿色到红色过渡的贴图，其中的黄色为过渡色。

❼与格子贴图相似，渐变贴图也可以贴上图片，其方法基本与格子贴图一样，这里不再赘述，仅给出贴图后的效果，如图 9-9 所示。

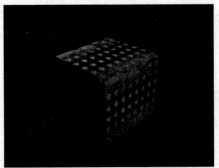

图 9-9　渐变贴图的效果

📖 9.1.2　三维贴图

- ❖ 【Noise】（噪波）：用来将两种贴图进行随机混和，发生类似无序棉花状效果，噪波是非常好用的一种贴图类型，常用来模拟坑洼的地表。
- ❖ 【Advanced Wood】（高级木材）：模仿三维的木纹纹理。
- ❖ 【Cellular】（细胞）：随机产生细胞、鹅卵石状的贴图效果，经常结合 Bump（凹凸贴图）贴图方式使用。
- ❖ 【Dent】（凹痕）：常用于 Bump（凹凸贴图），表现一种风化腐蚀的效果。
- ❖ 【Falloff】（衰减）：产生由明到暗的衰弱效果。
- ❖ 【Mable】（大理石）：模仿大理石的纹理
- ❖ 【Particle Age】（粒子年龄）和 Particle Mblur（粒子运动模糊）：这两个贴图类型要同粒子结合使用，粒子寿命可以设置三种不同的颜色或将贴图指定到粒子束上，粒子模糊根据粒子运动的速度来进行模糊处理。
- ❖ 【Perlin Marble】（Perlin 大理石）：能制作如珍珠岩状的大理石效果贴图。
- ❖ 【Smoke】（烟雾）：模仿无序的絮状、烟雾状图案。
- ❖ 【Speckle】（斑点）：模仿两色杂斑纹理。
- ❖ 【Splat】（泼溅）：模仿油彩飞溅的效果。
- ❖ 【Stucco】（灰泥）：配合 Bump（凹凸贴图）方式，模仿类似泥灰剥落的一种无序斑点效果。

01 【Noise】（噪波）贴图举例

❶单击【File】(文件)菜单中的【Reset】（重置）命令，重新设置系统。

❷进入【Create】（创建)命令面板，按下【Geometry】（几何体)按钮，展开【Object Type】（对象类型）卷展栏，在透视图中创建一个茶壶，作为贴图的对象，如图 9-10 所示。

❸选中茶壶，单击工具栏中的 ▣ 按钮进入材质编辑器。

❹在【Map】（贴图）卷展栏下选择【Diffuse Color】（漫反射颜色）选项，并单击它旁边的【No Map】（无贴图)长按钮，在弹出的材质/贴图浏览器面板中选择【Noise】

（噪波）贴图。这时进入【Noise】（噪波）参数面板，如图9-11所示。

图9-10　噪波贴图的对象

❺系统默认的形态是黑白颜色的噪波扰动效果，这从样本球的变化可以看出。可以单击颜色块在弹出的颜色框里改变两者的颜色，制作各种各样的噪波贴图。这里将这两种颜色设为绿色和蓝色。

❻单击横向工具栏中的【Assign Material to Selection】（将材质指定给选定对象）按钮📇，然后单击【Show Map in Viewport】（视口中显示明暗处理材质）◙按钮。透视图中的效果如图9-12所示。茶壶已经被贴上了蓝、绿扰动的贴图。

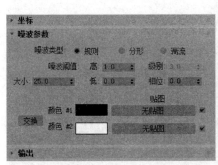

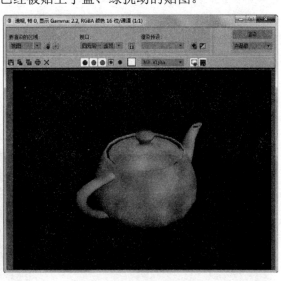

图9-11　噪波参数面板　　　　　图9-12　噪波贴图的效果

❼同样，噪波贴图也可以是两张图片不规则的扰动，贴图方法基本同上面的例子类似，这里不再赘述。仅给出贴图效果，如图9-13所示。

02 【Advanced Wood】（高级木材）贴图方式举例

❶单击【File】（文件）菜单中的【Reset】（重置）命令，重新设置系统。

❷进入【Create】（创建）命令面板，按下【Geometry】（几何体）按钮，展开【Object

Type】（对象类型）卷展栏，在透视图中创建一个圆柱体，作为贴图的对象，如图 9-14 所示。

图 9-13　噪波贴图渲染效果　　　　　　　图 9-14　木纹贴图的对象

❸选中圆柱体，单击工具栏中的 ▦ 按钮进入材质编辑器。

❹在【Map】（贴图）卷展栏下选择【Diffuse Color】（漫反射颜色）选项，并单击它旁边的【No Map】（无贴图)长按钮，在弹出的材质/贴图浏览器面板中选择【Advanced Wood】（高级木材）贴图。这时进入【Advanced Wood】（高级木材）贴图面板。

❺系统默认的预设是"三维蜡木-有光泽"的木材纹理效果，这从样本球的变化可以看出。可以单击颜色块在弹出的颜色框里改变两者的颜色，制作各种各样的纹理贴图。本例不改变其颜色，如图 9-15 所示设置参数。

❻单击横向工具栏中的【Assign Material to Selection】（将材质指定给选定对象）按钮 ▦，将材质赋予图形，并进行渲染，效果如图 9-16 所示。圆柱已经被贴上了木材纹理的贴图。

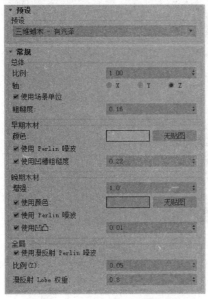

图 9-15　高级木材贴图面板　　　　　　　图 9-16　高级木材贴图的效果

03　【Marble】（大理石）贴图方式举例

❶单击【File】(文件)菜单中的【Reset】(重置)命令，重新设置系统。

❷进入【Create】(创建)命令面板，按下【Geometry】(几何体)按钮，展开【Object Type】(对象类型)卷展栏，在透视图中创建一个板状长方体，作为贴图的对象，如图9-17 所示。

图 9-17　大理石贴图对象

❸选中长方体，单击工具栏中的◨按钮进入材质编辑器。

❹在【Map】(贴图)卷展栏下选择【Diffuse Color】(漫反射颜色)选项，并单击它旁边的【No Map】(无贴图)长按钮，在弹出的材质/贴图浏览器面板中选择【Marble】(大理石)贴图。这时进入【Marble】(大理石)参数面板。

❺系统默认的形态是淡黄色和黑棕色的大理石纹理效果，这从样本球的变化可以看出。可以单击颜色块在弹出的颜色框里改变两者的颜色，制作各种各样的大理石纹理贴图。本例不改变其颜色，如图9-18 设置参数。

❻单击横向工具栏中的【Assign Material to Selection】(将材质指定给选定对象)按钮🔊，然后单击【Show Map in Viewport】(视口中显示明暗处理材质) ◙ 按钮。透视图中的效果如图9-19 所示。长方体已经被贴上了大理石纹理的贴图。

图 9-18　大理石贴图面板

图 9-19　大理石纹理贴图效果

❼同样，大理石贴图也可以是两张图片以纹理的形式赋给物体，贴图方法基本同上面的例子类似，这里不再赘述。仅给出贴图效果，如图9-20 所示。

图 9-20　大理石贴图的效果

9.1.3　合成贴图

- ✧ 【Mask】（遮罩）：将图像作为罩框蒙在对象表面，好像在外面盖上一层图案的薄膜，以黑白度来决定透明度。
- ✧ 【Mix】（混合）：既有【Composite】（合成贴图）的贴图叠加功能，又有 Mask（罩框贴图）为贴图指定罩框的功能。两个贴图之间的透明度由混合数量来决定，还能通过控制曲线达到目的。
- ✧ 【Composite】（合成）：将多个贴图叠加在一起，通过贴图的 Alpha 通道或输出值来决定透明度，最后产生叠加效果。
- ✧ 【RGB Multiply】（RGB 倍增）：配合【Bump】（凹凸）贴图使用。

01 【Composite】（合成）贴图方式举例

❶单击【File】（文件）菜单中的【Reset】（重置）命令，重新设置系统。

❷进入【Create】（创建）命令面板，按下【Geometry】（几何体）按钮，展开【Object Type】（对象类型）卷展栏，在前视图中创建一个板状长方体，作为贴图的对象。

❸选中长方体，单击工具栏中的 按钮进入材质编辑器。

❹在【Map】（贴图）卷展栏下选择【Diffuse Color】（漫反射颜色）选项，并单击它旁边的【No Map】（无贴图）长按钮，在弹出的材质/贴图浏览器面板中选择【Composite】（合成）贴图。这时进入合成层贴图面板。

❺如图 9-21 所示设置参数。单击左侧或右侧的【None】（无）按钮，再次回到"材质/贴图浏览器"面板，在列表中双击【Bitmap】（位图）贴图，弹出一个对话框，提示选择一个位图文件，这里选择一张飞机飞翔的图片，如图 9-22 所示。

图 9-21　合成贴图面板

❻单击【Go to Parent】（转到父对象）按钮 ，返回复合贴图参数区，单击另一个颜色块旁边的【None】（无）长按钮，用同样的方法设置另一个贴图。这里选择一张夕阳的图片，如图 9-23 所示。

图9-22 飞机图片　　　　　　　　　　　　图9-23 夕阳图片

❼在【Composite Parameters】（合成层）卷展栏内，【Map1】（贴图1）和【Map2】（贴图2）右侧的长按钮上显示了两个贴图文件的名称。

❽单击按钮 ⬛ 和 ⬛ 。可以看见在【Top】（顶）视图中只出现了【Map2】（贴图 2）的贴图。若要使两个贴图结合的效果，需要进行调整。

❾单击【Map2】（贴图2）右侧的按钮，然后在出现的【Bitmap Parameters】（位图参数）卷展栏的【Alpha Source】（Alpha 通道来源）中选择【RGB】。此时可以看到两个贴图结合到一起的效果，如图9-24所示。

❿打开下面的【Output】（输出）卷展栏，可以对图像输出进行一些设置，使效果更好。在此不再详述，请读者自行改动其中的参数，体会各个参数的功能。

02 【Mask】（遮罩）贴图方式举例

❶单击【File】（文件)菜单中的【Reset】（重置）命令，重新设置系统。

❷进入【Create】（创建)命令面板，按下【Geometry】（几何体）按钮，展开【Object Type】（对象类型）卷展栏，在前视图中创建一个板状长方体，作为贴图的对象。

❸选中长方体，单击工具栏中的 ⬛ 按钮进入材质编辑器。

❹在【Map】（贴图）卷展栏下选择【Diffuse Color】（漫反射颜色）选项，并单击它旁边的【No Map】（无贴图）长按钮，在弹出的材质/贴图浏览器面板中选择【Mask】（遮罩）贴图。这时进入【Mask】（遮罩）参数面板，如图9-25所示。

图9-24 两贴图合成效果　　　　　　　　图9-25 罩框参数面板

❺单击【Map】（贴图）右侧的条形按钮，再次回到材质/贴图浏览器面板，在列表中双击【Bitmap】（位图）贴图，弹出一个对话框，提示选择一个位图文件，这里选择一张砖墙的图片，如图 9-26 所示。

❻单击【Go to Parent】（转到父对象）按钮，返回罩框贴图参数区，单击另一个颜色块旁边的【No Map】（无贴图）长按钮，用同样的方法设置罩框贴图。这里选择一张布料的图片，如图 9-27 所示。

图 9-26　砖墙图片　　　　　　　　　　图 9-27　布料图片

❼在【Mask Parameters】（遮罩参数）卷展栏内，【Map】（贴图）和【Mask】（遮罩）右侧的按钮上显示了两个贴图文件的名称。

❽单击按钮，渲染透视图，效果如图 9-28 所示。

图 9-28　罩框贴图效果

📖9.1.4　其他贴图

- ❖ 【Raytrace】（光线跟踪）：非常重要的贴图模式，光线跟踪材质包含标准材质所没有的特性，如半透明性和荧光性。与反射贴图方式或折射贴图方式结合使用效果良好，但渲染大幅度增加渲染时间。

- ❖ 【Reflect/Refract】（反射 / 折射）：专用于反射贴图方式或折射贴图方式。效果不如 Raytrace（光线跟踪）贴图，但渲染速度快，通常反射 / 折射贴图渲染的图像效果也是不错的。

- ❖ 【Thin Wall Refraction】（薄壁折射）：配合【Refraction】折射贴图方式使用，模仿透镜变形的折射效果，能制作透镜、玻璃、放大镜等。

9.2　贴图通道

9.2.1　【Diffuse Color】（漫反射颜色）贴图通道

【Diffuse Color】（漫反射颜色）贴图是最常见的一种贴图通道，它将一个图片直接贴到材质的直接光色部分上。当此贴图激活时，贴图的结果将完全取代基本漫反射的颜色。默认情况下，将同时影响【Ambient】（阴影区）贴图，下面举例介绍。

❶单击【File】（文件）菜单中的【Reset】（重置）命令，重新设置系统。

❷进入【Create】（创建）命令面板，按下【Geometry】（几何体）按钮，展开【Object Type】（对象类型）卷展栏，在透视图中创建一个球体，并创建一个长方体，结果如图 9-29 所示。

❸选中球体，单击工具栏中的圙按钮进入材质编辑器。

❹在【Map】（贴图）卷展栏下选择【Diffuse Color】（漫反射颜色）选项，并单击它旁边的【No Map】（无贴图）按钮，在弹出的材质浏览器中为球体任意选择一张图片，作为漫反射区的贴图。

❺单击横向工具栏中的【Assign Material to Selection】（将材质指定给选定对象）按钮，然后单击【Show Map in Viewport】（视口中显示明暗处理材质）圙按钮。

❻用同样的方法，给方盒赋予一张草地的图片。

❼关闭材质编辑器，在创建命令面板中单击【Light】（灯光），然后单击【Target Spot】（目标聚光灯）按钮，创建一个目标聚光灯，再添加一盏泛光灯，调整它们到适当位置，用作给球体和长方体照明。

❽渲染透视图，观察漫反射颜色贴图的效果，如图 9-30 所示。

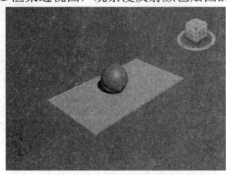
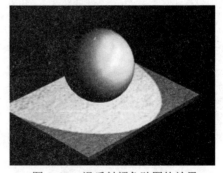

图 9-29　漫反射颜色贴图对象　　　　图 9-30　漫反射颜色贴图的效果

9.2.2　【Specular Color】（高光颜色）贴图通道

【Specular Color】（高光颜色）贴图可以控制在材质的高光区域里能看到的图像，它根据贴图决定高光经过表面时的变化或细致的反射。Amount 值决定了它与高光颜色成分的混合比例。通常高光颜色贴图被用来达到这样一种效果：光源上及其附近的图像照在物体上被反射出来的样子。高光颜色贴图的效果有时和【Glossiness】（光泽度）贴图及【Specular Level】（高光级别）贴图类似，但它们的工作方式不同，高光颜色贴图不改变高光的明亮度，只改变高光的颜色。

❶单击【File】（文件）菜单中的【Reset】（重置）命令，重新设置系统。

❷进入【Create】（创建）命令面板，按下【Geometry】（几何体）按钮，展开【Object Type】（对象类型）卷展栏，在透视图中创建一个长方体，作为贴图的对象，结果如图 9-31 所示。

❸选中长方体，单击工具栏中的██按钮进入材质编辑器。

❹在【Map】（贴图）卷展栏下选择【Specular Color】（高光颜色）选项，并单击它旁边的【No Map】（无贴图）按钮，在弹出的材质浏览器中为长方体选择一张门的图片，作为高光区的贴图。

❺单击【Go to Parent】（转到父对象）按钮██，从样本球窗口中可以看到，这时的高光变化并不理想。

❻将【Map】（贴图）卷展栏中的【Specular Color】（高光颜色）向上拖曳复制到【Diffuse Color】（漫反射颜色）旁的【No Map】（无贴图）选项上。在弹出的对话框中选择【Instance】（实例）选项。

❼同样，将【Specular Color】（高光颜色）向下拖曳复制到【Reflection】（反射）旁的【No Map】（无贴图）选项上。在弹出的对话框中选择【Instance】（实例）选项。

❽单击横向工具栏中的【Assign Material to Selection】（将材质指定给选定对象）按钮██，然后单击【Show Map in Viewport】（视口中显示明暗处理材质）██按钮。

❾样本球就有了明显的高光效果。渲染透视图，观察高光贴图的效果，如图 9-32 所示。

图 9-31　高光颜色贴图对象

图 9-32　高光颜色贴图的效果

9.2.3　【Specular Level】（高光级别）贴图通道

在材质编辑中，【Glossiness】（光泽度）值用来调整高光区的大小，【Specular Level】（高光级别）值用来调整高光亮强度。在贴图设置上，从表面上看【Glossiness】（光泽度）贴图和【Specular Level】（高光级别）贴图的差别很小，所以在实际应用中，使用哪一个要看当时的需要。

❶单击【File】（文件）菜单中的【Reset】（重置）命令，重新设置系统。

❷进入【Create】（创建）命令面板，按下【Geometry】（几何体）按钮，展开【Object Type】（对象类型）卷展栏，在透视图中创建一个茶壶，作为贴图的对象，结果如图9-33所示。

❸选中茶壶，单击工具栏中的 按钮进入材质编辑器。

❹在【Map】（贴图）卷展栏下选择【Specular Leval】（高光级别）选项，并单击它旁边的【No Map】（无贴图）长按钮，在弹出的材质浏览器中为茶壶选择一张花的图片，作为高光强度的贴图。

❺单击【Go to Parent】（转到父对象）按钮 。

❻单击横向工具栏中的【Assign Material to Selection】（将材质指定给选定对象）按钮 。渲染透视图，结果发现【Specular Level】（高光级别）贴图是白色处有很强的反光，黑色处没有反光，如图9-34所示。

图9-33　高光级别贴图对象　　　　　　图9-34　高光级别贴图的效果

❼物体上罩了一层【Diffuse】（漫反射）的颜色，还可通过在【Diffuse Color】（漫反射颜色）上贴同样的图的办法来解决。将高光级别贴图复制到漫反射贴图上去。再次渲染透视图，观察贴图效果，如图9-35所示。

图9-35　综合漫反射与高光级别贴图的效果

9.2.4 　【Glossiness】（光泽度）贴图通道

材质的【Glossiness】（光泽度）主要体现在物体的高光区域上。【Glossiness】（光泽度）贴图和上面介绍的【Specular Level】（高光级别）贴图将定义高光域形状和百分比的状态的图案。现在来体会一下光泽度贴图的效果。

❶ 还是以上例中的茶壶为贴图对象。

❷选中茶壶，单击工具栏中的 按钮进入材质编辑器。

❸在【Map】（贴图）卷展栏下选择【Glossiness】（光泽度）选项，并单击它旁

边的【No Map】（无贴图）按钮，在弹出的材质浏览器中为茶壶选择同一张花的图片，作为光泽度的贴图。

❹单击【Go to Parent】（转到父对象）按钮 。

❺单击横向工具栏中的【Assign Material to Selection】（将材质指定给选定对象）按钮 。渲染透视图，在渲染对话框中观察，只看到淡淡的贴图影子，如图 9-36 所示。

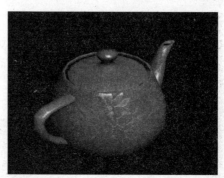

图 9-36　光泽度贴图效果

❻在【Blinn Basic Parameters】（Blinn 基本参数）卷展栏的【Specular Highlights】（反射高光）面板中，将【Specular Level】（高光级别）值设为 200，将【Glossiness】（光泽度）值设为 0，将【Soften】（柔化）值设为 0.5。

❼渲染透视图，发现贴图中各处的光泽度发生了变化，黑色处有很强的反光，白色处没有反光，两者之间的颜色光泽度也介于两者之间，如图 9-37 所示。

❽物体上罩了一层【Diffuse】（漫反射）的颜色，还可通过在漫反射色【Diffuse Color】（漫反射颜色）上贴同样的图的办法来解决。将光泽度贴图复制到漫反射贴图上。再次渲染透视图，观察贴图效果，如图 9-38 所示。

图 9-37　修改参数后的光泽度贴图效果

图 9-38　漫反射与光泽度综合贴图的效果

9.2.5　【Self-Illumination】（自发光）贴图通道

【Self-Illumination】（自发光）贴图可影响对象自发光效果的强度，它根据图像文件的灰度值决定自发光的强度。白色部分产生的效果最强烈，而黑色部分则不产生任何效果。

❶仍以茶壶为贴图对象。

❷选中茶壶，单击工具栏中的 按钮进入材质编辑器。

❸在【Map】（贴图）卷展栏下选择【Self-Illumination】（自发光）选项，并单击它旁边的【No Map】（无贴图）按钮，在弹出的材质浏览器中为茶壶选择一张金属网格的图片，作为光泽度的贴图。

❹单击【Go to Parent】（转到父对象）按钮。

❺单击横向工具栏中的【Assign Material to Selection】（将材质指定给选定对象）按钮。渲染透视图，观察自发光贴图的效果，如图 9-39 所示。可以发现，白色部分产生自发光效果，而黑色部分不产生任何效果。

❻将自发光贴图复制到漫反射贴图上去。再次渲染透视图，可以更明显地看到自发光贴图的效果，如图 9-40 所示。

图 9-39　自发光贴图效果　　　　图 9-40　漫反射与自发光综合贴图的效果

9.2.6 　【Opacity】（不透明度）贴图通道

【Opacity】（不透明度）贴图根据图像中颜色的强度值来决定物体表面的不透明度。

> 说明：图像中的黑色表示完全透明，白色表示完全不透明，介于两者之间的颜色显示半透明。

❶仍以茶壶为贴图对象。

❷选中茶壶，单击工具栏中的按钮进入材质编辑器。

❸在【Map】（贴图）卷展栏下选择【Opacity】（不透明度）选项，并单击它旁边的【No Map】（无贴图）按钮，在弹出的材质/贴图浏览器面板中为茶壶选择同上例中的金属网格的图片，作为透明贴图的图片。

❹单击【Go to Parent】（转到父对象）按钮。

❺单击横向工具栏中的【Assign Material to Selection】（将材质指定给选定对象）按钮。渲染透视图，观察透明度贴图的效果，如图 9-41 所示。可以发现，白色部分完全不透明，而黑色部分完全透明。

❻将透明度贴图复制到漫反射贴图上去。再次渲染透视图，可以更明显地看到透明度贴图的效果，如图 9-42 所示。

❼回到材质的顶层，在【Shader Basic Parameters】（明暗器基本参数）卷展栏中，勾选【2-Sided】（双面）复选框，渲染透视图，可以通过茶壶的透明部分观察茶壶的另一面，如图 9-43 所示。

图 9-41　不透明度贴图效果　　　　图 9-42　漫反射与不透明度综合贴图的效果

图 9-43　双面材质效果

📖9.2.7　【Bump】（凹凸）贴图通道

【Bump】（凹凸）贴图和【Opacity】（不透明）贴图、【Glossiness】（光泽度）贴图、【Specular Level】（高光级别）贴图一样，都是通过改变图像文件的明亮程度来影响贴图的。在 Bump 贴图中，图像文件的明亮程度会影响物体表面的光滑平整程度，白色的部分会凸起，而黑色的部分则会凹进，具有浮雕效果。【Bump】（凹凸）贴图并不影响几何体，升起的边缘只是一种模拟高光和阴影特征的渲染效果。要真正变形物体的表面可以通过【Displacement】（偏移）贴图来实现。

❶ 仍以茶壶为贴图对象。

❷选中茶壶，单击工具栏中的🔲按钮进入材质编辑器。

❸在【Map】（贴图）卷展栏下选择【Bump】（凹凸）选项，并单击它旁边的【No Map】（无贴图）按钮，在弹出的材质浏览器中为茶壶选择同上例中的金属网格的图片，作为凹凸贴图的图片。

❹单击【Go to Parent】（转到父对象）按钮🔧。

❺单击横向工具栏中的【Assign Material to Selection】（将材质指定给选定对象）按钮🔧。渲染透视图，观察凹凸贴图的效果，如图 9-44 所示。可以发现，白色部分凸了出来，而黑色部分凹了进去。

❻将【Bump】（凹凸）贴图的【Amount】（数量）值由默认的 30 改为 200。【Bump】（凹凸）贴图的【Amount】（数量）值不是由百分比的方式来定义的，它有一个取值范围，是 0～999。值不同，凹凸的程度也不同。渲染透视图，观察改动后的效果，如图 9-45 所示。

❼将凹凸贴图复制到漫反射贴图上去。再次渲染透视图，可以更明显地看到凹凸贴

图的效果，如图 9-46 所示。

图 9-44 凸凹贴图效果

图 9-45 修改后的凹凸贴图效果

图 9-46 漫反射与凹凸综合贴图的效果

9.2.8 【Reflection】（反射）贴图通道

基本反射贴图虽然也是将图像贴在物体上，但它是周围环境的一种作用，因此它们不使用或不要求贴图坐标，而是固定于世界坐标上，这样贴图并不会随着物体移动，而是随着场景的改变而改变。下面举例介绍。

❶仍以茶壶为贴图对象。

❷选中茶壶，单击工具栏中的 按钮进入材质编辑器。

❸在【Map】（贴图）卷展栏下选择【Reflection】（反射）选项，并单击它旁边的【No Map】（无贴图）按钮，在弹出的材质/贴图浏览器面板中双击选择【Reflect/Refract】（反射/折射）选项。此时，材质编辑器转到【Reflect/Refract Parameters】（反射/折射参数）卷展栏，如图 9-47 所示。

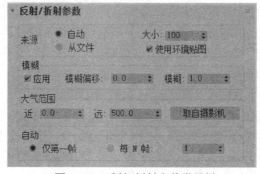

图 9-47 反射/折射参数卷展栏

❹从上栏可以看出，默认情况下是自动反射周围环境的图像。单击【Go to Parent】
（转到父对象）按钮 。单击横向工具栏中的【Assign Material to Selection】（将
材质指定给选定对象）按钮 。

❺关闭材质编辑器，单击菜单栏上的【Rendering】（渲染）菜单，在下拉菜单下
选择【Environment】（环境），打开对话框，如图 9-48 所示。在【Common Parameters】
（公用参数）卷展栏下单击下面的长按钮来指定一幅背景图，然后关闭对话框。

❻渲染透视图，观察赋了反射贴图的茶壶，如图 9-49 所示。

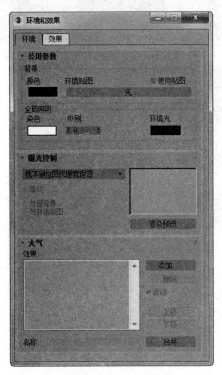

图 9-48　环境对话框

图 9-49　反射贴图效果

9.2.9　【Refraction】（折射）贴图通道

当透过玻璃瓶或放大镜观察时，场景中的物体看起来是弯曲的。这个效果是由于光
线通过透明物体表面时被折射造成的。【Refraction】（折射）贴图时将环境图形贴到物
体表面上，产生一定弯曲变形，使它看起来好像可以被透过。用折射可以模拟通过透明
的厚物体时光线的弯曲效果。折射贴图实际上是不透明贴图的变形。当折射贴图被激活
时，【Opacity】（不透明）贴图及其参数将被忽略。

❶仍以茶壶为贴图对象。

❷选中茶壶，单击工具栏中的 按钮进入材质编辑器。

❸在【Map】（贴图）卷展栏下选择【Reflection】（反射）选项，并单击它旁边
的【No Map】（无贴图）按钮，在弹出的材质/贴图浏览器面板中双击选择
【Reflect/Refract】（反射/折射）选项。此时，材质编辑器转到【Reflect/Refract
Parameters】（反射/折射参数）卷展栏。

❹从上栏可以看出，默认情况下是自动折射周围环境的图像。单击【Go to Parent】（转到父对象）按钮。单击横向工具栏中的【Assign Material to Selection】（将材质指定给选定对象）按钮。

❺关闭材质编辑器，单击菜单栏上的【Rendering】（渲染）菜单，在下拉菜单下选择【Environment】（环境），打开对话框。在【Common Parameters】（公用参数）卷展栏下单击下面的长按钮来指定同上例相同的背景图，然后关闭对话框。

❻渲染透视图，观察赋了折射贴图的茶壶，如图 9-50 所示。

图 9-50　折射贴图效果

9.3　UVW map 修改功能简介

9.3.1　初识【UVW map】（UVW 贴图）修改器

❶单击【File】（文件）菜单中的【Reset】（重置）命令，重新设置系统。

❷进入【Create】（创建）命令面板，按下【Geometry】（几何体）按钮，展开【Object Type】（对象类型）卷展栏，在透视图中创建一个长方体，作为贴图的对象，如图 9-51 所示。

❸选中长方体，单击工具栏中的按钮进入材质编辑器。

❹选中一个样本球，在【Map】（贴图）卷展栏下选择【Diffuse color】（漫反射颜色）选项，并单击它旁边的【No Map】（无贴图）按钮，在弹出的材质/贴图浏览器面板中双击选择【Bitmap】（位图）贴图。从弹出的对话框中选择一张砖墙图片。

❺单击横向工具栏中的【Assign Material to Selection】（将材质指定给选定对象）按钮，然后单击【Show Map in Viewport】（视口中显示明暗处理材质）按钮。此时透视图中的效果如图 9-52 所示。

❻从透视图中看，砖块的大小不大合适。进入【Modify】（修改）命令面板，如图 9-53 所示。在下拉列表中选择【UV W map】（UVW 贴图）命令。

❼在【Map】（贴图）中选择【Box】（长方体）贴图方式，再单击【Fit】（适配）按钮。微调【U Tile】（U 向平铺）和【V Tile】（V 向平铺）的值，从透视图中观察调制的效果，直到满意为止。此时透视图中的效果如图 9-54 所示。

上例是对一个场景对象进行材质赋予并调整贴图坐标的全过程。下面就详细讲述

【UV W map】（UVW 贴图）修改器的功能。

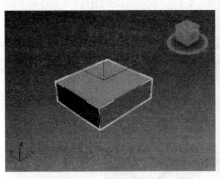

图 9-51　透视图中的长方体

图 9-52　贴上砖墙图片的长方体

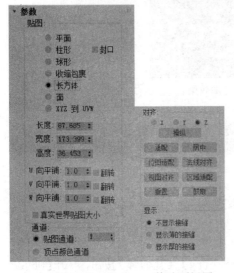

图 9-53　UV W map 修改面板图

图 9-54　修改后的效果

9.3.2　贴图方式

3ds Max 2020 主要为我们提供了【Planar】（平面）、【Cylindrical】（柱形）、【Spherical】（球形）、【Shrink Wrap】（收缩包裹）、【Box】（长方体）、【Face】（面片）和【XYZ to UVW】（XYZ 到 UVW）等 7 种贴图方式。进入【UVW Map】（UVW 贴图）调整器就可以选择适合对象的贴图方式。下面介绍几种贴图方式。

01　【Planar】（平面）方式

平面方式贴图是从一个平面被投下，这种贴图方式在物体只需要一个面有贴图时使用。下面举例介绍。

❶单击【File】（文件）菜单中的【Reset】（重置）命令，重新设置系统。

❷进入【Create】（创建）命令面板，按下【Geometry】（几何体）按钮，展开【Object Type】（对象类型）卷展栏，在透视图中创建一个长方体板状物，作为贴图的对象。

❸选中长方体，单击工具栏中的  按钮进入材质编辑器。

❹选中一个样本球，在【Map】（贴图）卷展栏下选择【Diffuse color】（漫反射颜色）选项，并单击它旁边的【No Map】（无贴图）按钮，在弹出的材质/贴图浏览器面板中双击选择【Bitmap】（位图）贴图。从弹出的对话框中任意选择一张图片。

❺单击横向工具栏中的【Assign Material to Selection】（将材质指定给选定对象）按钮 。

❻进入【Modify】（修改）命令面板，在下拉列表中选择【UV W map】（UV W 贴图）命令。在【Map】（贴图）中选择【Planar】（平面）贴图方式，再单击【Fit】（适配）按钮。

❼观察透视图中的效果，如图 9-55 所示。发现长方体的顶部出现贴图图片，其他侧面发生了变化，被贴上了条纹，此时为平面贴图方式。

图 9-55　平面贴图

02 【Cylindrical】（柱面）方式

柱面方式贴图是投射在一个柱面上，环绕在圆柱的侧面。这种方式在物体造型近似柱体时非常有用。

❶单击【File】（文件)菜单中的【Reset】（重置）命令，重新设置系统。

❷进入【Create】（创建)命令面板，按下【Geometry】（几何体）按钮，展开【Object Type】（对象类型）卷展栏，在透视图中创建一个圆柱体，作为贴图的对象。

❸选中圆柱体，单击工具栏中的 按钮进入材质编辑器。

❹选中一个样本球，在【Map】（贴图）卷展栏下选择【Diffuse color】（漫反射颜色）选项，并单击它旁边的【No Map】（无贴图）按钮，在弹出的材质/贴图浏览器面板中双击选择【Bitmap】（位图）贴图。从弹出的对话框中任意选择一张图片。

❺单击横向工具栏中的【Assign Material to Selection】（将材质指定给选定对象）按钮 ，然后单击【Show Map in Viewport】（视口中显示明暗处理材质） 按钮。此时透视图中的效果如图 9-56 所示。

❻进入【Modify】（修改）命令面板，在下拉列表中选择【UV W map】（UV W 贴图）命令。在【Map】（贴图）中选择【Cylindrical】（柱面）贴图方式，再单击【Fit】（适配）按钮。

❼观察透视图中的效果，如图 9-57 所示。发现贴图是环绕在圆柱的侧面。此时为圆柱映射方式。

图 9-56　未采用柱面贴图

图 9-57　采用柱面贴图

03 【Spherical】（球面）方式

球面方式贴图以球面方式环绕在物体表面，产生接缝。这种方式用于造型类似球体的物体。

❶ 单击【3DS】菜单中的【Reset】（重置）命令，重新设置系统。

❷ 进入【Create】（创建）命令面板，按下【Geometry】（几何体）按钮，展开【Object Type】（对象类型）卷展栏，在透视图中创建一个球体，作为贴图的对象。

❸ 选中球体，单击工具栏中的 按钮进入材质编辑器。

❹ 选中一个样本球，在【Map】（贴图）卷展栏下选择【Diffuse color】（漫反射颜色）选项，并单击它旁边的【No Map】（无贴图）按钮，在弹出的材质/贴图浏览器面板中选择【Bitmap】（位图）贴图。从弹出的对话框中任意选择一张图片。

❺ 单击横向工具栏中的【Assign Material to Selection】（将材质指定给选定对象）按钮 ，然后单击【Show Map in Viewport】（视口中显示明暗处理材质） 按钮。

❻ 进入【Modify】（修改）命令面板，在下拉列表中选择【UV W map】（UV W 贴图）命令。在【Map】（贴图）中选择【Spherical】（球面）贴图方式，再单击【Fit】（适配）按钮。

❼ 观察透视图中的效果。正面如图 9-58 所示，反面如图 9-59 所示。发现贴图是以球面方式环绕在物体表面，产生接缝。此时为球面映射方式。

 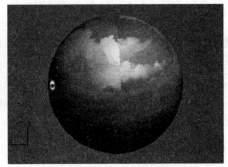

图 9-58　球面贴图正面　　　　　　　图 9-59　球面贴图背面

04 【Shrink Wrap】（收缩包裹）方式

收缩方式也是球形的，但收紧了贴图的四角，使贴图的所有边聚集在球的一点。可以使贴图不出现接缝。

❶ 单击【File】（文件）菜单中的【Reset】（重置）命令，重新设置系统。

❷ 进入【Create】（创建）命令面板，按下【Geometry】（几何体）按钮，展开【Object Type】（对象类型）卷展栏，在透视图中创建一个球体，作为贴图的对象。

❸ 选中球体，单击工具栏中的 按钮进入材质编辑器。

❹ 选中一个样本球，在【Map】（贴图）卷展栏下选择【Diffuse color】（漫反射颜色）选项，并单击它旁边的【No Map】（无贴图）按钮，在弹出的材质/贴图浏览器面板中双击选择【Bitmap】（位图）贴图。从弹出的对话框中任意选择一张图片。

⑤单击横向工具栏中的【Assign Material to Selection】（将材质指定给选定对象）按钮 🔖，然后单击【Show Map in Viewport】（视口中显示明暗处理材质）🔳 按钮。

⑥进入【Modify】（修改）命令面板，在下拉列表中选择【UV W map】（UV W 贴图）命令。在【Map】（贴图）中选择【Shrink Wrap】（收紧包裹）贴图方式，再单击【Fit】（适配）按钮。

⑦观察透视图中的效果。正面如图 9-60 所示，背面如图 9-61 所示。发现贴图收紧了贴图的四角，使贴图的所有边聚集在球的一点，不出现接缝。此时为收紧包裹映射方式。

 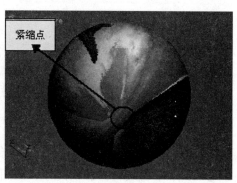

图 9-60　收紧包裹贴图正面　　　　　图 9-61　收紧包裹贴图背面

05 【Box】（长方体）方式

盒式贴图是给场景对象 6 个表面同时赋予贴图的一种贴图方式，就好像有一个盒子将对象包裹起来，9.3.1 节中的例子就是长方体贴图。这里不再赘述。

06 【Face】（面片）方式

面片贴图方式不是以投影的方式来赋给场景对象贴图，而是根据场景中对象的面片数来分布贴图。

❶单击【File】（文件）菜单中的【Reset】（重置）命令，重新设置系统。

❷在透视图中创建一个长宽高段数均为 2 的长方体，作为贴图的对象。

❸选中长方体，单击工具栏中的 🔳 按钮进入材质编辑器。

❹选中一个样本球，在【Map】（贴图）卷展栏下选择【Diffuse color】（漫反射颜色）选项，并单击它旁边的【No Map】（无贴图）按钮，在弹出的材质/贴图浏览器面板中双击选择【Bitmap】（位图）贴图。从弹出对话框中任意选择一张图片。

❺单击横向工具栏中的【Assign Material to Selection】（将材质指定给选定对象）按钮 🔖，然后单击【Show Map in Viewport】（视口中显示明暗处理材质）🔳 按钮。

❻进入【Modify】（修改）命令面板在下拉列表中选择【UVW map】（UVW 贴图）命令。在【Map】（贴图）中选择【Face】（面片）贴图方式，单击【Fit】（适配）按钮。

❼观察透视图中的效果，如图 9-62 所示。发现长方体的每个表面上有 4 个贴图，这是因为每个表面上有 4 个面。此时为面片贴图方式。

图 9-62　面片贴图方式

9.3.3　相关参数调整

- ❖ 【Length】（长度）、【Width】（宽度）、【Height】（高度）：用来定义 Gizmo 尺寸，用工具栏中的等比缩放工具可以达到同等效果。
- ❖ 【U Tile】（U 向平铺）：定义贴图 U 方向上重复的次数。
- ❖ 【V Tile】（V 向平铺）：定义贴图 V 方向上重复的次数。
- ❖ 【W Tile】（W 向平铺）：定义贴图 W 方向上重复的次数。
- ❖ 【Flip】（翻转）：激活此项，贴图在对应方向上发生翻转。
- ❖ 【Channel】（通道）：为每个场景对象指定两个通道，通道 1 是在 UVW map 中所选择的贴图方式，通道 2 是系统为场景对象缺省赋予的贴图坐标。

9.3.4　对齐方式

- ❖ 【Fit】（适配）：单击此项后，贴图坐标会自动与对象的外轮廓边界大小一致。它会改变贴图坐标原有的位置和比例。
- ❖ 【Center】（居中）：使贴图坐标中心与对象中心对齐。
- ❖ 【Bitmap Fit】（位图适配）：此按钮可以强行把已经选择的贴图的比例转变成为所选择位图的高宽比例。
- ❖ 【Normal Align】（法线对齐）：使贴图坐标与面片法线垂直。
- ❖ 【View Align】（视图对齐）：将贴图坐标与所选视窗对齐。
- ❖ 【Region Fit】（区域适配）：此按钮可以在不影响贴图方向的情况下，通过拖动视窗来定义贴图的区域。
- ❖ 【Reset】（重置）：贴图坐标自动恢复到初始状态。
- ❖ 【Acquire】（获取）：获取其他场景对象贴图坐标的角度、比例及位置。

9.4　实战训练——镜框

本章学习了贴图相关知识，本节就通过茶几建模实例介绍如何灵活应用贴图命令创建逼真的三维模型。

❶单击【File】（文件)菜单中的【Reset】（重置）命令，重新设置系统。

❷在前视图中绘制两个闭合曲线作为放样曲线，如图9-63所示。

❸单击选中长方形，单击【Create】（创建）命令面板中的【Geometry】（几何体）命令。在下拉框中选【Compound Objects】（复合对象），在弹出的菜单中选择【Loft】（放样）选项。

❹展开【Creat Method】（创建方法）卷展栏，单击【Get Shape】（获取图形）按钮，并确定其下的【Instance】（实例）为当前选项。移动鼠标到闭合曲线上单击鼠标左键，产生镜框周边造型物体，如图9-64所示。

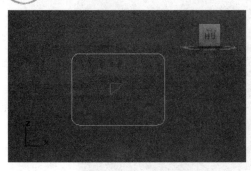

图9-63 绘制放样曲线　　　　　　　　图9-64 放样生成镜框外围造型

❺创建一个长方体，作为镜框的背面。并移到适当位置，如图9-65所示。

❻选中一个样本球，在【Map】（贴图）卷展栏下选择【Diffuse Color】（漫反射颜色）选项，并单击它旁边的【No Map】（无贴图）按钮，给背面贴上一张图片（光盘中的贴图/yingwu.jpg文件），结果如图9-66所示。

图9-65 为镜框加入背面　　　　　　　图9-66 为镜框背面贴上照片

❼再创建一个长方体，作为镜框的镜面，并移到适当位置。选中一个样本球，按照图9-67中的参数调整玻璃材质，赋予镜面，结果如图9-68所示。

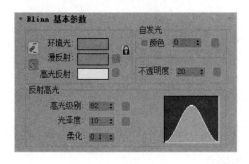

图9-67 调整玻璃材质　　　　　　　　图9-68 加入玻璃镜面的造型

❽选中镜框，选择一个样本球，在【Map】（贴图）卷展栏下选择【Diffuse Color】（漫反射颜色）选项，并单击它旁边的【No Map】（无贴图）按钮，在弹出的材质/贴图浏览器面板中选择【Bitmap】（位图）贴图，给镜框贴上木纹贴图（光盘中的贴图/TUTASH.jpg 文件）。贴好后渲染透视图，可以看到做好的镜框，如图 9-69 所示。

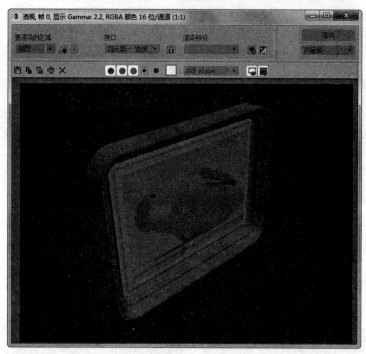

图 9-69　渲染后的镜框效果

9.5　课后习题

1．填空题

（1）贴图类型有_____种。

（2）标准贴图通道有_____种，例如：_____、_____、_____。

（3）创建透明效果的贴图通道是_____。

（4）创建自发光效果的贴图通道是_____。

（5）贴图方式有_____种。

2．问答题

（1）自发光贴凸通道的作用是什么？

（2）凹凸贴图通道的作用是什么？

（3）贴图类型中 Mix 贴图类型的效果是什么？

（4）【UVW Map】（UVW 贴图）调整器的作用是什么？

3．操作题

（1）利用【Check】（棋盘格）贴图制作地板图片。

（2）用贴图通道来制作一个发光物体。

（3）创建一个立方体，练习漫反射贴图通道的使用。

（4）创建一个立方体，练习凹凸贴图通道的使用。

（5）创建一个球体，练习自发光贴图通道的使用。

第 10 章　灯光与摄像机

教学目标

　　灯光在现实世界中可以照明、烘托气氛。在 3ds Max 2020 中，灯光同样可以照明、烘托气氛。更重要的是，在 3ds Max 2020 中，灯光和其他造型物体一样，可以被创建、修改、调整和删除，并且可以利用灯光设置现实世界中难以实现的特殊效果。默认情况下，3ds Max 2020 的场景中自动设置灯光照明，但要很好地表现造型和材质以及其他效果，灯光的设置就非常重要了。同灯光一样，摄像机也是表现物体的强有力的工具。正确、适当地使用摄像机，对于表现造型、设置动画无疑是很有帮助的。本章介绍各种灯光的创建与设置、摄像机的创建与使用。

教学重点与难点

- ➢ 各种光源的创建
- ➢ 各种光源的控制
- ➢ 灯光特效的运用
- ➢ 摄像机的使用

10.1　标准光源的建立

　　3ds Max 2020 提供了 6 种标准光源：【Target Spot】（目标聚光灯）、【Target Direct】（目标平行光）、【Omni】（泛光灯）、【Free Spot】（自由聚光灯）、【Free Direct】（自由平行光）以及【Skylight】（天光）。我们可通过以上 6 种灯光对虚拟三维场景进行光线处理，使场景达到真实的效果。

10.1.1　创建【Target Spot】（目标聚光灯）

　　【Target Spot】（目标聚光灯）的强大能力，使得它成为 3ds Max 环境中基本但十分重要的照明工具。聚光灯的光线是从一点出发，然后向一个方向传播，从而形成一个真正的照明光锥，这一点和生活中的探照灯十分的相似。

　　创建一个具有目标的聚光灯和创建其他光灯的步骤基本是一致的。在 Create（创建）面板上鼠标单击【Light】（灯光）💡按钮，然后单击【Target Spot】（目标聚光灯）按钮，在视图窗口中单击并拖动鼠标放置灯光和目标。下面举例介绍。

　　❶单击【File】（文件）菜单中的【Reset】（重置）命令，重新设置系统。

　　❷进入【Create】（创建）命令面板，按下【Geometry】（几何体）按钮，在【Object Type】（对象类型）卷展栏里选择【Teapot】（茶壶）。在视图中创建一个茶壶，作为

照明的对象。

❸在【Create】（创建）命令面板上，按下【Lights】（灯光）按钮，在【Object Type】（对象类型）卷展栏里选择【Target Spot】（目标聚光灯）。

❹在前视图中单击并拖动鼠标放置灯光。第一次单击定义目标聚光灯的光源地点，拖动鼠标，这时光源光的发射示意图出现在视图窗口中。把鼠标拖动到目标物体上，松开鼠标左键，这样目标聚光灯就创建好了，如图 10-1 所示。

❺刚创建目标聚光灯后，并不像我们预料的一样整个场景变得更加明亮了。场景中突然变暗了，这是因为在默认的情况下，3ds Max 提供了默认的光源，以便观察到设计者所创建的对象。当设计者创建了一个灯光对象时，3ds Max 就会认为设计者将自己设计灯光，因此系统提供的默认光源关闭，场景反而变暗。

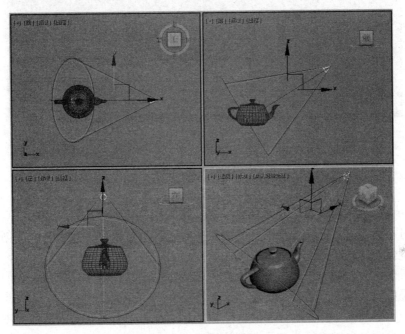

图 10-1　创建目标聚光灯

❻单击工具栏上的【Select and Move】（选择并移动）按钮✥，调整目标聚光灯的位置。

如果要调整聚光灯光源的空间位置，就可以将鼠标移动到目标聚光灯的光源位置，拖动光源即可。此时聚光灯的目标并不跟随变化。

同样，如果要调整聚光灯所指的目标对象，把鼠标移动到聚光灯目标上的小黄色正方形上，拖动该目标位置就可以改变聚光灯所指的目标对象。如果要移动整个聚光灯，就可以把鼠标移动到聚光灯的中间杆上，拖动即可移动。

❼拖动光源位置到如图 10-2 所示位置，并且把聚光灯目标放置在物体上，此时的光源效果和默认的光源效果一致。但是与默认的光源不同的是如果我们移动对象，比如把球体对象移动到其他地方，则有可能光源照射不到对象，对象变为渲染不可见。这是因为系统默认的光源并不是由一个目标聚光灯组成的，而是由数个其他类型灯光构成的。

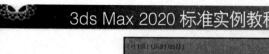
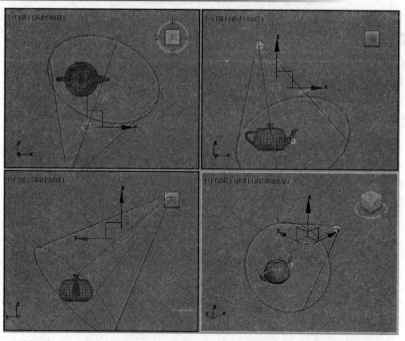

图 10-2　调整后的目标聚光灯

📖 10.1.2　创建【Free Spot】（自由聚光灯）

【Free Spot】（自由聚光灯）包含了目标聚光灯的所有性能但没有目标点。创建自由聚光灯时不像创建目标聚光灯那样先确定光源点再确定目标点，而是直接创建一个带有照射范围但没有照射点的聚光灯。如果希望自由聚光灯对准它的目标对象，只能通过旋转达到目的，因此稍显繁琐。一般说来，选择自由聚光灯而非目标聚光灯的原因可能是个人的爱好，或是动画中特殊灯光的需要。

例如，在运用动画灯光时，有时需要保持灯源相对于另一个对象的位置不变，汽车的车前灯、探照灯和矿工的头灯是典型的例子。上述情况下使用自由聚光灯将是明智的选择。原因在于，简单地把自由聚光灯链接到对象上，当对象在场景中移动时，自由聚光灯在跟随移动中可以继续发挥作用，并且真实可信。下面举例介绍。

❶ 单击【File】（文件）菜单中的【Reset】（重置）命令，重新设置系统。

❷ 进入【Create】（创建）命令面板，按下【Geometry】（几何体）按钮，在【Object Type】（对象类型）卷展栏里选择【Teapot】（茶壶）。在视图中创建一个茶壶，作为照明的对象。同时创建一个长方体，铺满整个透视图，作为茶壶的背景。

❸ 在【Create】（创建）命令面板上，按下【Lights】（灯光）按钮，在【Object Type】（对象类型）卷展栏里选择【Free Spot】（自由聚光灯）。在茶壶上方创建一个自由聚光灯源。

❹ 利用旋转、移动工具调整其位置，如图 10-3 所示。渲染效果如图 10-4 所示。

❺ 选中聚光灯，在修改面板中的【General Parameters】（常规参数）卷展栏中，【Shadows】（阴影）区中勾选【On】（启用）选项。开启阴影的效果如图 10-5 所示。

❻ 在场景中选择聚光灯，在修改面板中的【Spotlight Parameters】（聚光灯参数）

卷展栏中，修改【Hotspot/Beam】（聚光区/光束）及【Falloff Field】（衰减区/区域）角度数值。随时渲染，可以发现随着聚光区和散光区大小的变化，茶壶的阴影大小也随之变化。

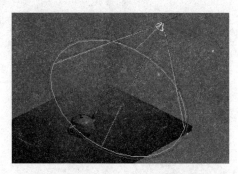

图 10-3　自由聚光灯与对象位置

图 10-4　渲染效果

图 10-5　开启阴影的效果

10.1.3　创建【Target Direct】（目标平行光灯）

平行光灯和聚光灯一样也分为【Target Direct】（目标平行光灯）与【Free Direct】（自由平行光灯）。平行光灯只在一个方向上传播，这是平行光灯的一个重要特征。平行光灯另外一个不同于其他光源的特征是它的光源不是一个球体或者点，而是一个平面或者表面。

在 3ds Max 中，平行光灯一定程度上是传统的平行灯和聚光灯的混合。平行光灯和聚光灯一样也有聚光区和散光区，这些可用来控制在场景中计算阴影的范围以及散光区的范围。当聚光区被最小化时，平行光灯一样可以投射柔和的区域光。

下面举例介绍其创建方法。

❶ 单击【File】（文件）菜单中的【Reset】（重置）命令，重新设置系统。

❷ 进入【Create】（创建）命令面板，按下【Geometry】（几何体）按钮，在【Object Type】（对象类型）卷展栏里选择【Teapot】（茶壶）。在视图中创建一个茶壶，作为照明的对象。

❸ 单击工具栏上的【Select and Move】（选择并移动）按钮✛，按住 Shift 键的同时，在视图窗口用鼠标拖动茶壶，在弹出的对话框中输入 3 并选择【Instance】（实例）选项后，单击【OK】（确定）确认。这样就复制出 3 个相同的茶壶，结果如图 10-6 所示。

图 10-6　复制创建的对象

❹在【Create】（创建）命令面板上，按下【Lights】（灯光）按钮，在【Object Type】（对象类型）卷展栏里选择【Target Direct】（目标平行光）。

❺在茶壶左上方创建一个目标平行光灯。第一次单击鼠标，定义目标平行灯光的光源地点，拖动鼠标到目标物体上，松开鼠标左键，这样目标平行灯光就创建好了，如图 10-7 所示。

❻目标平行灯光的示意图是一个圆柱体形状，因它的照明范围不够同时照到 4 个茶壶，因此只有两个茶壶被照亮了，其他在平行光圆柱体之外的茶壶并没有被照亮。

❼在场景中选择目标平行光灯，进入【Modify】（修改）控制面板，鼠标单击展开【Directional Parameters】（平行光参数）卷展栏，在【Light Cone】（光锥）面板中，选择【Overshoot】（泛光化）选项。使光线从整个发光平面发射出来，从而使全部的茶壶都被照射到，如图 10-8 所示。

❽观察图 10-8 会发现，4 个茶壶被平行光灯照射之后每个球体上的光线亮度分布都是相同的，这充分说明了在平行光灯的照射下，光线始终保持着相同的比例，不会随距离在宽度和高度上变化。

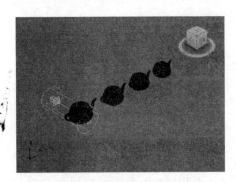
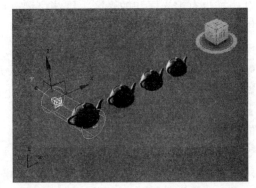

图 10-7　创建目标平行光灯　　　图 10-8　选择【Overshoot】（泛光化）选项之后的效果

10.1.4 创建【Omni】（泛光灯）

泛光灯是指按 360°球面向外照射的一个点光源。它是 3ds Max 场景中用得最多的灯光之一。泛光灯照亮所有面向它的对象，但是它不能控制光束的大小，即不能将光束只照在一点上。它通常是作为辅光使用。创建一个泛光灯是非常简单的，下面举例介绍。

❶ 还是利用上面创建好的 4 个茶壶，选中上例中创建好的目标平行光灯，按 Delete（删除）键将其删除。

❷ 在【Create】（创建）命令面板上，按下【Lights】（灯光）按钮，在【Object Type】（对象类型）卷展栏里选择【Omni】（泛光灯）。

❸ 在前视图中第一个茶壶左上方单击鼠标，就创建了一个泛光灯。

❹ 泛光灯的位置可以通过移动工具来调整。为了便于说明问题，把泛光灯大致移动到 4 个茶壶中心的连线上，并且放置在第一个茶壶附近，如图 10-9 所示。

图 10-9　创建泛光灯

❺ 在透视图中观察茶壶被泛光灯照明情况。可以看到，泛光灯的灯光是从中心发散到四周的，因而它扩散传播，这就意味着光线将随距离在宽度和高度上变化。在离光源比较近的地方，泛光灯作为点光源的效果就越明显。在离光源比较远的地方，则光线已经接近于平行光线。

❻ 与上例中图 10-8 对比可知，相同的 4 个茶壶在泛光灯的照射下与在平行光照射下的效果是大不相同的。在平行光照射下，被照亮的茶壶区域是一样的。

10.2　光源的控制

上节中介绍了几种常见光源的创建，在实际工作中，往往需要对灯光的各种参数进行设置，从而创造出精美的作品。所以，在这一节中将介绍光源的控制。

在布光设置中聚光灯往往是主角，无论是室内还是室外配光，主调的效果都由聚光灯决定，再使用泛光灯作为补充。因此，聚光灯在灯光配置中的重要性是不言而喻的。下面我们就以目标聚光灯为例来说明对光源的控制。首先创建一个目标聚光灯，选择它进入【Modify】（修改）控制面板。目标聚光灯参数的控制面板如图 10-10 所示。

在目标聚光灯控制面板中有 7 个卷展栏，它们依次是【General Parameters】（常规参数)卷展栏、【Density/Color/Attenuation】(强度 / 颜色 / 衰减)卷展栏、【Spotlight Parameters】（聚光灯参数）卷展栏、【Advanced Effects】（高级效果）卷展栏、【Shadow Parameters】（阴影参数）卷展栏、【Shadow Map Params】（阴影贴图参数）卷展栏和【Atmospheres & Effects】（大气和效果）。这 7 个参数控制着聚光灯的不同方面的性质。

📖 10.2.1 常规参数卷展栏

单击常规参数卷展栏旁边的加号，即可展开常规参数卷展栏，如图 10-11 所示。

图 10-10　目标聚光灯参数的控制面板

图 10-11　常规参数卷展栏

01 参数简介

- ✧ 【On】（启用）：这是灯光的开关，当选中该复选框时，在场景中的光线对场景中的对象产生作用。当【On】（启用）开关被关闭时，灯光仍然保留在场景之中，但是灯光将不再对场景中对象产生任何影响。

- ✧ 【Target】（目标）：这实际是指【Target Distance】（目标距离），其后面显示的是从聚光灯到对象的距离。这是一个只读的属性，要调节该距离，只能通过在视图窗口中移动聚光灯，而不能直接修改该值。

- ✧ 【Shadows On】（阴影启用）：用于显示或者消除阴影。

- ✧ 【Use Global】（使用全局设置）：这个选项常被用来操作要使用相同设置的

灯光，比如设置一排街灯。

❖ 【Shadow Map】（阴影贴图）：使用贴图方法计算阴影，而不是采用光线跟踪方法。该方法从灯光投影一幅贴图到场景中，并计算投射的阴影。使用阴影贴图方法时在【Shadow Map Params】（阴影贴图）面板中调节。

❖ 【Exclude】（排除）：在每创建一个灯光时，3ds Max 都默认为灯光对所有的对象有效。单击这个按钮之后可以将一个对象从光的影响中排除或者包含进来。

02 部分参数应用举例

❶单击【File】（文件)菜单中的【Reset】（重置）命令，重新设置系统。

❷在视图中创建一个长方体和一个圆柱体，并创建一个目标聚光灯用作照明。

❸选中目标聚光灯，进入修改命令面板的常规参数卷展栏，调试上面讲到的部分参数。

❹图 10-12 给出了是否勾选【Shadows On】（阴影启用）复选框的效果。

图 10-12　未勾选和勾选【Shadows On】（阴影启用）复选框的效果对比

❺单击"排除"按钮，弹出【Exclude/Include】（排除／包含）对话框，如图 10-13 所示。

❻在列表框中选择【Cylinder01】（圆柱 01），单击向右的箭头 ≫ 把对象移动到右边，单击【OK】（确定）按钮确认所做的设置。渲染透视图，如图 10-14 所示。结果发现排除聚光灯对圆柱体的影响之后聚光灯的光线不再照射到圆柱体上，圆柱体变成黑色的。

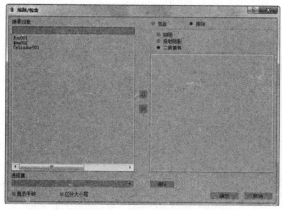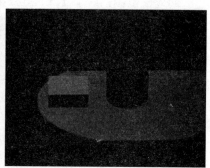

图 10-13　排除／包含对话框　　　　　　图 10-14　渲染透视图

10.2.2 强度／颜色／衰减卷展栏

01 参数简介（如图1-15所示）

✧ 【Multip】（倍增）：用来调节光源的光强，当【Multip】（倍增）的值为 1 时是正常的光强，当【Multip】（倍增）的值为 0 到 1 之间时会减少光的强度，当【Multip】（倍增）的值大于 1 时能够增加光强。【Multip】（倍增）的值也可以设置为负数值，这时将使光源的效果变得相反，光源不是"发射"光线，而是"吸收"光线，在光源作用的范围之内，场景中和光源颜色相同的光将被删去，而不是照亮场景。

✧ 颜色板：颜色板在【Multip】（倍增）右侧，这个颜色板决定了光的颜色和强度。单击这个颜色板，可以改变光的 RGB 值和 HSV 值。

✧ 【Decay】（衰退）：为模拟的真实灯光进行衰减设置。

✧ 【None】（无）：不使用自然衰减，灯光的衰减设置完全由【Attenuation】（衰减）中的【Near】（近距衰减）和【Far】（远距衰减）中的属性来控制。

✧ 【Inverse】（反比）：使灯光的强度与距离成反比关系变化。

✧ 【Inverse Square】（平方反比）：灯光强度与灯光的距离平方成反比关系，这是真实世界的灯光衰减方式。比较看来，采用反比衰减要自然得多，而采用平方反比衰减使灯光过于局限化，所以通常都采用反比衰减方式。

✧ 【Use】（使用）：表明被选择的灯光是否使用它被指定的范围，如果该复选项被选择，灯光周围的圆圈表明了灯光的【Start】（开始）和【End】（结束）范围区域。

✧ 【Show】（显示）：表明灯光【Start】（开始）和【End】（结束）范围区域的圆圈在灯光没有被使用时是不可见的，选择了【Show】（显示）选项，则表示灯光【Start】（开始）和【End】（结束）范围区域的圆圈在没有被使用时也可以看到。

✧ 【Start】（开始）：对于【Near Attenuation】（近距衰减），定义不发生衰减的内圈范围，对于【Far Attenuation】（远距衰减），定义开始发生衰减的内圈范围。

✧ 【End】（结束）：对于【Near Attenuation】（近距衰减），定义不发生衰减的外圈范围，对于【Far Attenuation】（远距衰减），定义发生衰减的外圈范围，在【Star】（开始）和【End】（结束）范围内灯光强度按线性变化。

02 参数应用举例

❶还是利用上面例子中的对象与聚光灯。

❷选中目标聚光灯，进入修改命令面板的强度／颜色／衰减卷展栏，调试上面讲到的部分参数。

❸单击卷展栏下的颜色块，在弹出的颜色对话框里将颜色调成绿色，关闭对话框。

❹渲染透视图，如图 10-16 所示。结果发现聚光灯发出的颜色为绿色。

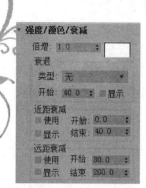

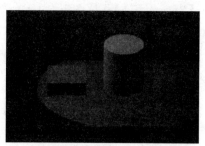

图 10-15　强度 / 颜色 / 衰减卷展栏　　　图 10-16　将聚光灯颜色调为绿色后的渲染图

❺分别设【Multip】（倍增）栏的值为 2 和 3，渲染透视图，观察光照效果的变化，如图 10-17 所示。

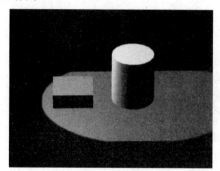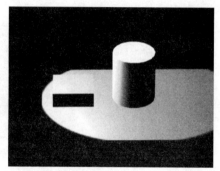

图 10-17　【Multip】（倍增）栏的值为 2 和 3 的效果

10.2.3　聚光灯参数卷展栏

01 参数简介（如图10-18所示）

❖　【Overshoot】（泛光化）：当选择【Overshoot】（泛光化）选项时，光线能够照亮所有的方向，但是只有在锥形框中投影的对象才有阴影，在锥形框之外的对象虽然能被光线照射到，但是在对象背后没有阴影。

❖　【Hotspot】（光锥）：这是以角度表示的一个值，它以光源为顶点，形成一个张角为【Hotspot】（光锥）的圆锥体，在该圆锥体区域包含范围内的光线具有最大的光强。【Hotspot】（光锥）的值要比下面提到的【Falloff】（衰减）的值要小。

❖　【Falloff】（衰减）：这也是一个角度表示的值，它是围绕光源的假想球体的一部分。聚光灯发射出来的光线在【Hotspot】（光锥）控制的区域内光强最大，【Falloff】（衰减）控制区域在【Hotpot】（光锥）控制的区域的外围，光强在【Falloff】（衰减）控制区域内由最强逐步衰减到 0，因此当【Falloff】（衰减）的值远远大于【Hotpot】（光锥）的值时，光线有一个比较柔和的边缘。

❖　【Circ/Rectang】（圆/矩形）：设置光线锥体的形状，一般使用【Circ】（圆）形状，有时也可以选择【Rectang】（矩形）形状。

❖　【Pect】（纵横比）：当光线锥体选择矩形锥体投影方式时，此选项可以调节。

调节这个值改变的是矩形的长宽比。

❖ 【Bitmap Fit】（位图拟合）：当选择【Rectangle】（矩形）形状时，单击【Bitmap Fit】（位图拟合）并选择一张位图图片。这时矩形的长宽比率将自动匹配这个选择的位图，注意选择的这张位图并不是投影贴图。

02 参数应用举例

❶ 单击工具栏中的撤销按钮，退回到 10.2.1 中描述的状态。还是利用上面例子中的对象与聚光灯。

❷ 选中目标聚光灯，进入修改命令面板的聚光灯参数卷展栏，调试上面讲到的部分参数。

❸ 勾选参数面板中的【Overshoot】（泛光化）复选框，对比透视图。发现物体比未勾选时亮了很多，如图 10-19 所示。

图 10-18　聚光灯参数卷展栏

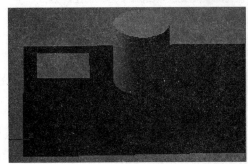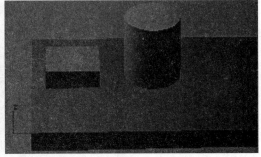

图 10-19　未勾选和勾选泛光化复选框时的透视图

❹ 勾选参数面板中的【Rectangle】（矩形）复选框，渲染透视图，观察效果。发现聚光灯的照射范围变成了长方形，如图 10-20 所示。

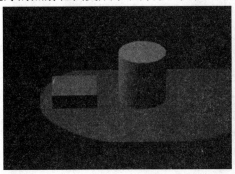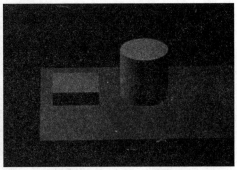

图 10-20　圆形和矩形光线锥体形状

10.2.4 高级效果参数卷展栏

01 参数简介（如图1-21所示）

✧ 【Contrast】（对比度）：这个值可以在0～100之间变化，它用于调节光在最强和最弱的区域之间的对比度。一般当光垂直地照射到物体的表面时，该表面是明亮的；若表面发生偏转，则光变成倾斜的照射，接受到较弱的光。【Contrast】（对比度）的值越大，得到的光越强越刺眼，【Contrast】（对比度）的值越小，则光线越弱越柔和。

✧ 【Soften Diffuse】（柔化漫反射边）：这也是一个可以在0～100之间变化的属性值，它影响的是散射光和环境光之间的光线柔和度。此值越高则散射光和环境光之间的过渡越柔和，此值如果过低可能使散射光和环境光之间的过渡显得生硬。增加这个值可以轻微地减少整个光线的亮度，不过一般影响并不是很大。

✧ 【Diffuse】（漫反射）：在选择【Diffuse】（漫反射）选项时，散射光照射区域受到灯光效果的影响，而高亮区域并不受到灯光的影响。显然我们设置灯光时一般都希望散射光照射区域要受到灯光效果的影响，因此在默认情况下这个选项是被选择的。

✧ 【Specular】（高光反射）：在选择【Specular】（高光反射）选项时，高亮区域受到灯光效果的影响。在默认情况下，这个选项是被选择的，我们可以根据需要决定是否选择该选项。

✧ 【Ambient】（仅环境光）：在选择【Ambient】（仅环境光）选项时，阴影区域受到灯光效果的影响。在默认情况下这个选项是不被选择的，我们可以根据需要决定是否选择选项。

✧ 【Map】（贴图）：贴图的开关，只有打开这个开关，才能进行投影贴图。

图 10-21 高级特效参数卷展栏

02 部分参数应用举例

❶单击工具栏中的撤销按钮，退回到 10.2.1 中描述的状态。还是利用上面例子中的对象与聚光灯。

❷选中目标聚光灯，进入修改命令面板的高级特效参数卷展栏，调试上面讲到的部分参数。

❸分别调整【Contrast】（对比度）值为 20 和 80 时，渲染透视图，观察两者效果

的对比，如图 10-22 所示。

图 10-22　对比度值分别为 20 和 80 时的效果对比

❹选择【Map】（贴图）复选框，鼠标单击【Map】（贴图）后面的【None】（无）按钮，选择【Bitmap】（位图）方式，在硬盘中选择一张花朵图片（电子资料包中的贴图/FLOWER3.tga），这张图片就被投影在对象上，效果就像在太阳的照射下花的投影，如图 10-23 所示。

限于篇幅，读者可自行练习其他参数的应用。

图 10-23　投影贴图后的效果

10.2.5　阴影参数卷展栏

01 参数简介（参见图1-24）

【Map】（贴图）：设置阴影图片，使对象的阴影部分被图片所代替。

02 参数应用举例

❶单击工具栏中的撤销按钮，退回到 10.2.1 中的状态。还是利用上面例子中的对象与聚光灯。

❷选中目标聚光灯，进入修改命令面板的高级特效参数卷展栏，调试上面讲到的部分参数。

❸进入常规参数卷展栏，勾选【Shadows On】（阴影启用）复选框。

❹进入阴影参数卷展栏，选择【Map】（贴图）复选框，鼠标单击【Map】（贴图）后面的【None】（无）按钮，选择【Bitmap】（位图）方式，在硬盘中任意选择一张图片，这张图片就覆盖了对象的阴影部分。渲染视图，观察阴影贴图的效果，如图 10-25 所

示。

图 10-24 阴影参数卷展栏　　　　　图 10-25 阴影贴图后的效果

❺与上一小节中讲到的投影贴图做对比可知，前者是将贴图投影在对象上，后者是将对象的阴影部分用贴图代替，而对象上面没有图片。两者截然不同，初学者需注意。

限于篇幅，读者可自行练习其他参数的应用。

📖10.2.6　阴影贴图参数卷展栏

01 参数简介（如图1-26所示）

✧　【Bias】（偏移）：设置投影的偏移，这项功能用于使阴影产生一点偏向或者偏离对象的位移。该功能在当投影对象的设置是相对于接受阴影的对象时应该特别注意，例如桌子上的花瓶设置。设置低的【Bias】（偏移）值使阴影靠近投下阴影的对象，设置高的【Bias】（偏移）值使得阴影远离对象物体。

✧　【Size】（大小）：用阴影贴图方法计算出的投影尺寸大小，如果阴影不够明显，可以考虑增加【Size】（大小）的值提高阴影的效果。需要注意的是，提高【Size】（大小）的值同时也会增加渲染的时间。

✧　【Sample Range】（采样范围）：该值决定着阴影范围采样的次数，采样的次数越少，则产生的阴影越柔和，采样的次数越多，则阴影越尖锐。增加采样的次数，则计算机运算次数会相应增加，因而渲染的时间也会变长。

✧　【Absolute Map Bias】（绝对贴图偏移）：用于动画制作的参数，在动画渲染过程中，由于在每一帧中都要重复计算贴图偏移，使得阴影边有时模糊，选择这个选项能够把它变成贴图偏移的静态计算，这样在动画渲染过程中将不会出现模糊的情况。

02 参数应用举例

❶利用上面 10.2.5 节中做好的例子。

❷选中目标聚光灯，进入修改命令面板的阴影贴图参数卷展栏，调试上面讲到的部分参数。

❸将【Bias】（偏移）的值分别设置为 10 和 55，渲染透视图，观察阴影贴图的位移变化，如图 10-27 所示。

❹将【Bias】(偏移)的值设为 0,再分别将【Size】(大小)值设为 100 和 1000,观察阴影贴图区的效果对比,如图 10-28 所示。

图 10-26　阴影贴图参数卷展栏　　　　　　图 10-27　偏移值分别为 10 和 55 时的投影效果

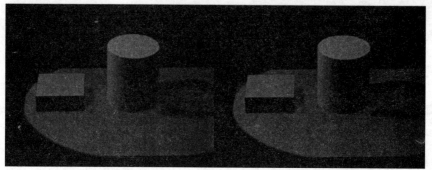

图 10-28　【Size】(大小)值分别为 100 和 1000 时的效果对比

10.2.7　大气和效果卷展栏

　　在默认情况下,灯光只会在场景中产生效果,并不会在渲染效果中看到灯光光源。有时我们需要在场景中看到灯光,这就需要用到灯光的特殊效果。灯光的特殊效果在【Atmospheres & Effects】(大气和效果)卷展栏中设置,如图 10-29 所示。

图 10-29　大气和效果卷展栏

10.3　灯光特效

　　利用灯光可以制作出令人惊叹的特殊效果,下面就以泛光灯模拟太阳的例子来介绍。

　　❶创建一个长方体,再创建一个泛光灯,用来模拟太阳的效果,如图 10-30 所示。

　　❷选择泛光灯,进入【Modify】(修改)控制面板,在控制面板下方展开【Atmospheres & Effects】(大气和效果)卷展栏。

　　❸单击【Atmospheres & Effects】(大气和效果)卷展栏的【Add】(添加)按钮,在出现的【Add Atmospheres or Effects】(添加大气或效果)对话框中有两个选项,选择【Lens Effects】(镜头效果)选项,单击【OK】(确定)确认,如图 10-31 所示。

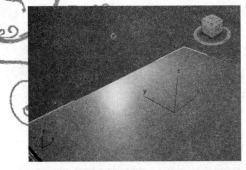
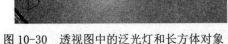

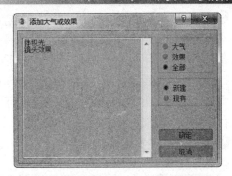

图 10-30　透视图中的泛光灯和长方体对象　　　　图 10-31　添加大气或效果对话框

❹这时【Lens Effects】（镜头效果）出现在【Atmospheres & Effects】（大气和效果）卷展栏的列表框中，在列表框中选择【Lens Effects】（镜头效果），然后单击【Setup】（设置）按钮，对【Lens Effects】（镜头效果）进行设置。

❺这时在出现的【Enviroment and Effects】（环境和效果）对话框中可以调节灯光的特效，如图 10-32 所示。展开【Lens Effects Parameters】（镜头效果参数）卷展栏，其下有左右两个列表栏。左边的列表栏是指灯光所具有的所有特效，选择某种特效，再单击向右箭头按钮 把该特效移动到右边的列表框内，则该特效在渲染时就能够显示出来。本例选择【Glow】（光晕）。

❻进入【Effects】（效果）卷展栏，单击【Update Effect】（更新效果）按钮，渲染透视图，可以看到，泛光灯有了光晕特效，如图 10-33 所示。

图 10-32　【Enviroment and Effects】（环境和效果）对话框　　图 10-33　添加光晕特效后的泛光灯

❼往下拖动卷展栏，单击【Lens Effects Globals】（镜头效果全局）卷展栏将其展开。在这里可以设置灯光效果的影响范围等粗略的调节，如图 10-34 所示。

❽将【Size】（大小）值设为 200，【Intensity】（强度）值也设为 200，再次渲染透视图，观察灯光效果的变化，如图 10-35 所示。

图 10-34　【Lens Effects Globals】（镜头效果全局）卷展栏　　图 10-35　调正参数后的泛光灯效果

❾单击【Save】（保存）按钮可以保存当前的灯光特效的设置，文件格式为.lzv。
单击【Load】（加载）按钮可以导出以前保存的灯光特效设置。在安装 3D Studio VIZ
时自带有 4 种常用的灯光设置，它们分别是【DefaultFlare.lzv】（默认灯光设置）、
【Rays.lzv】（射线设置）、【Spotlight.lzv】（聚光灯设置）和【Sun.lzv】（太阳光设
置）。如果不是特殊精细的灯光特效设置可以直接【Load】（加载）默认的灯光设置，然
后进行一定的修改。

❿用泛光灯模拟太阳效果完毕。

10.4 摄像机的使用

10.4.1 摄像机的类型

3ds Max 2020 提供了三种摄像机：【Physical】（物理）摄像机、【Target】（目标）
摄像机和【Free】（自由）摄像机，如 10-36 所示。三种摄像机的形态如图 10-37 所示。

图 10-36　三种类型的摄像机

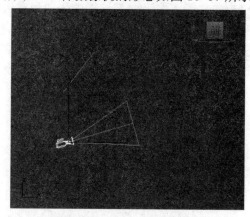

图 10-37　三种摄像机的形态

✧ 【Lens】（镜头）：焦距的大小会影响视图中场景的大小和物体数量的多少。焦
距小，取得较大的场景数据；焦距大，取得较小的场景数据但会得到更多的场
景细节。焦距的单位是 mm（毫米），50mm 焦距的镜头所产生的视图类似于眼睛
所看到的视图；焦距小于 50mm 的镜头称为广角镜头，因为它显示出场景的广角
视图；焦距大于 50mm 的镜头称为长焦镜头，它产生像望远镜一样的视图效果。

✧ 【Field of View（FOV）】（视野）：FOV 控制摄影机可见视角的大小，决定多
少景物是可见的，它与焦距的大小有相当密切的关系。在它的左侧，有一个按
钮：↔，它是一个复选按钮，按下它，会弹出所有的三个按钮：↕、↔、⤢。
它们分别表示垂直、水平和斜向三个方向。选择其中的一个按钮，调整 FOV 值，
表示调整的是该方向上的视角。例如，选中↔按钮，将 FOV 值调大，表示将水
平方向上的摄像机视角增大。

✧ 【Stock Lenses】（备用镜头）：提供了一些标准的镜头库，分别是 15mm、20mm、
24mm、28mm、35mm、50mm、85mm、135mm、200mm。单击相应的按钮，【Lens

（镜头）和【FOV】（视野）值自动更新。

◇ 【Orthographic 】（正交投影）：选中该命令，将把摄像机视图转换为正视投影视图。在正视投影视图中，以正向投影的形式显示出造型体。

◇ 【Type】（类型）：该列表中有两个选项，【Target Cameras】（目标摄像机）和【Free Cameras】（自由摄像机）。当在视图区中选择了一个镜头后，该列表就会显示出它的类型。也可以在修改面板中选择另一个类型的镜头，强行将镜头修改为另一个类型的镜头。

◇ 【Environment Ranges】（环境范围）：该子面板下有两个命令：【Near Range】（近距范围）和【Far Range】（远距范围），它们分别表示环境的起始范围和终止范围。这两个参数用于设定制作的云、雾等环境效果的起始和终止范围。

◇ 【Clipping Planes】（剪切平面）：选中该命令，可以将视图剪切到离镜头一定的距离上。只有在选中了【Clip Manually】（手动剪切）命令以后，其面板下的设置才处于可用状态。【Near Range】（近距范围）和【Far Range】（远距范围）这两个选项分别用于设置剪切平板的起始位置和终止位置。

目标镜头由两个部分组成：【Camera.Target】（目标摄像机）和【Camera】（摄像点）。如果视图中有多个镜头，在【Camera】（摄像点）的后面还有 OX 的字样，X 是 1 到 9 的数字，表示不同的镜头。在视图区中创建了目标镜头后，造型体列表中就有了【Camera.Target】（目标摄像机）和【Camera】（摄像点）两个部分，可以分别选择这两个部分中的任意一个部分。

【Free Camera】（自由相机）只有相机点，没有特定的目标点。在调整时可对相机点直接操作。在制作相机漫游时常使用这种相机。

📖10.4.2　创建摄像机

创建摄像机是一个简单的过程，单击【Create】（创建）│【Camera】（摄像机）按钮，在【Object Type】（对象类型）中选择需要的摄像机类型，在任意视图中放置摄像机即可。下面举例介绍。

❶单击【File】(文件)菜单中的【Reset】（重置）命令，重新设置 3ds Max 的界面。

❷创建一个球体和一个锥体。创建三个泛光灯，并调整其位置。结果如图 10-38 所示。

❸单击【Creat】（创建）│【Cameras】（摄像机），单击【Target】（目标）创建一个目标摄像机。用选择工具选中，调整目标点和镜头点，分别调整其位置，使摄像机处在一个较好的位置。

❹单击【Creat】（创建）│【Cameras】（摄像机），单击【Free】（自由）创建一个自由摄像机，最后如图 10-39 所示。

❺选中透视图，单击 C 键切换到摄像机视图，弹出选择摄像机对话框，选择目标摄像机，渲染后效果如图 10-40 所示。

❻选中透视图，单击 C 键切换到摄像机视图，弹出选择摄像机对话框，选择自由摄像机，渲染后效果如图 10-41 所示。

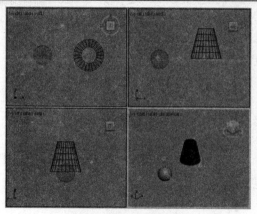

图 10-38　创建场景

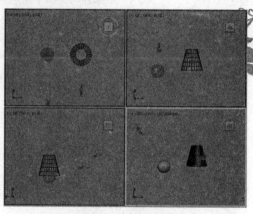

图 10-39　创建摄像机

图 10-40　目标摄像机视图

图 10-41　自由摄像机视图

📖10.4.3　设置摄像机

在摄像机控制面板的卷展栏中可以设置视野和焦距。

01 设置视野【FOV】（视野）

【FOV】（视野）定义了摄像机在场景中所看到的区域。FOV 参数的值是摄像机视锥的水平角。3ds Max 中 FOV 的定义与现实世界摄像机的 FOV 不同。3ds Max 定义摄像机视锥的左右边线所夹的角为 FOV 的值，而现实世界定义视锥的左下角和右上角边线所夹的角为 FOV 的值。如果想和现实世界中的相机相同，可以在 FOV 前面单击按钮↔，则会弹出三个选项↔、↕、↗。对以上几个选项的改变对相机的实际视图没有什么效果，仅仅是改变了测量的方法而已。

02 设置焦距

焦距描述镜头的尺寸，是指从镜头的中心到相机焦点的长度，以 mm 为单位。焦距参数越小，FOV 越宽，摄像机表现出离对象越远；焦距参数越大，FOV 越窄，摄像机表现出离对象越近。焦距小于 50mm 的镜头叫广角镜头，大于 50mm 的叫长焦镜头。上面的【Lens】（镜头）文本框就是设置镜头的焦距的。一般焦距都是以 mm 记。而下面的【Stock Lenses】

（备用镜头）则是系统自带的几个默认的镜头的焦距。下面是一组同一摄像机在相同位置用不同焦距拍下的图像，如图 10-42 所示。

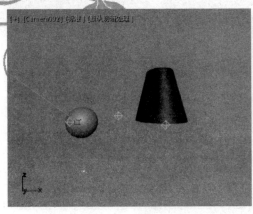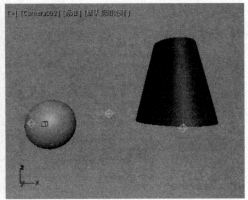

图 10-42　左边 15mm 镜头，右边 24mm 镜头

📖10.4.4　控制摄像机

01 视图控制

在设置了镜头视图后，就可以对其进行调整和修改了。通过视图区控制按钮来调整镜头视图。在激活了镜头视图区后，界面右下方的工具就变成了摄像机视图调整工具，如图 10-43 所示，可以利用这些工具，像调整透视图一样调整摄像机视图。

图 10-43　摄像机视图调整工具

02 安全框控制

激活摄像机视图，在其左上角"+"字样上单击右键，弹出对话框，选择【Cofigure】（配置视口）项，如图 10-44 所示。在弹出的对话框中选择【Safe Frames】（安全框）子菜单，选择【Show Safe Frames in Active View】（在活动视图中显示安全框）项，如图 10-45 所示。在摄像机视图中就会出现三个不同颜色的矩形框，如图 10-46 所示。

> 注意：安全框表明渲染时的最终图像是如何被剪裁的，这是一个非常重要的特性。

安全框由三个矩形框组成：【Live Area】（用户安全区）、【Action Safe】（动作安全区）和【Title Safe】（标题安全区）。

- ❖ 【Live Area】：（用户安全区）标出将被渲染的准确区域，与视图的尺寸和纵横比无关。
- ❖ 【Action Safe】（动作安全区）：表明对你的渲染操作来讲是安全的区域。
- ❖ 【Title Safe】（标题安全区）：表明对标题或其他信息来讲是安全的区域。安全框是成比例的。

图 10-44　右键菜单

图 10-45　视口配置对话框

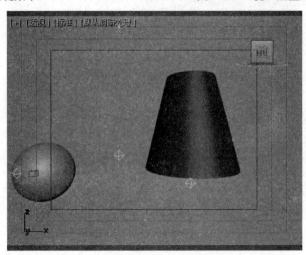

图 10-46　安全框实例

最外面一个浅黄色矩形框是【Live Area】（用户安全区）区域；中间的淡蓝色矩形框是【Action Safe】（动作安全区）区域；最里面的土黄色矩形框是【Title Safe】（标题安全区）区域。

打开【Viewport Configuration】（视口配置）对话框中的【Safe Frames】（安全框）子菜单，设置想显示的区域，并且减少【Action Safe】（动作安全区）和【Title Safe】（标题安全区）的百分比，这样会比较安全。

03 对齐摄像机

如何把摄像机和场景内的对象对齐或者是对齐摄像机呢？有两个功能可以实现：【Match Camera to View】（相机视图匹配）和【Align Camera】（对齐相机）。

❖　将摄像机和视图对齐的方法：选择要对齐的摄像机，激活要对齐的那个视图，并从【Views】（视图）菜单里选择【Create Physical Camera From View】（从视图创建物理摄像机）或【Create Standard Camera From View】（从视图创建标准摄像机）命令。需要注意的是这个视图必须是【Perspective】（透视图）

模式的，否则这个命令不可用。

◇ 对齐摄像机的方法：选择摄像机，单击工具栏中的 ▦ 按钮不放，在下拉条里选
择按钮 ▦。这时鼠标变成了摄像机的形状，然后在要对齐的物体的面上单击，
摄像机就和这个物体上所选取面的外法线对齐了，如图 10-47 所示，就是使摄
像机和球体的一个法线对齐的操作，鼠标变成了摄像机的样子。在球面上单击
一下鼠标，则摄像机就会同面的外法线对齐了，如图 10-48 所示。

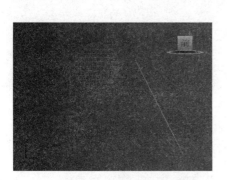 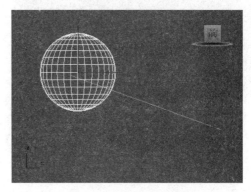

图 10-47　对齐前的位置　　　　　　　　图 10-48　对齐后的位置

10.4.5　移动摄像机

移动摄像机可以增强场景的真实感，移动摄像机的原则是流畅。平移摄像机是最一般
的摄像机移动。另外，转动、拖拉和缩放摄像机都可以被设为动画。当变换摄像机对象的
时候需要注意不要比例缩放，因为比例缩放后摄像机的基本参数显示的值与实际不符。

将目标移向摄像机，并不影响摄像机的视野。若想改变视野或切换镜头，可以改变
摄像机的 FOV 和 LENS 参数，或在摄像机视图中使用 FOV 按钮。摄像机的移动就像是观察
者是摄像机，而摄像机目标是观察者所注视的地方。因此，摄像机或目标的最轻微的移
动都是很明显的。如想模拟急刹车时，快速或突然地移动摄像机将取得很好的效果。但
如果要在房间里这样做，效果就会很差。下面介绍使用路径控制器为摄像机创建路径来
移动摄像机。

❶创建一个简单的场景，如图 10-49 所示。

❷在【Create】（创建）命令面板，单击【Shapes】（图形），再单击【Line】（线），
画出摄像机移动的大致路径。也可以用【NUBRS curves】（NUBRS 曲线）命令生成平滑曲
线作为路径。

❸进入【Modify】（修改）面板下单击【Edit Spline】（编辑样条线）编辑器，确
定【Sub-object】（子对象）中选择的是【Vertex】（顶点）。用右键单击每一个节点，选
择【Bezier】（贝塞尔），按自己的要求调整手柄。摄像机路径曲线如图 10-50 所示。

❹创建并选中目标摄像机。单击命令面板中【Motion】（运动）选项卡下的
【Parameters】（参数）。

❺打开【Assign Controller】（指定控制器）卷展栏，选中【Position】（位置），
单击【Assign Controller】（指定控制器）（摄像机）✅ 按钮，如图 10-51 所示。

❻在出现的对话框中选中【Path Constraint】（路径约束），单击【OK】（确定），如图

10-52 所示。向下拉动参数区卷展栏，出现如图 10-53 所示的对话框，单击【Add Path】（添加路径），再用左键单击路径曲线，此时摄像机就链接在路径曲线上了，如图 10-54 所示。

图 10-49　创建好的场景

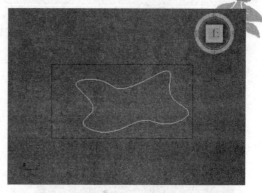

图 10-50　绘制好的摄像机路径曲线

❼使用快捷键 C，将视图变为【Camera】视图。

❽单击【Play Animation】（播放动画）按钮可以在摄像机视图中看到动画。

图 10-51　指定控制器卷展栏

图 10-52　指定位置控制器对话框

图 10-53　添加路径对话框图

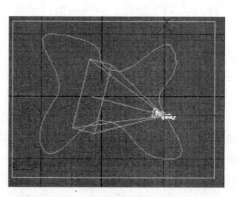

图 10-54　摄像机被链接在路径曲线上

10.5　实战训练——吸顶灯

前几节学习了灯光和摄像机相关知识，本节通过吸顶灯建模实例介绍如何灵活应用灯光和摄像机命令创建逼真的三维模型。

10.5.1　顶灯模型的制作

❶ 单击【File】(文件)菜单中的【Reset】(重置)命令，重置系统。

❷进入【Create】(创建)命令面板，按下【Geometry】(几何体)按钮，在下拉列表中选择【Standrand Primitives】(标准基本体)。

❸单击【Box】(长方体)按钮，创建一个长方体，作为屋子的顶部。

❹在长方体的中心建立一个半球，作为顶灯的模型，然后在半球的底部建立三个圆环，作为顶灯的灯座，结果如图 10-55 所示。

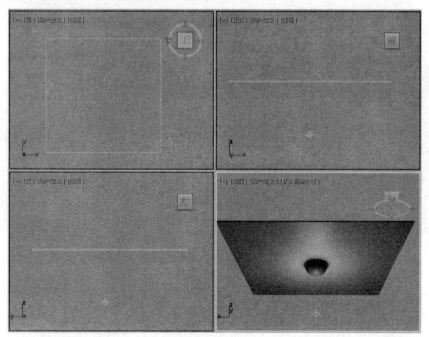

图 10-55　顶灯的底座

❺激活左视图，在顶灯底下创建一架目标摄像机，激活透视图，按 C 键将视图切换成摄像机视图。利用移动旋转工具，调整摄像机到合适位置，如图 10-56 所示。

❻激活顶视图，在顶灯的中心创建一盏泛光灯。并利用移动工具，调整到合适位置。使顶灯附近出现光照的效果，如图 10-57 所示。

10.5.2　顶灯材质的制作

❶ 选中半球，打开材质编辑器，选择第一个材质球。按照图 10-58 所示的参数将材质调为自发光材质。

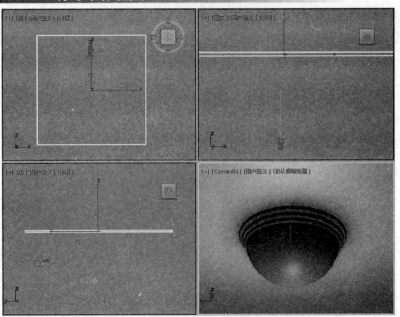

图 10-56　调整摄像机

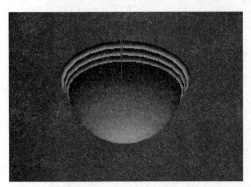

图 10-57　加入泛光灯的效果

图 10-58　顶灯材质调整参数

❷单击 按钮将材质赋予对象，效果如图 10-59 所示。

❸选中圆管，打开材质编辑器，选择第二个材质球。按照图 10-60 所示的参数将材质调为铜管材质。

❹单击 按钮将材质赋予对象。渲染摄像机视图，效果如图 10-61 所示。

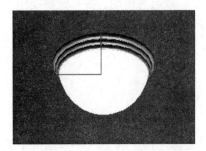

图 10-59　赋予材质后的顶灯

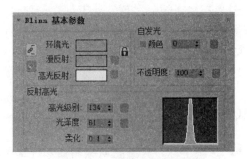

图 10-60　灯座材质调整参数

图 10-61 赋完材质和灯光的顶灯渲染图

10.6 课后习题

1. 填空题

（1）灯光的类型有_____种，包括_____、_____、_____、_____等。

（2）3ds Max 默认的光源为_____。

（3）摄像机有_____、_____和_____三类。

（4）目标摄像机由_____和_____两个部分组成。

2. 问答题

（1）哪些灯光不能控制照射范围？

（2）三角形照明的光源是什么？它们是如何放置的？

（3）3ds Max 2020 中各种类型的摄像机分别在什么情况下使用？

（4）安全框有几种，分别代表什么意思？

3. 操作题

（1）模拟自然光的照明效果。

（2）创建一个泛光灯，改变它的不同参数以体验其效果。

（3）在视图中创建简单对象和目标聚光灯，在目标灯参数面板中改变其参数，观察场景效果。

（4）创建一个简单的场景，放置自由摄像机和目标摄像机，切换摄像机视图。

第11章　空间变形和粒子系统

教学目标

　　3ds Max 2020 的强大功能之一就在于它能模拟现实生活中类似爆炸的冲击效果和海水的涟漪效果等空间变形现象。加上 3ds Max 2020 的粒子系统，使得 3ds Max 2020 在模仿自然现象、物理现象及空间扭曲上更具优势。用户可以利用这些功能来制作烟云、火花、爆炸、暴风雪或者喷泉等效果。3ds Max 2020 中提供了众多的空间扭曲系统和粒子系统。其中粒子系统包括：【Spray】（飞沫）、【Snow】（雪）、【Blizzard】（暴风雪）、【PArray】（粒子阵列）、【Pcloud】（粒子云）、【Super Spray】（超级喷射）和【PF Source】（粒子流源）。每一种粒子系统都有一些相似的参数，但也存在差异。

教学重点与难点

- ➢ 空间扭曲系统
- ➢ Spray 粒子系统
- ➢ Snow 粒子系统

11.1　空间变形

　　在 3ds Max 2020 中有一类特殊的力场，叫做 Space Warps(空间扭曲)，施加了这类力场作用后的场景，可用来模拟自然界的各种动力效果，使物体的运动规律与现实更加贴近，产生诸如重力、风力、爆发力、干扰力等作用效果。

11.1.1　初识空间变形

　　❶单击【File】(文件)菜单中的【Reset】（重置）命令，重新设置系统。

　　❷进入【Create】（创建）命令面板，按下【Space Warp】（空间扭曲）按钮，在下拉列表中选择【Geometric/Deformable】（几何/可变形）类型，展开【Object Type】（对象类型）卷展栏，此时可以看到 7 种类型的空间变形按钮，如图 11-1 所示。

　　❸用鼠标单击任何一个空间变形按钮，这里选择【Wave】（波浪），在顶视图中拉出一个矩形框，同时在透视图中观察生成的波浪变形体，如图 11-2 所示。

　　❹建立空间变形之后，它本身并不会改变任何对象。只有将对象连接到该空间变形后，空间变形才会影响对象，所以还必须建立一个对象实体。在透视图中创建一个长方体，并设长和宽的段数均为 10，如图 11-3 所示。

　　❺单击主工具栏上的【Bind to Space Wrap】（绑定到空间扭曲）按钮。然后在场景中单击长方体，使其变成高亮显示。按住鼠标左键不动，拖动鼠标到波浪空间变形对

象上。释放鼠标，可以看到空间变形体在瞬间变成高亮显示，然后恢复原状。表示长方体已经被连接到空间变形体上了。

❻观察透视图，长方体已经受到空间变形物体的影响，如图 11-4 所示。要注意，如果连接上了但长方体没发生变形，很可能是长和宽的段数没设好，段数越多变形越精细。

图 11-1　空间变形创建面板

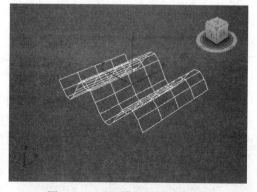

图 11-2　透视图中的波浪变形体

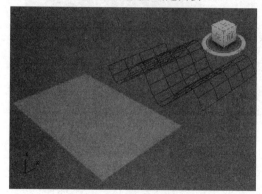

图 11-3　对象和变形体

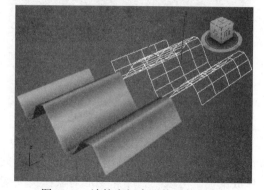

图 11-4　连接空间变形体后的长方体

❼一旦建立空间变形体，右侧的参数面板里就有了相关参数，如图 11-5 所示。

❽这些参数的意义跟前面讲到的涟漪修改器中的参数相似，这里就不再赘述。

❾改变这些参数，长方体变形也会跟着发生变化。比如，修改【Wave Length】（波长）值为 60，此时透视图中长方体的形状如图 11-6 所示。

图 11-5　波浪变形体参数面板

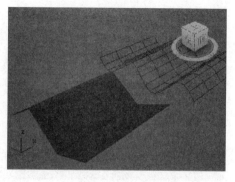

图 11-6　改变波浪变形体参数后的长方体

📖11.1.2　【Bomb】（爆炸）变形

　　【Bomb】（爆炸）变形可以用来模拟物体爆炸的情形，下面举例介绍。

　　❶单击【File】菜单中的【Reset】（重置）命令，重新设置系统。

　　❷进入【Create】（创建）命令面板，按下【Space Warp】（空间扭曲）按钮，在下拉列表中选择【Geometric/Deformable】（几何/可变形）类型，展开【Object Type】（对象类型）卷展栏。

　　❸用鼠标单击【Bomb】（爆炸），在透视图中单击鼠标左键，即可创建好一个爆炸体，如图11-7所示。

　　❹进入【Create】（创建）命令面板，按下【Geometry】（几何体）按钮，展开【Object Type】（对象类型）卷展栏，在透视图中创建一个球体作为爆炸对象，如图11-8所示。

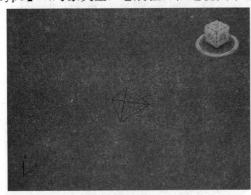
图11-7　创建爆炸体

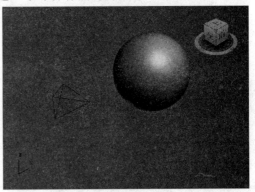
图11-8　创建爆炸对象

　　❺单击主工具栏上的【Bind to Space Wrap】（绑定到空间扭曲）按钮。然后在场景中单击球体，使其变成高亮显示。按住鼠标左键不动，拖动鼠标到爆炸变形对象上。释放鼠标，可以看到爆炸变形对象在瞬间变成高亮显示，然后恢复原状。表示球体已经被连接到爆炸变形对象上了。

　　❻观察透视图，发现球体并没有爆炸，这是因为爆炸是一个过程。拖动时间滑块到第10帧，就可以看见爆炸的初步效果，如图11-9所示。

　　❼上面的爆炸效果不是很理想，这与爆炸变形体的参数设置有关。选中爆炸变形体，进入修改命令面板。爆炸变形体的参数面板如图11-10所示。

图11-9　第10帧的爆炸体

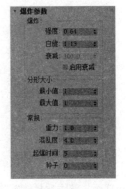
图11-10　爆炸变形体参数面板

❽修改【Chaos】（混乱度）参数为 2，再观察透视图，发现爆炸效果比原来好了许多，如图 11-11 所示。读者还可调试其他参数，这里就不再介绍。

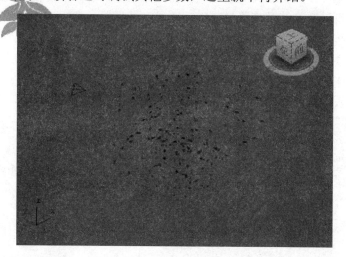

图 11-11　修改【Chaos】（混乱度）参数后的效果

11.1.3　【Ripple】（涟漪）变形

【Ripple】（涟漪）变形和前面讲到的修改器比较相似，但两者工作原理不同，前者是直接修改物体，后者是通过修改变形体而达到对物体的修改。下面举例介绍。

❶单击【File】（文件）菜单中的【Reset】（重置）命令，重新设置系统。

❷进入【Create】（创建）命令面板，按下【Geometry】（几何体）按钮，展开【Object Type】（对象类型）卷展栏，在透视图中创建一个长方体板状物，并设长和宽的段数均为 50，如图 11-12 所示。

❸进入【Create】（创建）命令面板，按下【Space Warp】（空间扭曲）按钮，在下拉列表中选择【Geometric/Deformable】（几何/可变形）类型，展开【Object Type】（对象类型）卷展栏。

❹单击【Ripple】（涟漪）按钮，在顶视图中拉出一个涟漪变形体，并调整位置，结果如图 11-13 所示。

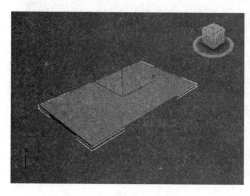

图 11-12　创建变形对象-海面

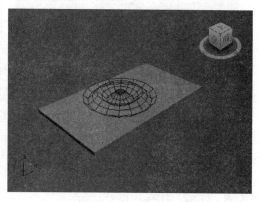

图 11-13　加入涟漪变形体

❺单击主工具栏上的【Bind to Space Wrap】（绑定到空间扭曲）按钮。然后在场景中单击板状物体，使其变成高亮显示。按住鼠标左键不动，拖动鼠标到涟漪变形对象上。释放鼠标，可以看到涟漪变形体在瞬间变成高亮显示，然后恢复原状。表示板状物体已经被连接到涟漪变形体上了。

❻观察透视图，发现板状体已经发生了涟漪变形。如图 11-14 所示。

❼上面的涟漪效果不是很理想，这与涟漪变形体的参数设置有关。选中涟漪变形体，进入修改命令面板。涟漪变形体的参数面板如图 11-15 所示。

图 11-14　产生涟漪变形的板状体　　　　　图 11-15　涟漪变形体的参数面板

❽修改【Wave Length】（波长）为 21，并调整振幅得到微波的效果。

❾激活左视图，在右上方设置一台目标摄像机，如图 11-16 所示。击活透视图，在键盘上按 C 键切换为摄像机视图，如图 11-17 所示。

❿选中板状体，单击主工具条上的【Material Editor】（材制编辑器）按钮▣进入材质编辑器。选择一个空白样本球框，设置参数如图 11-18 所示。

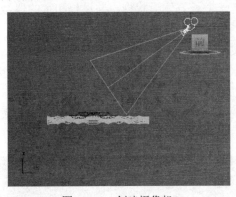

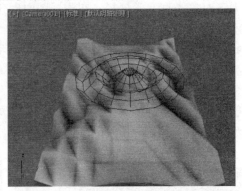

图 11-16　创建摄像机　　　　　　　　图 11-17　摄像机视图中的涟漪效果

⓫单击横向工具栏中的【Assign Material to Selection】（将材质指定给选定对象）按钮▣，然后单击【Show Map in Viewport】（视口中显示明暗处理材质）▣按钮。

⓬打开【Maps】（贴图）卷展栏，设置【Bump】（凹凸）贴图为【Noise】（噪波），设置【Reflection】（反射）贴图为【Bitmap】（位图），为海水选择一张蓝天白云的反射贴图（光盘中的贴图/SKY.JPG）。贴图后的海水效果如图 11-19 所示。

⓭单击主菜单栏上的【Rendering】（渲染）菜单，在子菜单里选择【Environment】（环境）选项，打开环境对话框。

⑭创建一个平面作为挡板，然后为其添加一张蓝天白云图片（光盘中的贴图/SE028.BMP）模拟天空。

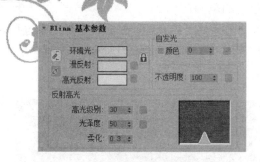

图 11-18　海水材质参数

图 11-19　赋予材质的海水效果

⑮快速渲染透视图，观察效果，如图 11-20 所示。

图 11-20　加入背景的海水效果

11.2　粒子系统

3ds Max 2020 中有 7 种粒子系统【Spray】（喷射）、【Snow】（雪）、【Blizzard】（暴风雪）、【PArray】（粒子阵列）、【Pcloud】（粒子云）、【Super Spray】（超级喷射）和【PF Source】（粒子流源）。每一种粒子系统都有一些相似的参数，但也存在差异。通过本章的学习，读者应做到触类旁通、举一反三。

11.2.1　初识粒子系统

❶单击【File】（文件）菜单中的【Reset】（重置）命令，重新设置系统。

❷进入【Create】（创建）命令面板，按下【Geometry】（几何体）按钮，在下拉列表中选择【Particle Systems】（粒子系统），展开【Object Type】（对象类型）卷展栏，此时可以看到 7 种粒子系统，如图 11-21 所示。

❸单击任何一个粒子系统，这里选择【Snow】（雪），在顶视图中拉出一个矩形框，作为雪花发生的范围，如图 11-22 所示。

❹起始位置称为发射源。在视图中发射源以非渲染模式表示。与平面垂直的直线段代表粒子喷射的方向。白色矩形框代表粒子喷射的范围。

❺在透视图中看不到任何雪花，这是因为动画帧处于第 0 帧。粒子喷射是一个过程，在第 0 帧喷射还没有发生。往后拖动时间块到第 50 帧，发现透视图中的矩形区域下有了纷飞雪花，如图 11-23 所示。

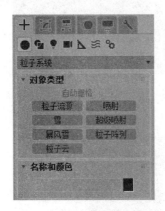

图 11-21　粒子系统创建面板

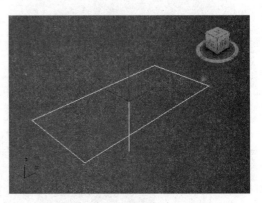

图 11-22　透视图中的雪花系统

❻观察右侧参数面板，发现面板里面多了刚创建的雪花系统的一些参数，如图 11-24 所示。

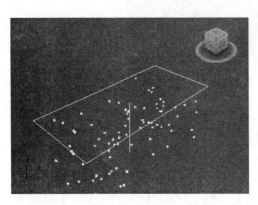

图 11-23　第 50 帧时的雪花系统

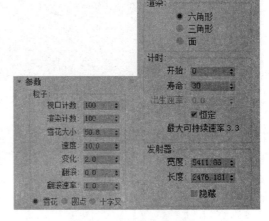

图 11-24　雪花参数面板

❼这些参数比较有代表性，下面简单介绍：

◇ 　【Viewport Count】（视口计数）：该值影响视窗中显示的粒子数。

◇ 　【Render Conut】（渲染计数）：只影响渲染的粒子数，而对视图中粒子的数目没有影响。渲染的粒子越多，动画的效果越佳，所以应在可能的情况下渲染更多的粒子。

◇ 　【Flake Size】（雪花大小）：用来确定粒子的大小。

◇ 　【Speed】（速度）：用来确定粒子的下落速度。速度的单位不同于日常生活中的速度。在这里单位速度是指一个粒子在 25 帧移动 10 个单位的距离。而初始值为 10，即在 25 帧的时间内移动了 100 个单位距离。

◇　【Variation】（变化）：默认值为 0，即创建一个均匀的粒子流，粒子的速度、方向完全相同。当值大于 0 时，粒子流的速度和方向发生随即的变化，也就是粒子的速度不完全一样，粒子的方向也发生一定的偏移。其规律是变化值越大，速度差和粒子的方向差也越大。

◇　粒子的外观：有三种分别为【Flake】（雪花）、【Dots】（圆点）和【Tick】（十字叉）。

◇　【Render】（渲染）：用来确定渲染时粒子的形状。在飞沫中包含两项，四面体和片面体；在雪中包含三项，【Six Point】（六角形）、【Triangle】（三角形）和【Facing】（面）。

◇　【Timing】（计时）：粒子系统是以帧为度量单位对粒子进行时间控制的。【Start】（开始）一项是指开始送出粒子的帧数，可以是 1~100 帧内任意的一帧。【Life】（寿命）一项是指粒子在场景中存在的时间，数字越大寿命越长，值为 100 时粒子可在整个动画过程中始终存在。

◇　【Emitter】（发射器）：也就是发射器的范围。通过改变发散器的【Length】（长度）和【Width】（宽度），可以改变粒子喷出的范围。长和宽越小，其粒子流越紧凑，反之越离散。

◇　【Hide】（隐藏）：用来确定是否隐藏发射器。

11.2.2　【Spray】（喷射）粒子系统

【Spray】（喷射）粒子系统可以模拟雨、喷泉、导火索上的火花或倒出的水等。现在结合例子来讲解该粒子系统。

❶ 创建一个倒角长方体并通过拉伸上部顶点制作成水池形状。放样制作水龙头，再制作其他辅助物体，赋予相应贴图。添加摄像机。制作动画场景如图 11-25 所示（读者也可以直接打开光盘中的源文件/11 章/水龙头.max 文件）。

❷制作发射器。单击【Create】（创建）|【Geometry】（几何体）按钮。在下拉框中选择【Particle Systems】（粒子系统），单击【Spray】（喷射）按钮，创建一个发射器。

❸激活顶视图并画一个矩形，该矩形代表发射器的大小。单击【Modify】（修改）命令面板，拖动卷展栏，在参数栏中将发射器的长宽设定好。用【移动】、【旋转】命令将发射器与水龙头嘴位置调好。此时，粒子喷射方向向下，呈直线状。

❹确定发射器为被选择状态，单击主工具栏中的【Select and Link】（选择并连接）按钮，把鼠标移到发射器上，这时鼠标变成连接的形状。按住鼠标左键移到水龙头上，松开鼠标，水龙头为被选择状态，表明已将发射器连接到水龙头了。

❺激活透视图，单击【Play Animation】（播放动画）按钮，可以观察到自来水的下落曲线，调整发射器参数，使动画更符合现实生活的真实情况。如图 11-26 所示。

❻调整摄像机视图，很容易发现，自来水穿透了水池，如图 11-27 所示。下面就来添加一个挡板为粒子系统添加平面碰撞检测。

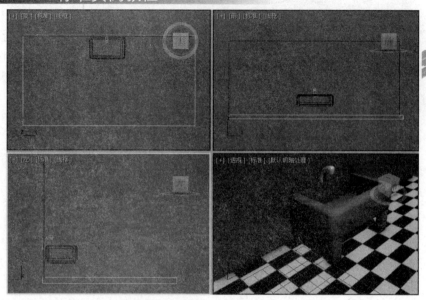

图 11-25　水龙头动画场景

图 11-26　动画中的一帧图

图 11-27　水穿透了池子

❼单击【Create】（创建）│【Space Wraps】（空间扭曲），单击【Deflectors】（导向器），如图 11-28 所示。

❽在顶视图中创建一个挡板，为粒子系统添加平面碰撞检测。通过【Select and Move】（选择并移动）工具将挡板移至水池底下。结合主工具栏的【Bind to Space Wrap】（绑定到空间扭曲）按钮，把发射器与挡板连在一起，调整摄像机角度，直到在摄像机视图中看不到自来水穿过水池为止，如图 11-29 所示。

❾点选【Spary01】（喷射器），打开【Modify】（修改）命令面板，在【Modify Stack】（修改堆栈）下拉列表中选取喷射器。修改参数值，使其反射得到修正。

❿打开材质编辑器，为自来水赋予材质，将漫反射固有色设为淡蓝色，将透明度设为 70，调整周围的光线。

⓫打开【Play Animation】（播放动画）按钮，拖动时间划块到第 100 帧,利用【Select and Rotate】（选择并旋转），将视图中的水龙头旋转 180°。模拟开启水龙头的情景。关闭【Play Animation】（播放动画）。就可生成动画了。

图 11-28 导向器的参数区　　　　　　图 11-29　加导向板后的水龙头

11.3　实战训练——海底气泡

本章学习了空间变形和粒子系统相关知识，本节就通过海底气泡实例介绍如何灵活应用空间变形和粒子系统命令创建逼真的三维效果。

❶单击【File】（文件）菜单中的【Reset】（重置）命令，重新设置系统。

❷进入【Create】（创建）命令面板，按下【Geometry】（几何体）按钮，在下拉框中选择【Particle Systems】（粒子系统）。

❸展开【Object Type】（对象类型）卷展栏，单击【Super Spray】（超级喷射），在顶视图中创建一个超级喷射粒子系统。透视图中位置如图 11-30 所示。

❹单击选中超级喷射粒子系统，进入【Modify】（修改）命令面板，打开【Load/Save Presets】（加载/保存预设）卷展栏，如图 11-31 所示。

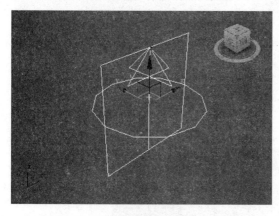

图 11-30　透视图中的超级喷射粒子系统　　　　　图 11-31　加载/保存预设

❺单击【Bubbles】（气泡）项目，单击【Load】（加载）按钮，载入预置参数。拖动时间滑块到第 80 帧，然后快速渲染透视图，查看加载的预设气泡效果，如图 11-32 所示。

❻打开【Partical Generation】（粒子生成）卷展栏，设置结果如图 11-33 所示。

❼选中气泡，单击主工具条上的【Material Editor】（材质编辑器）按钮进入材质编辑器，选择一个空白样本球框，设置参数如图 11-34 所示。

❽单击横向工具栏中的【Assign Material to Selection】（将材质指定给选定对象）按钮，然后单击【Show Map in Viewport】（视口中显示明暗处理材质）按钮。快速渲染透视图，观察赋予材质的气泡，如图 11-35 所示。

图 11-32　加载后的气泡效果　　　　　　图 11-33　修改参数面板

❾单击主菜单栏上的【Rendering】（渲染）菜单，在子菜单里选择【Environment】（环境）选项，打开环境对话框。

❿单击【Environment Map】（环境贴图）下的长按钮，在弹出的对话框中选择【Bitmap】（位图）贴图，并选择一张海底的图片（光盘中的贴图/haidi.jpg）作为背景贴图。

⓫快速渲染透视图，观察效果，如图 11-36 所示。

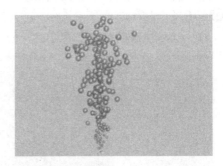

图 11-34　设置气泡的材质面板　　　　　图 11-35　赋予材质后的气泡渲染图

图 11-36　完成后的效果图

11.4　课后习题

1．填空题

（1）可以模拟爆炸的空间变形体是＿＿＿。

（2）可以模拟涟漪的空间变形体是＿＿＿。

（3）粒子系统有＿＿＿种。

（4）基本粒子系统有＿＿＿，＿＿＿。

2．问答题

（1）粒子系统的作用有那些？

（2）基本粒子系统发射器大小如何调节。

（3）讲述应用基本粒子系统的参数。

（4）介绍高级粒子系统应用的过程。

3．操作题

（1）使用【Ripple】（涟漪）变形模拟涟漪效果。

（2）使用【Wave】（波浪）变形模拟波浪效果。

（3）应用基本粒子系统生成雪花的动画。

（4）用【Spray】（喷射）粒子系统模拟喷泉效果。

（5）使用【Snow】（雪）粒子系统模拟下雪的场景。

（6）使用系统预设的粒子系统模拟水泡效果。

第 12 章　环境效果

 教学目标

　　环境效果对于表现造型的作用是不言而喻的。如何有效地为场景加入环境设置，会直接影响最终的效果或者渲染结果。本章就来学习各种环境效果的设置，共分 5 个部分：环境特效面板的介绍、环境贴图的运用、雾效的使用、体积光的使用以及火焰效果的使用。其中前两部分是后三部分学习的基础，也是比较常用的部分。后三部分是环境效果的重头戏，读者应足够重视。

教学重点与难点

> ➢　环境贴图的运用
> ➢　设置各种雾效
> ➢　设置各种体积光
> ➢　使用特效增强火焰效果

12.1　初识环境特效面板

　　环境效果的设置都是在环境特效面板中完成的。打开环境特效面板的方法很简单，只要单击菜单栏上的【Rendering】（渲染）菜单，在子菜单里选择【Environment】（环境）选项即可打开环境特效面板，如图 12-1 所示。

　　从图 12-1 可以看出，【Environment And Effect】（环境和效果）对话框包括两个选项卡，即【Enviroment】（环境）和【Effect】（效果）。其中【Effect】（效果）已经在灯光特效中介绍过，这里主要介绍【Enviroment】（环境）选项卡的内容。【Enviroment】（环境）面板下有四个卷展栏，分别是：【Common Parameters】（公用参数）卷展栏、【Exposure Control】（曝光控制）卷展栏、Physical Vidicon Exposure to Contain（物理摄像机曝光控制）及【Atmosphere】（大气）卷展栏。我们主要介绍公用参数卷展栏和大气卷展栏，下面分别介绍：

　　【Common Parameters】（公用参数）卷展栏：单击卷展栏前面的三角形将其展开，如图 12-2 所示。

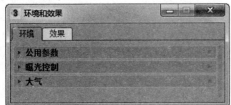

图 12-1　环境特效面板

图 12-2　公用参数卷展栏

- 【Background】（背景）区域：用来为场景渲染的背景指定颜色和贴图。
  - 【Color】（颜色）：指定场景选后的背景颜色，单击颜色框将弹出颜色编辑修改框，用户可以在其中对背景颜色进行编辑和设置。
  - 【Use Map】（使用贴图）：确定是否在场景渲染过程中使用背景贴图。当选中此复选框时，单击位于下方的长按钮，即可以为背景指定一个贴图文件。
- 【Global Light】（全局照明）区域：指定场景中的全景灯光颜色。单击位于下方的【Tint】（染色）颜色框，系统会弹出颜色编辑修改框，用户可以在其中对颜色进行修改。
  - 【Level】（级别）：指定全景灯光的强度值。
  - 【Ambient】环境光）：设置位于场景周围的灯光颜色。

【Atmosphere】（大气）卷展栏：用来为场景指定有关大气的影响效果，例如雾效、体光、体积雾和燃烧等。单击卷展栏前面的三角形将其展开，如图 12-3 所示。

图 12-3　大气卷展栏

- 【Add】（添加）：添加大气效果。
- 【Delete】（删除）：将选定的大气效果删除。
- 【Active】（活动）：激活选择的大气效果。
- 【Move Up】（上移）：将所选定的多项大气效果从下到上移动，以便进入相应不同的参数面板。
- 【Move Down】（下移）：将所选定的多项大气效果从上到下移动，以便进入相应不同的参数面板。
- 【Merge】（合并）：合并已经创建的场景大气效果。
- 【Name】（名称）：显示当前所选定的大气效果名称。

12.2　环境贴图的运用

❶单击【File】（文件)菜单中的【Reset】命令，重新设置系统。

❷进入【Create】（创建)命令面板，按下【Geometry】（几何体)按钮，展开【Object Type】（对象类型）卷展栏，在透视图中创建一个球体，如图 12-4 所示。

❸快速渲染透视图，效果如图 12-5 所示。

❹单击菜单栏上的【Rendering】（渲染）菜单，在子菜单里选择【Environment】（环境）选项打开环境特效面板。

❺找到【Background】（背景）区域下的【Color】（颜色）块，默认情况下背景颜色是黑色，这也是每次渲染视图后，看到的背景总是黑色的原因。单击颜色块，在弹

出的颜色对话框中任意选择一种颜色，这里选择淡绿色。

❻快速渲染透视图，发现渲染出的图片背景变成了淡绿色，如图 12-6 所示。

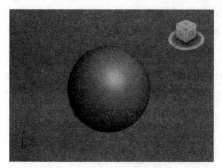

图 12-4　场景中的对象　　　　图 12-5　未改变设置时的渲染图

❼单击【Enviroment Map】（环境贴图）下的【None】（无）按钮，在弹出的对话框中选择【Bitmap】（位图），然后再选择一个背景图片（这里选择光盘中的贴图 /LAKE_MT.jpg 文件）。渲染透视图，发现背景变成了刚才所选的图片，效果如图 12-7 所示。

图 12-6　改变背景颜色效果　　　　图 12-7　设置背景图片的效果

❽单击【Global Light】（全局照明）下的白色颜色块，在弹出的颜色对话框中选择淡蓝色，渲染透视图，观察球体颜色的变化，效果如图 12-8 所示。发现原来的红色变暗了很多，这是因为环境光已经变成了淡蓝色。

❾将【Global Light】（全局照明）下的【Level】（级别）值设为 4，再次渲染透视图，观察球体颜色的变化，效果如图 12-9 所示。发现球体的颜色亮了很多，这是因为提高了环境光的级别。

图 12-8　改变环境光颜色的效果　　　　图 12-9　增加环境光颜色级别后的效果

12.3 雾效的使用

12.3.1 【Fog】（雾）

【Fog】（雾）在 3ds Max 2020 中设置起来最简单，可给场景增加大气扰动效果。雾效的设置是在【Atmosphere】（大气）卷展栏完成的。先展开大气卷展栏，单击其中的【Add】（添加）按钮，此时弹出添加对话框，如图 12-10 所示。在列表框中选择【Fog】（雾），然后单击【OK】（确定）按钮就完成了雾效的添加。同时，参数面板跳转到雾参数面板。如图 12-11 所示。

图 12-10 添加大气效果对话框

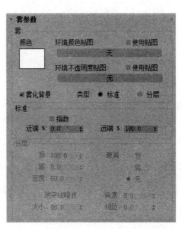

图 12-11 雾参数面板

01 参数简介

◆ 【Color】（颜色）框：指定设置的雾的颜色，系统模认为白色。

◆ 【Environment Color Map】（环境颜色贴图）和【Environment Opacity Map】（环境不透明度贴图）：为环境设置贴图，它分为彩色贴图和不透明贴图两种。

> 注意：用户只有先在材质编辑器中为贴图指定了贴图通道，并选择了贴图类型和贴图文件后，才能为雾指定贴图。

◆ 【Fog Background】（雾化背景）：确定是否在场景中的背景使用雾。

◆ 【Type】（类型）：指定雾的类型，系统提供了两种雾,即标准雾和分层雾。

◆ 【Exponential】（指数）：柔化标准雾，从而增加它的真实感。

◆ 【Near】（近端）：指定近镜头范围的雾的百分比。

◆ 【Far】（远端）：指定远镜头范围的雾的百分比。

02 实例运用

❶利用上面 12.2 节中的例子中的场景。

❷单击菜单栏上的【Rendering】（渲染）菜单,在子菜单里选择【Environment】（环境）选项打开环境特效面板。

❸在【Atmosphere】(大气)卷展栏单击【Add】(增加)按钮,在弹出的对话框中选择【Fog】(雾)选项,添加雾特效。

❹【Effects】(效果)列表中列出所有在当前场景中设置的效果项。在列表中选定【Fog】(雾)特效,在【Atmosphere】(大气)区域下边显示出设置雾的各种参数命令卷展栏。

❺快速渲染透视图,观察效果,如图 12-12 所示。

❻调节雾的浓度,在【Environment】(环境)对话框中,可改变表示雾的远处浓度的参数【Far (%)】(远端)的值,此处设为 70,并勾选【Exponential】(指数),再次渲染透视图,观察雾的浓度的变化。如图 12-13 所示。

图 12-12　添加雾后的效果图　　　　图 12-13　调整雾的浓度后的效果

❼在【Fog Parameters】(雾效参数)卷展栏中单击颜色方块,弹出颜色对话框,选择淡蓝色,渲染结果如图 12-14 所示。此时雾的颜色即变成了淡蓝色。

❽模拟夜幕效果时,可以将雾的颜色变成纯黑色,并调整相关参数。渲染后的效果如图 12-15 所示。

❾单击工具栏中的取消按钮,取消上步操作。关闭【Fog Background】(雾化背景)复选框,渲染生成的场景中背景不受雾化作用,但场景中的对象小球仍被雾效笼罩,如图 12-16 所示。

图 12-14　淡蓝色雾效　　　　　　　图 12-15　黑色雾模拟夜幕效果

❿选择【Fog Background】(雾化背景)复选框,在【Fog Parameters】(雾效参数)卷展栏的【Fog】(雾)栏单击【Environment Opacity Map】(环境不透明贴图)下的【None】(无)按钮,在【Material/Map Bowser】(材质贴图浏览器)中选【Noise】(噪波)项。单击【Render Production】(渲染产品)按钮,我们可以看到场景中的白雾变得破碎了,如图 12-17 所示。

图 12-16　取消雾化背景后的效果　　　图 12-17　添加透明度环境贴图后的效果

12.3.2　【Layered Fog】（分层雾）

【Layered Fog】（分层雾）像一块平板，有一定的高度，有无限的长度和宽度。可在场景中的任一位置设定分层雾的顶部和底部，分层雾总是与场景中的地面平行。

> 说明：使用【Top】和【Bottom】参数可以完全控制它在垂直方向的开始点和结束点，从而确定雾的高低。

❶利用上面 12.3.1 节例子中的场景。

❷单击菜单栏上的【Rendering】（渲染）菜单，在子菜单里选择【Environment】（环境）选项打开环境特效面板。将雾的颜色改为白色。

❸在【Fog Parameters】（雾效参数）卷展栏中的【Type】（类型）旁选中【Layered】（层）以使分层雾的参数生效。

❹设置雾的高度，【Top】（顶）为 10、【Bottom】（底）为 0、【Density】（密度）为 80。快速渲染透视图，效果如图 12-18 所示，贴着地表的分层雾出现，但界限太明显。

❺使用水平噪声使地平线柔化，在【Environment】（环境）对话框中勾选【Horizon Noise】（地平线噪波），并设置【Size】（大小）值为 100，【Angle】（角度）值为 10。快速渲染透视图，结果如图 12-19 所示。观察发现，地平线的边界变得柔和了些。【Angle】的值越大，雾的边越模糊。一般设置为 5°～10° 可以表示真实的雾的效果，如果设置 Angle 的值较大，场景中的大部分雾都被水平噪声所取代，如果设置 Angle 为 0，则相当于关闭【Horizon Noise】（地平线噪波）选择项。

图 12-18　分层雾效果　　　　图 12-19　弱化边缘后的效果

❻给雾加上弱化效果并减弱雾的浓度是个好办法。为了看得更清楚些，先取消勾选

【Horizon Noise】（地平线噪波），再将【Top】（顶）值改为 40。在【Falloff】（衰减）选项图标旁点选【Top】（顶）项，效果如图 12-20 所示，雾在顶部较薄，向下雾的效果逐渐明显。

❼在【Falloff】（衰减）选项图标旁点选【Bottom】（底）项，效果如图 12-21 所示，雾在底部较薄，向上雾的效果逐渐明显。

图 12-20　设置【Top】(顶)选项效果　　　　图 12-21　设置【Top】(底)选项效果

❽使用多层雾可模拟贴着地表的真实雾效。以图 12-19 为基础，在其上面再加一层雾。在进行之前先将【Top】（顶）值改为 10。

❾在环境设置对话框中单击【Add】（添加）按钮。选择【Fog】（雾），单击【OK】（确定）按钮。选择【Layered】（分层），设置【Top】（顶）为 40，【Bottom】（底）为 10，【Density】（密度）为 50。选择【Horizon Noise】（地平线噪波），设置【Size】（大小）为 100，【Angle】（角度）值为 5。最终效果如图 12-22 所示。

📖 12.3.3　【Volume Fog】（体积雾）

【Volume Fog】（体积雾）可用来产生场景中密度不均匀的雾，它也能像分层雾一样使用噪声参数，可制作飘忽不定的云雾，很适合创建可以被风吹动的云之类的动画。

要在场景中加入体积雾的效果，执行【Rendering】（渲染）/【Environment】（环境）菜单命令，在出现的【Environment】（环境）对话框中展开【Atmosphere】（大气）卷展栏，鼠标单击"添加"按钮。在【Add Atmosphere Effect】（添加大气效果）对话框中选择【Volume Fog】（体积雾）之后单击【OK】（确定）。高亮显示【Volume Fog】（体积雾），在【Environment】（环境）面板下方就会出现【Volume Fog Parameters】（体积雾参数）下拉窗口，如图 12-23 所示。

01 参数简介

✧　【Pick Gizmo】（拾取线框）：选择一个包含体积雾特殊效果的容器，如果不选择任何物体，那么体积雾就会充满整个场景。可以通过特技物体的放缩和变形，从而确定体积雾的外形。

✧　【Color】（颜色）：设置雾的颜色

✧　【Fog Background】（雾化背景）：选择该选项之后，雾对场景背景贴图或颜色有效果，不选择该项时雾只对场景中的对象有影响。

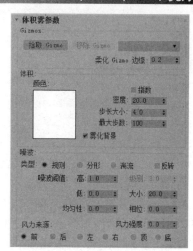

图 12-23　体积雾参数面板

图 12-22　多层雾

◇　【Exponential】（指数）：选择该选项时，雾的密度随着距离指数增加，因此雾的浓度梯度比较大。

◇　【Density】（密度）：设置雾的浓度，该值越低，雾越薄越透明，该值越高，雾浓得几乎不透明。

◇　【Step Size】（步长大小）：设置取样步长，该值设置得较大，雾粗糙成团，该值设置得较小，雾比较精细。当使用【Pick Gizmo】（拾取线框）选择了一个特效物体时，这个值将不起作用。

◇　【Max Steps】（最大步数）：取样步长不会大于【Max Steps】最大步数值，如果已经使用【Pick Gizmo】（拾取线框）选择了一个特效物体，该值可以设置小一些。

02 应用举例

❶使用上面的例子中的场景和背景贴图。

❷单击菜单栏上的【Rendering】（渲染）菜单，在子菜单里选择【Environment】（环境）选项打开环境特效面板。

❸在【Atmosphere】（大气）卷展栏单击【Add】（增加）按钮，在弹出的对话框中选择【Volume Fog】（体积雾）选项，添加体积雾特效。

❹在【Effects】（效果）列表中单击【Volume Fog】（体积雾）选项，在【Atmosphere】（大气）区域下边显示出设置体积雾的各种参数命令卷展栏。

❺勾选【Exponential】（指数）选项，快速渲染透视图，观察效果，如图 12-24 所示。发现雾的密度很不均匀。这是因为体积雾应用了噪声技术。

❻在噪声类型下选择【Fract】（分形）选项，改变噪声类型。再次渲染透视图，效果如图 12-25 所示。

❼进入【Create】（创建）控制面板，单击【Helpers】（辅助对象）按钮，在下拉菜单中选择【Atmospheric Apparatus】（大气装置），创建一个【Sphere Gizmo】（球体线框）特效物体，结果如图 12-26 所示。

图 12-24　体积雾效果

图 12-25　改变噪声类型的体积雾效果

❽在体积雾卷展栏中，单击【Pick Gizmo】（拾取线框）按钮，并用鼠标选中视窗中的球形控制器。为了看得更清楚些，将【Density】（密度）数值改为 80。渲染场景，效果如图 12-27 所示，雾被限制在环球控制器占据的空间内。

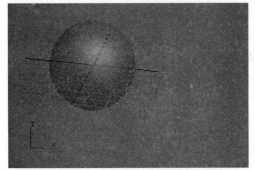

图 12-26　创建球体线框特效物体

图 12-27　限定在球形控制器内的体积雾

12.4　体积光的使用

体积光是一种被光控制的大气效果，把它看作一种雾更好。粗略的讲，体积光是一种雾，它被限制在灯光的照明光锥之内。体积光参数面板如图 12-28 所示。

参数简介：

❖ 【Fog Color】（雾颜色）：单击色块，使选择器可改变雾的颜色，这种颜色和体积光的颜色融合起来。

❖ 【Attenuation Color】（衰减颜色）：设置方法和雾色相同，使衰减的范围内雾的颜色发生渐变。

❖ 【Exponential】（指数）：只有渲染场景中的透明对象时才使用。

❖ 【Density】（密度）：设置雾的浓度值越大，在光的容积内反射的光线越多。

❖ 【Max Light】（最大亮度）：体积光最大光照，默认值为 90。值越小光线亮度越低。

❖ 【Min Light】（最小亮度）：值大于 0，光照容积区外发光并使用雾色，就像加入容积雾。

❖ 【Filter Shadows】（过滤阴影）：设置过滤阴影提高阴影质量。

◆　【Sample Volume】（采样体积）：一个光的容积取样的个数，默认状态设置为 Auto（自动）。

◆　【Attenuation】（衰减）：减小【Start】（起点）值，使体积光源点移动，减小【End】（结束）值，使扩展光线投射的长度变小。默认值为100%。对于点光源，需要在灯光总体参数的衰减区进行设置，对于泛光源可不设置使用衰减。

◆　【Noise】（噪波）：可在体积光中加入雾的效果。

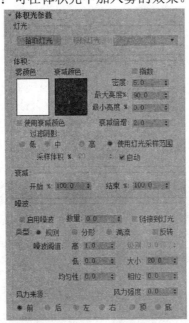

图 12-28　体积光参数面板

12.4.1　聚光灯的体积效果

❶单击【File】(文件)菜单中的【Reset】（重置）命令，重新设置系统。

❷进入【Create】（创建)命令面板，按下【Geometry】（几何体)按钮，展开【Object Type】（对象类型）卷展栏，在场景中创建一个球体和一个正方体平板，最后再创建一盏目标聚光灯，如图 12-29 所示。

❸选中目标聚光灯，进入修改命令面板，在一般参数栏下勾选【Shadows On】（阴影启用）复选框。快速渲染透视图，效果如图 12-30 所示。

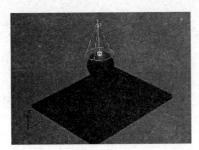

图 12-29　场景中的对象及灯光位置

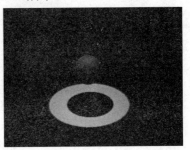

图 12-30　渲染后的效果

❹单击菜单栏上的【Rendering】（渲染)菜单，在子菜单里选择【Environment】（环

境）选项打开环境特效面板。

❺在【Atmosphere】（大气）卷展栏单击【Add】（增加）按钮，在弹出的对话框中选择【Volume Light】（体积光）选项，添加体积光特效。

❻Effects（效果）列表中列出所有在当前场景中设置的效果项。在列表中选定【Volume Light】（体积光）选项，在【Atmosphere】（大气）区域下边显示出设置体积光的各种参数命令卷展栏。

❼在【Volume Light Parameters】（体积光参数）卷展栏下，单击【Pick Light】（拾取灯光）按钮，随后在任意视图中选择目标聚光灯。这时可以看到，目标聚光灯的名字出现在灯光参数卷展栏中。

❽快速渲染透视图，观察体积光效果，如图 12-31 所示。

❾图 12-31 中的体积光是白色的，我们还可以设置任意颜色的体积光，这里将体积光颜色改为淡绿色。单击展开【Volume Light Parameters】（体积光参数）卷展栏，在【Fog Color】（雾颜色）下面的白色颜色块上单击，打开颜色对话框，选择淡绿色后关闭对话框，再次渲染透视图，发现体积光的颜色已经变为淡绿色，如图 12-32 所示。

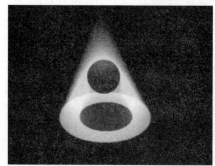 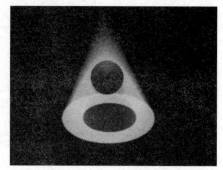

图 12-31　体积光效果　　　　　　图 12-32　淡绿颜色的体积光

❿如果觉得体积光的强度不够，还可以通过参数来调整。这里修改【Volume】（体积）栏中的【Density】（密度）值为 10。渲染透视图，观察修改结果，如图 12-33 所示。

⓫设【Noise】（噪波）栏的【Amount】（数量）值为 0.8，Type 选项为【Turbulence】（干扰），【Size】（大小）的值为 20。快速渲染透视图，我们可以看到光柱中好像飘着烟状物，如图 12-34 所示。

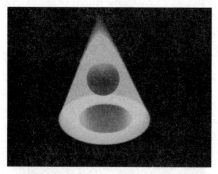 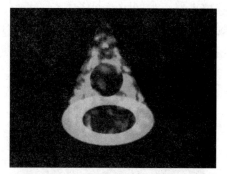

图 12-33　增加强度后的体积光效果　　　　图 12-34　加入噪波后的体积光效果

⓬取消【Noise】（噪波）栏中的【On】（启用）选项，取消对体积光的【Noise】（噪波）作用。

⓭选择目标聚光灯，单击其修改命令面板中的【Advanced Effects】（高级效果）卷展栏【Projector Map】（投影贴图）的【None】（无）大图标。

⓮打开材质／贴图浏览器，随后任意选择一幅彩色图片。快速渲染透视图，体积光柱染上了彩色，如图 12-35 所示。

📖12.4.2 泛光灯的体积效果

泛光灯体积光最有特色的光效就是能够产生美丽的光晕效果。下面我们就以一个灯泡模型为参照，介绍泛光灯体积光的设置和光晕效果的生成。

❶单击【File】（文件）菜单中的【Reset】（重置）命令，重新设置系统。

❷进入【Create】（创建）命令面板，在场景中创建一个茶壶，然后再创建三盏光灯。其中一盏在茶壶的里面，另两盏用作照明，如图 12-36 所示。

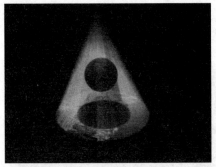

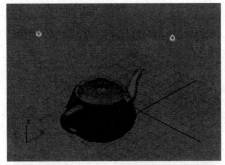

图 12-35 加入投影图的体积光效果　　　图 12-36 场景中的对象与灯光

❸单击菜单栏上的【Rendering】（渲染）菜单，在子菜单里选择【Environment】（环境）选项，打开环境特效面板。

❹在【Atmosphere】（大气）卷展栏单击【Add】（增加）按钮，在弹出的对话框中选择【Volume Light】（体积光）选项，添加体积光特效。

❺【Effects】（效果）列表中列出所有在当前场景中设置的效果项。在列表中选定【Volume Light】（体积光）选项，在【Atmosphere】（大气）区域下边显示出设置体积光的各种参数命令卷展栏。

❻在【Volume Light Parameters】（体积光参数）卷展栏下，单击【Pick Light】（拾取灯光）按钮，随后在任意视图中选择处于茶壶中心的泛光灯。这时可以看到，泛光灯的名字出现在灯光参数卷展栏中。

❼快速渲染透视图，观察体积光效果，发现体积光效果不太明显。在【Environment】（环境）对话框中修改【Volume Light Parameters】（体积光参数）卷展栏中的参数来优化光效。这里将【Attenuation】（衰减）下的【End】（结束）值设为 30（读者可根据具体渲染效果决定），再次渲染透视图，发现茶壶已全部笼罩在泛光灯的体积光中了，如图 12-37 所示。

❽图 12-37 中的体积光是淡黄色的，这是泛光灯的黄色和雾的白色叠加而成的。也可以根据具体需要来设置其他颜色。单击展开【Volume Light Parameters】（体积光参数）卷展栏，在【Fog Color】（雾颜色）下面的白色颜色块上单击，打开颜色对话框，选择绿色后关闭对话框，再次渲染透视图，发现体积光的颜色已经变为绿色了，如图

12-38 所示。

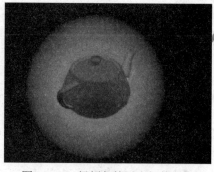

图 12-37 泛光灯的体积光效果　　　　图 12-38 绿颜色的泛光灯体积光

❾如果觉得体积光的强度不够，还可以通过参数来调整。这里修改【Volume】（体积）栏中的 Density（密度）值为 8。渲染透视图，观察修改结果。如图 12-39 所示。

❿设【Noise】（噪波）栏的【Amount】（数量）值为 0.7，【Type】（类型）选项为【Turbulence】（干扰），【Size】（大小）的值为 20。快速渲染透视图，我们可以看到茶壶笼罩在绿色的烟雾中，如图 12-40 所示。

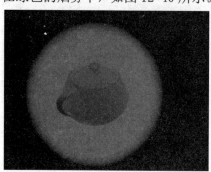

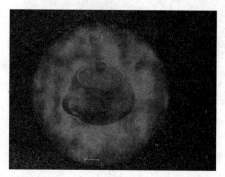

图 12-39 增加强度后的体积光效果　　　图 12-40 加入噪波后的体积光效果

⓫取消【Noise】（噪波）栏中的【On】（启用）选项，取消对体积光的【Noise】（噪波）作用。

⓬选择泛光灯，单击其修改命令面板中的【Advanced Effects】（高级效果）卷展栏【Projector Map】（投影贴图）的【None】（无）大图标。

⓭打开材质/贴图浏览器，随后选择一幅彩色图片。快速渲染透视图，观察体积光的变化，如图 12-41 所示。

📖12.4.3　平行光灯的体积效果

在介绍灯光的章节中，曾经提到平行光的体积光效常用作模拟激光束效果，下面就来介绍其用法。

❶单击【File】（文件）菜单中的【Reset】（重置）命令，重新设置系统。

❷进入【Create】（创建）命令面板，在【Top】（顶）视图中拖拉出一个圆柱作为激光发射器的发射口。在发射口的中心设定一盏目标平行灯，在发射口的周围设置几盏泛光灯作为场景照明，建好的模型如图 12-42 所示。

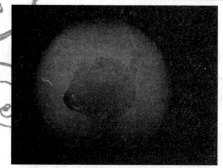

图 12-41　加入投影图的体积光效果

图 12-42　场景中的对象与灯光

❸单击菜单栏上的【Rendering】（渲染）菜单，在子菜单里选择【Environment】（环境）选项打开环境特效面板。

❹在【Atmosphere】（大气）卷展栏单击【Add】（增加）按钮，在弹出的对话框中选择【Volume Light】（体积光）选项，添加体积光特效。

❺【Effects】（效果）列表中列出所有在当前场景中设置的效果项。在列表中选定【Volume Light】（体积光）选项，在【Atmosphere】（大气）区域下边显示出设置体积光的各种参数命令卷展栏。

❻在【Volume Light Parameters】（体积光参数）卷展栏下，单击【Pick Light】（拾取灯光）按钮，随后在任意视图中选择目标平行光灯。这时可以看到，目标平行光灯的名字出现在灯光参数卷展栏中。

❼快速渲染透视图，观察目标平行光灯的体积光效果，如图 12-43 所示。发现一束黄色的光束直冲上面。

❽图中的体积光是淡黄色的，这是目标平行光灯的黄色和雾的白色叠加而成的。也可以根据具体需要来设置其他颜色。单击展开【Volume Light Parameters】（体积光参数）卷展栏，在【Fog Color】（雾颜色）下面的白色颜色块上单击，打开颜色对话框，选择蓝色后关闭对话框，再次渲染透视图，发现体积光的颜色已经变为蓝色了，如图12-44 所示。

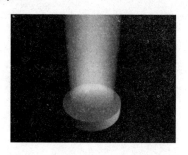

图 12-43　目标平行光灯的体积光

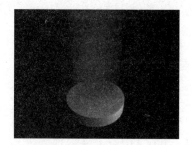

图 12-44　改变颜色的体积光灯效果

❾如果觉得体积光的强度不够，还可以通过参数来调整。这里修改【Volume】（体积）栏中的【Density】（密度）值为 10。渲染透视图，观察修改结果，如图 12-45 所示。

❿设【Noise】（噪波）栏的【Amount】（数量）值为 0.8，【Type】（类型）选项为【Turbulence】（干扰），【Size】（大小）的值为 20。快速渲染透视图，可以看到光束变为蓝色的烟雾，如图 12-46 所示。

⑪取消【Noise】（噪波）栏中的【On】（启用）选项，取消对体积光的【Noise】（噪波）作用。

⑫选择目标平行光灯，单击其修改命令面板中的【Advanced Effects】（高级效果）卷展栏【Projector Map】（投影贴图）的【None】（无）大图标。

⑬打开材质/贴图浏览器，随后选择一幅彩色图片。快速渲染透视图，体积光柱染上了彩色，如图 12-47 所示。

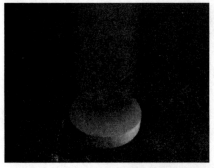
图 12-45　增加强度后的体积光效果

图 12-46　加入噪波后的体积光效果

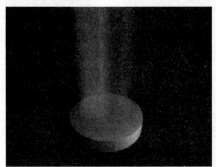
图 12-47　加入投影图的体积光效果

12.5　火效果

【Fire Effect】（火效果）早先是非常出色的外挂模块，极适合创建火、烟和爆炸之类的动画场景。火效果参数面板如图 12-48 所示。

01 参数简介

【Colors】（颜色）参数栏：

✧　【Inner Color】（内部颜色）：通常设为浅黄色。

✧　【Outer Color】（外部颜色）：通常设为亮红色。

✧　【Smoke Color】（烟雾颜色）：通常设为灰黑色。

【Shape】（图形）参数栏：

✧　【Flame Type】（火焰类型）：分为【Tendril】（火舌）和【Fire ball】（火球）两种。

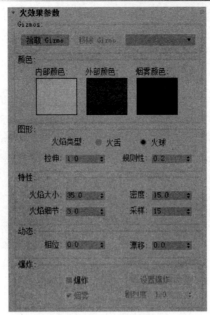

图 12-48　火效果面板

◇　【Stretch】（拉伸）：火焰的伸展值。

◇　【Regularity】（规则性）：该值越大，火焰越大，火焰的形状越接近线框，该值越小，火焰越小。

【Characteristics】（特性）参数栏：

◇　【Flame Size】（火焰大小）：火焰的大小。

◇　【Flame Detail】（火焰细节）：火焰精细度。

◇　【Density】（密度）：火焰的亮度，值越大，亮度越大。

◇　【Samples】（采样）：火焰的样本数。

【Motion】（动态）参数栏

用于做燃烧跳动的火焰动画效果。包括【Phase】（相位）和【Drift】（漂移）两个参数。如果设置了动画，这两项参数的增减框会被加上红框。

02 实例应用

❶ 单击【File】（文件）菜单中的【Reset】（重置）命令，重新设置系统。

❷进入【Create】（创建）命令面板，单击【Helpers】（辅助物），在下拉列表中选择【Atmospheric Apparatus】（大气部件），在透视图中创建一个【Sphere Gizmo】（球体线框）辅助物体，如图 12-49 所示。

❸单击菜单栏上的【Rendering】（渲染）菜单，在子菜单里选择【Environment】（环境）选项打开环境特效面板。

❹在【Atmosphere】（大气）卷展栏单击【Add】（增加）按钮，在弹出的对话框中选择【Fire Effect】（火效果）选项，添加火焰特效。

❺【Effects】（效果）列表中列出所有在当前场景中设置的效果项。在列表中选定【Fire Effect】（火效果）选项，在【Atmosphere】（大气）区域下边显示出设置火焰的各种参数命令卷展栏。

⑥在【Fire Effect Parameters】（火效果参数）卷展栏下，单击【Pick Gizmo】（拾取线框）按钮，随后在任意视图中选择创建好的辅助物体。这时可以看到，辅助物体的名字出现在火焰参数卷展栏中。

⑦快速渲染透视图，观察火焰效果，如图 12-50 所示。

图 12-49 辅助物体

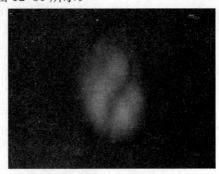
图 12-50 火焰效果

⑧将【Flame Type】（火焰类型）改为【Tendril】（火舌）型，并将【Flame Size】（火焰大小）设为 10，渲染透视图，观察效果的变化，如图 12-51 所示。

⑨将【Density】（亮度）改为 60，再次渲染透视图，发现火焰的颜色亮了很多，如图 12-52 所示。

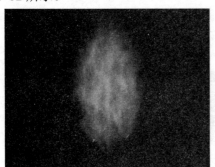
图 12-51 修改火焰类型和大小后的效果

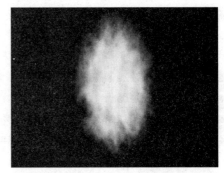
图 12-52 增加亮度后的效果

12.6 实战训练——燃烧的蜡烛

本章学习了环境效果相关知识，本节通过燃烧的蜡烛实例介绍如何灵活应用环境效果相关命令创建逼真的三维效果。

❶ 单击【File】（文件）菜单中的【Reset】（重置）命令，重新设置系统。

❷进入【Create】（创建）命令面板，在视图中创建两个圆柱，一个作为蜡烛的主体，另一个作为烛芯，如图 12-53 所示。

❸进入【Create】（创建）命令面板，单击【Helpers】（辅助对象），在下拉列表中选择【Atmospheric Apparatus】（大气装置），单击【Sphere Gizmo】（球体线框）帮助物体，勾选【Hemisphere】（半球）选项。在顶视图中创建一个半球体虚拟框，并调整其位置，前视图中结果如图 12-54 所示。

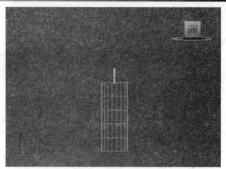

图 12-53　创建蜡烛主体与烛芯　　　　图 12-54　加入辅助半球体

❹单击【Select and Uniform Scale】（选择并均匀缩放）命令按钮，在弹出的下拉列表框中选择【Select and Non-Uniform Scale】（选择并非均匀缩放）命令按钮，在【Front】（前）视图中沿 Y 轴对球体虚拟框进行缩放，结果如图 12-55 所示。

❺单击主菜单中的【Rendering】（渲染）命令，在下拉菜单中选择【Environment】（环境），在对话框中单击【Add】（添加）按钮，在弹出的对话框中选择【Fire Effect】（火效果）选项，单击【OK】（确定）结束。

❻在火效果卷展栏中将参数设置如下：【Stretch】（大小）设为 200，【Density】（密度）设为 200，其余采用默认值。单击【Pick Gizmo】（拾取线框）按钮，在视图中选取球体虚拟框，此时球体虚拟框在渲染后具有燃烧的效果，如图 12-56 所示。

图 12-55　缩放后的辅助半球体　　　　图 12-56　渲染后的火焰效果

❼给蜡烛主体和烛芯添加贴图，并添加装饰物。贴图不是本章的重点，所以这里不再详细讲解，仅给出效果图，如图 12-57 所示。

❽蜡烛制作完毕。

图 12-57　贴图后燃烧着的蜡烛效果

12.7 课后习题

1. 填空题

（1）环境设置中三种雾的效果，分别为_____、_____和_____。

（2）环境设置中有_____种添加效果：_____、_____。

（3）燃烧效果中火焰分为_____和_____两种。

（4）泛光灯的容积光效果是_____。

2. 问答题

（1）如何进入环境控制对话框？

（2）怎样进行环境贴图？

（3）如何使层雾的边缘与场景有机地融合在一起？

（4）体积光有哪几种类型？各有何特点？

3. 操作题

（1）创建一个简单的场景，为场景背景贴图。

（2）在透视图中创建简单场景，并创建标准雾，调试标准雾参数，观察环境效果。

（3）在透视图中创建简单场景，并创建分层雾，调试分层雾参数，观察环境效果。

（4）在透视图中创建简单场景，并创建体积雾，调试体积雾参数，观察环境效果。

（5）在透视图中创建简单场景，并创建各种灯光的体积光，观察环境效果。

（6）制作特效，模拟太阳。

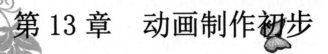

第 13 章　动画制作初步

　　强大的动画制作功能是 3ds Max 2020 在各种三维动画制作软件中脱颖而出的原因之一。用户可以展开想象力，构思各种奇妙的动画。这些动画基本上都能在 3ds Max 中实现。但要实现特别复杂的动画，用户必须付出艰辛的劳动与努力。本书作为入门教程，就是要为读者制作复杂动画打好基础。通过本章的学习，读者可以具备进行动画初步设计的能力。

　　➢ 动画制作的基本方法
　　➢ 利用轨迹视图编辑轨迹线
　　➢ 动画控制器的应用

13.1　动画的简单制作

13.1.1　各按钮的功能说明

　　在制作关键帧动画时，经常用到动画控制面板，如图 13-1 所示。面板的内容已经在前面章节中作了介绍，这里就不再赘述。请读者对照前面的章节，熟悉这些按钮的作用。这些都是制作动画的基础。

图 13-1　动画控制面板

13.1.2　时间配置对话框

　　默认情况下，3ds Max 2020 显示的时间只有 100 帧，如果要制作更长时间的动画，就需要用到时间配置框，下面简单介绍时间配置框的使用。

　　单击时间配置框，此时弹出【Time Configuration】（时间配置）对话框，如图 13-2 所示。

　　其中最常用到的就是动画时间的设定：【Start Time】（开始时间）表示开始时间

或位置，【End Time】（结束时间）表示结束时间或位置，【Length】（长度）表示动画的时间或者帧的长度。单击【Re-scale Time】（重缩放时间）按钮，在弹出的对话框中可以对【Animation】（动画）中的三个值进行更新设置。

关键帧步幅设置：在关键帧步幅设置选项组中，用来设置包括各种形式的变换关键帧，并贯穿整个动画始终。

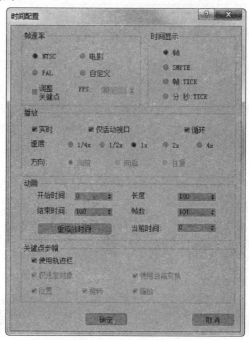

图 13-2　时间配置对话框

📖13.1.3　制作简单的动画效果

❶单击【File】(文件)菜单中的【Reset】（重置）命令，重新设置系统。

❷进入【Create】（创建）命令面板，在【顶】（Top）视图中创建一个圆柱体。并将高的段数设为 10。透视图中如图 13-3 所示。

❸单击【Time Configuration】(时间配置)按钮，将【End Time】（结束时间）设为 200。单击【Auto Key】（自动关键点）按钮，开始记录关键帧。

❹单击选中圆柱体，拖动时间条到第 20 帧，进入【Modify】（修改）命令面板，在【Modifers List】（修改器列表）中按 B 键快速选择【Bend】（弯曲）修改器。此时圆柱体参数面板跳转至弯曲参数面板。

❺在前视图中选定 Z 轴，将圆柱绕着 Z 轴弯曲 180°，从透视图中观察效果，如图 13-4 所示。

❻拖动时间条到第 40 帧，进入【Modify】（修改）命令面板，将弯曲参数卷展栏下的弯曲方向设为 360。

❼拖动时间条到第 100 帧，进入【Modify】（修改）命令面板，将弯曲参数卷展栏下的弯曲角度设为 0，弯曲方向设为 0。圆柱复原。

❽拖动时间条到第 120 帧，进入【Modify】（修改）命令面板，在【Modifers List】

（修改器列表）中按 T 键快速选择【Taper】（锥化）修改器。此时圆柱体参数面板跳转至锥化参数面板。

图 13-3　创建动画对象

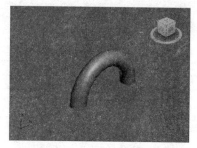

图 13-4　第 50 帧圆柱状态

❾将锥化参数卷展栏下的【Amount】（数量）值设为 2，【Curve】（曲线）值设为 5，效果如图 13-5 所示。

❿拖动时间条到第 160 帧，进入【Modify】（修改）命令面板，将锥化数量设为-2，锥化曲率设为 8。此时效果如图 13-6 所示。

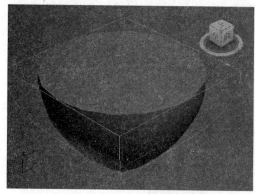

图 13-5　第 120 帧时的形状

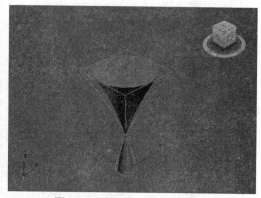

图 13-6　第 160 帧时的形状

⓫拖动时间条到第 200 帧，在主工具栏上选取不均匀缩放工具，将变形体压缩成如图 13-7 所示形状。

⓬单击关闭【Auto Key】（自动关键点）按钮，完成动画制作。

⓭单击【Play Animation】（播放动画）按钮▶，然后单击【Perspective】（透）视图，将看到圆柱体在设置参数之后产生变形效果。图 13-8 所示为两次锥化过渡之间的一帧。

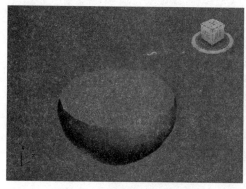

图 13-7　第 200 帧时的形状

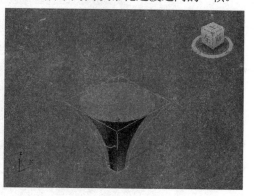

图 13-8　两次锥化过渡之间的一帧

13.2 使用功能曲线编辑动画轨迹

从上面的例子我们大致了解了制作动画的基础知识，学会了在特定关键帧改变物体的状态，但是我们对关键帧之外的物体运动轨迹无从知晓。现在，就来学习轨迹视图的应用。从这里可以清楚地看到物体运动的轨迹曲线。下面举例介绍。

❶单击【File】(文件)菜单中的【Reset】(重置)命令，重新设置系统。

❷进入【Create】(创建)命令面板，按下【Geometry】(几何体)按钮，展开【Object Type】(对象类型)卷展栏，在透视图中创建一个球体。

❸激活【Front】(前)视图，单击【Auto Keys】(自动关键点)按钮进行动画录制。

❹将时间滑块拉到30帧，将球体拖到任意一个目所能及的位置。

❺将时间滑块拉到70帧，将球体拖到另一个位置。

❻将时间滑块拉到100帧，将球体再拖到另一个位置。上面的位置读者可自行调整。

❼单击【Auto Keys】(自动关键点)按钮，关闭动画录制。激活透视图，观察球体运动的动画。

❽选中球体，单击【Display】(显示)命令面板，打开【Display Properties】(显示属性)卷展栏，选中【Motion Path】(运动路径)复选框，此时，各视图中出现小球运动的轨迹线，如图13-9所示。

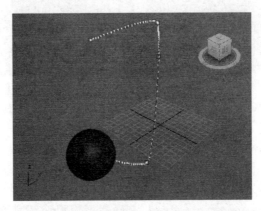

图13-9 小球的运动轨迹线

❾选中小球，单击主菜单栏上的【Curve Editor】(曲线编辑器)，在子菜单下选择【Track View-Curve Editor】(轨迹视图-曲线编辑器)，打开轨迹视图窗口，如图13-10所示。

图13-10 轨迹视图窗口

⑩可以看到，轨迹视图主要分为 5 个部分，分别是菜单栏、工具栏、项目窗口、编辑窗口、状态及视图控制窗口。其中编辑窗口显示出了小球运动三个方向的曲线。这些命令都比较简单，这里不详细介绍。

⑪单击左侧项目窗口中的任一球体位置坐标，如图 13-11 所示。相应方向上的运动曲线及关键帧（曲线上的小方块）就会显示出来，我们这里选择 Z 方向，则视图中显示 Z 方向的运动曲线，如图 13-12 所示。

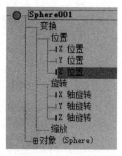

图 13-11　选择 Z 方向

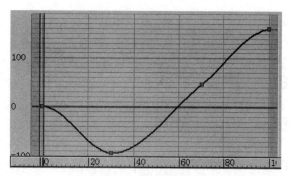

图 13-12　Z 方向上的运动曲线

⑫单击任意一个关键帧，关键帧变成白色，表示其已经被选中。单击工具栏上的【Move Keys】（移动关键帧）按钮，就可以采用单击拖动的方式移动关键帧了。移动时的图形，如图 13-13 所示。

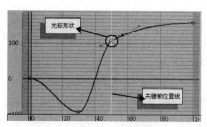

图 13-13　移动关键帧

⑬如果要增加关键帧，只需选择【Add Key】（添加/关键帧）按钮，在曲线上的适当位置单击即可，如图 13-14 所示。增加了关键帧，利用移动工具就可创建需要的运动轨迹曲线了。

⑭如果要删除关键帧，只需选中关键帧，然后按 Delete 键就可以了。

⑮轨迹视图还可设置复杂的动画，这里就不再详述。读者应多调试，并结合动画播放工具，适时观察调整的结果。

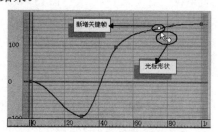

图 13-14　增加关键帧

13.3 使用控制器制作动画

13.3.1 线性位置控制器

❶单击【File】(文件)菜单中的【Reset】（重置）命令，重新设置系统。

❷进入【Create】(创建)命令面板，按下【Geometry】(几何体)按钮，展开【Object Type】（对象类型）卷展栏，在顶视图中创建一个球体。

❸激活前视图，单击【Auto Keys】（自动关键点）按钮进行动画录制。将时间滑块拉到第 30 帧，拖动物体在 X 轴向右移动 40 个单位，在 Y 轴向上移动 40 个单位。

❹将时间滑块拉到 70 帧，将物体沿 X 轴向右移动 50 个单位，再向下移动 40 个单位。

❺将时间滑块拉到 100 帧，将物体沿 X 轴向右移动 40 个单位，再向上移动 40 个单位。

❻在工具栏中打开【Motion】(运动)命令面板，选择【Motion Path】（运动路径）按钮。这时在视图中出现物体的移动路径，如图 13-15 所示。播放动画可以看到物体沿路径前进。

❼进入【Track View-Curve Editor】(轨迹视图-曲线编辑器)对话框，可以在左侧的列表中选择【Position】（位置），可以在右侧视图区看到物体的运动曲线，运动曲线为光滑模式，如图 13-16 所示。

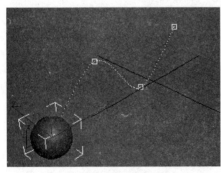

图 13-15 显示移动路径

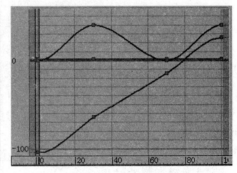

图 13-16 原始轨迹视图

❽右击【Position】(位置)，在弹出的快捷菜单中选择【Assign Controller】(指定控制器)命令，在弹出的对话框中选择【Linear Position】（线性位置）。这时【Track View-Curve Editor】(轨迹视图-曲线编辑器)的视图区中，运动曲线变成直线形式，如图 13-17 所示。

❾还可以通过依次选中各关键点，再单击工具栏中的 ，达到同样的效果。或者依次选中各关键点，在关键点上单击右键，在弹出的对话框中也可以更改运动曲线的类型。

❿在透视图中观察动画效果，并显示轨迹线。发现小球的运动路径已经不再平滑，

呈线性运动，如图 13-18 所示。

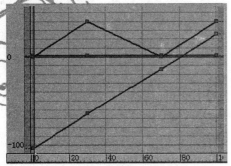

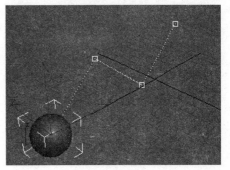

图 13-17　加入线性位置控制器后　　　　图 13-18　加入线性控制器后透视图中的轨迹

13.3.2　路径限制控制器

这个控制器在前面曾经用到过，它是一个应用很广泛、很简单的控制器。

❶单击【File】(文件)菜单中的【Reset】(重置)命令，重新设置系统。

❷进入【Create】(创建)命令面板，在视图中创建如图 13-19 所示的动画场景。

❸选中茶壶，单击主菜单栏上的【Curve Editor】(曲线编辑器)，弹出【Track View-Curve Editor】(轨迹视图-曲线编辑器)，在左侧层次列表中右击【Position】(位置)选项，右击在弹出的快捷菜单中选择【指定控制器】命令，弹出的对话框中选择【Path Constraint】(路径约束)控制器。层次列表改变如图 13-20 所示。

图 13-19　创建动画场景　　　　图 13-20　添加路径限制控制器后层次列表

❹进入【Motion】(运动)命令面板，按下【Parameters】(参数)按钮，在【Path Parameters】(路径参数)卷展栏下单击【Add Path】(添加路径)，在视图中单击椭圆形曲线。观察透视图中茶壶的位置已经被限制在椭圆形曲线上了，如图 13-21 所示。

❺单击动画播放按钮，观看动画，可以看到茶壶沿椭圆形曲线运动的情况。

❻在参数区中勾选【Follow】(跟随)选项，再次播放动画，发现茶壶沿着路径运动的同时，自身方向也发生变化，如图 13-22 所示。

❼在参数区中勾选【Bank】(倾斜)选项，然后设置【Bank Amount】(倾斜量)值为-1.5，播放动画，可以看到茶壶受到向心力的影响，发生了倾斜变化，如图 13-23 所示。

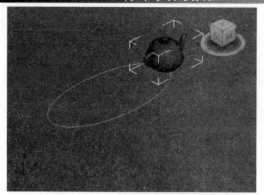

图 13-21　处于椭圆路径上的茶壶

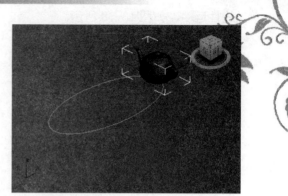

图 13-22　勾选跟随选项时的效果

图 13-23　勾选倾斜选项时的变化

13.3.3　朝向控制器

❶单击【File】(文件)菜单中的【Reset】(重置)命令，重新设置系统。

❷进入【Create】(创建)命令面板，在视图中创建如图 13-24 所示的动画场景。其中的鸟头可以用一个锥体和两个小球通过【Group】(成组)命令创建而成。

❸选中小球，单击主菜单栏上的【Curve Editor】(曲线编辑器)，在子菜单下选择【Track View-Curve Editor】(轨迹视图-曲线编辑器)，在左侧层次列表中右击【Position】(位置)选项，在弹出的快捷菜单中选择(指定控制器)命令，弹出的对话框中选择【Path Constraint】(位置约束)控制器。

❹进入【Motion】(运动)命令面板，按下【Parameters】(参数)按钮，在【Path Parameters】(路径参数)卷展栏下单击【Add Path】(添加路径)，在视图中单击圆形曲线。观察透视图中小球的位置已经被限制在圆形曲线上了，如图 13-25 所示。

❺选择鸟头，打开【Track View-Curve Editor】(轨迹视图-图形编辑器)，在左侧层次列表中右击【Rotation】(旋转)选项。在弹出的快捷菜单中选择【指定控制器】命令，在弹出的对话框中选择【Look At Constraint】(方向约束)控制器。

❻进入【Motion】(运动)命令面板，向下拉动参数区，在【Look At Constraint】(朝向限制)卷展栏中单击【Add LookAt Target】(添加方向目标)，然后单击视图中的球体，结果发现在球体和鸟头之间多了一条线连接，如图 13-26 所示。

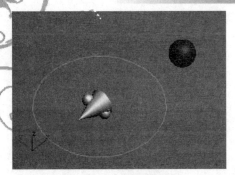

图 13-24　创建动画场景

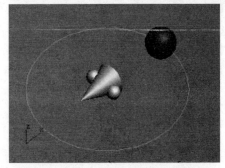

图 13-25　为小球添加路径控制器后的情况

❼如果希望鸟嘴指向小球，就可以在【Select LookAt Axis】（选择朝向轴向）下面勾选【Flip】（反向）选项。这时观察透视图，就得到了想要的结果，如图 13-27 所示。

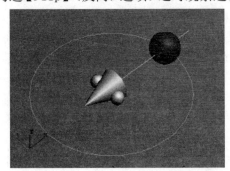

图 13-26　为鸟头添加朝向控制器

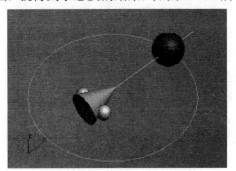

图 13-27　翻转朝向的方向

❽播放动画，观察鸟头看着小球运动的动画，如图 13-28 所示。

📖13.3.4　噪波位置控制器

❶单击【File】（文件)菜单中的【Reset】（重置）命令，重新设置系统。

❷进入【Create】（创建)命令面板，在视图中创建一个环形节，透视图中如图 13-29 所示。

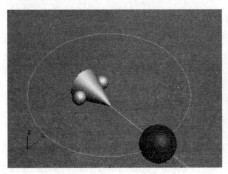

图 13-28　动画中的一帧

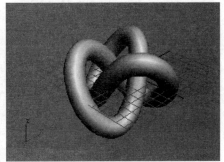

图 13-29　透视图中的环形节

❸选中环形节，单击主菜单栏上的【Curve Editor】（曲线编辑器），在子菜单下选择【Track View-Curve Editor】（轨迹视图-曲线编辑器），在左侧层次列表中右击【Position】（位置）选项。在弹出的快捷菜单中选择（指定控制器）命令，弹出的对话框中选择【Noise Position】（噪波位置）控制器。

❹在轨迹视图中观察环形节的扰动曲线，如图 13-30 所示。在透视图观看噪波扰动动画，发现环形节上下左右不规则地跳动。

❺如果对扰动不满意，可以在弹出的扰动控制对话框中改变相关参数。扰动控制对话框如图 13-31 所示。

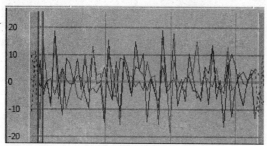

图 13-30　赋予噪波控制器后环形节的位置轨迹

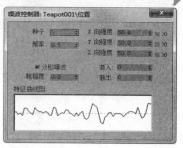

图 13-31　噪波控制器面板

❻在【Noise】（噪波）参数对话框中将【Frequency】（频率）更改为 0.2，可以看到运动曲线变得比较柔和了，如图 13-32 所示。在透视图中观察动画，发现环形节扰动也缓和了许多。

❼在【Noise】（噪波）控制器参数对话框中取消【Fractal】（分形噪波）选项复选框，可以看到运动曲线变得规则了，如图 13-33 所示。在透视图中观察动画，发现环形节扰动也比较有规律了。

❽还可设置对象在 X、Y、Z 轴的扰动强度。在【Noise】（噪波）参数对话框中，如果>0 复选框关闭，值域是从【Strength】（强度）/2 到-【Strength】（强度）/2；如果>0 复选框被选中，值域是从 0 到【Strength】（强度）。

❾若【Roughness】（粗糙度）值为 0，值域约按 10%的幅度增加；若【Roughness】（粗糙度）值为 1，值域约按 100%的幅度增加。【Ramp in】（渐入）和【Ramp out】（渐出）表示阻尼值域起始和终止处的噪波量。

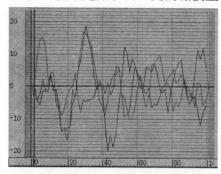

图 13-32　调整频率后的曲线

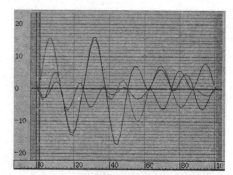

图 13-33　取消不规则复选框后的曲线

❿可自行调试其他参数，理解噪波控制器的用法。需要说明的是，噪波控制器经常和其他控制器结合使用，从而模拟出现实中的真实效果。比如它和路径控制器结合使用，模拟汽车在路上上下颠簸的效果。初学者应多尝试。

📖13.3.5　位置列表控制器

❶单击【File】（文件)菜单中的【Reset】（重置）命令，重新设置系统。

❷进入【Create】（创建）命令面板，在视图中创建一个多面体和一条曲线。

❸选中多面体，单击主菜单栏上的【Curve Editor】（曲线编辑器），在子菜单下选择【Track View-Curve Editor】（轨迹视图-曲线编辑器），在左侧层次列表中右击【Position】（位置）选项，在弹出的快捷菜单中选择（指定控制器）命令，弹出的对话框中选择【Path Constraint】（路径约束）控制器。

❹进入【Motion】（运动）命令面板，按下【Parameters】（参数）按钮，在【Path Parameters】（路径参数）卷展栏下单击【Add Path】（添加路径），在视图中单击曲线。为多面体添加曲线路径，添加路径控制后的透视图如图 13-34 所示。

❺在左侧层次列表中选择【Position】（位置）项。此时可以看见运动曲线。如图 13-35 所示。在右键菜单中选择【Assign Controller】（指定控制器）命令，在弹出的对话框中选择【Position List】（位置列表）控制器。

图 13-34　添加路径控制器后的透视图

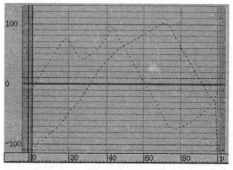
图 13-35　添加路径限制控制器后的位置曲线

❻当添加【Position List】（位置列表）控制器时，3ds Max 2020 在【Position】（位置）轨迹上增加两个子控制器，将初始的【Position】（位置）控制器移到第一个轨迹上，并在它的下面放置一个【Available】（可用）轨迹。【Available】（可用）轨迹是一个指示器，表明在【Linear Position】（曲线位置）轨迹层次级别上可以增加更多的轨迹，如图 13-36 所示。

❼单击【Available】（可用），单击右键，在快捷菜单中选择【Assign Controller】（指定控制器）。从弹出的对话框中选择【Noise Positon】（噪波位置）。这时弹出噪波控制器对话框，如图 13-37 所示。在对话框中可以更改数值，从而更改【Noise Position】（噪波位置）在运动中的振幅。

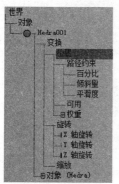
图 13-36　添加位置列表控制器后的层级列表

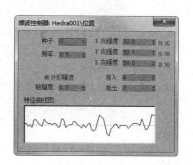
图 13-37　列表控制框

❽在左侧层次列表中选择【Noise Positon】（噪波位置）项。在右键菜单中选择【Assign Controller】（指定控制器）选项，在弹出的对话框中调整【Noise Positon】（噪波位置）曲线，如图 13-38 所示。

❾在左侧层次列表中单击【Positon】（位置）项。观察合成运动曲线，如图 13-39 所示。在透视图中观看动画，观察效果。

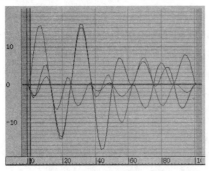

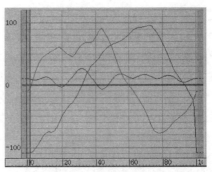

图 13-38　噪波位置曲线　　　　　　　图 13-39　合成运动曲线

📖13.3.6　表达式控制器

前面介绍的几个控制器都是设定参数或时间，由计算机自动套用公式来进行插值计算，我们也可以自己定义表达式，从而使动画制作达到相当精确的程度。

❶单击【File】（文件）菜单中的【Reset】（重置）命令，重新设置系统。

❷进入【Create】（创建）命令面板，在视图中创建一个长方体、一个球体和一个多面体。并用关键帧动画的方法给长方体和球体制作简单动画。动画轨迹如图 13-40 所示。

❸选中长方体，单击主菜单栏上的【Curve Editor】（曲线编辑器），在子菜单下选择【Track View-Curve Editor】（轨迹视图-曲线编辑器），在左侧层次列表中右击【Position】（位置）选项。在弹出的快捷菜单中选择【指定控制器】命令，弹出的对话框中选择【Position XYZ】（位置 XYZ）控制器。

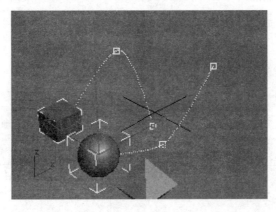

图 13-40　长方体与球体运动轨迹线

❹用同样方法，给球体赋予位置 XYZ 控制器。

❺选中多面体，单击主菜单栏上的【Curve Editor】（曲线编辑器），在子菜单下

选择【Track View-Curve Editor】（轨迹视图-曲线编辑器），在左侧层次列表中右击
【Position】（位置）选项。在弹出的快捷菜单中选择【指定控制器】命令，在弹出的
对话框中选择【Position Expression】（位置表达式）控制器。此时弹出表达式控制器
对话框，如图 13-41 所示。

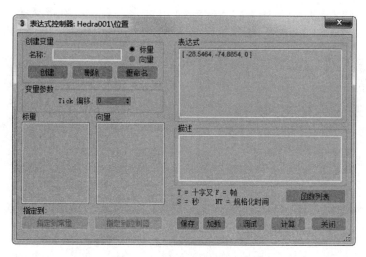

图 13-41　表达式控制器对话框

❻在【Name】（名称）区输入 boxX，代表多面体对象的 X 轴坐标值，单击【Creat】
（创建）按钮。

❼单击面板底下的【Assign to Controller】（指定到控制器）按钮，弹出【Track
View Pick】（轨迹视图拾取）对话框，如图 13-42 所示。在其中找到多面体的【X Position】
（X 位置），选中后单击【OK】（确定）按钮。这样就完成了一个变量的创建。

❽用同样方法，完成长方体和球体其他变量的创建。最后的结果如图 13-43 所示。

❾在【Description】（描述）区域输入对表达式的简要说明，以便理解。然后单
击【Evaluate】（计算）按钮，计算表达式的值。

图 13-42　轨迹视图拾取对话框

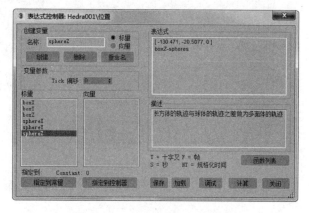

图 13-43　创建好的表达式对话框

❿单击【Save】（保存）按钮，将对话框中的内容保存。显示三个对象的运动轨迹
线，观察表达式控制器的作用效果，如图 13-44 所示。

13.4 实战训练——篮球入篮

通过上面的学习，我们掌握了很多动画制作的技巧，现在就来看看如何利用学到的知识制作精彩的动画。下面的例子是一个篮球入栏的动画。

❶单击【File】(文件)菜单中的【Reset】(重置)命令，重新设置系统。

❷进入【Create】(创建)命令面板，在视图中创建如图 13-45 所示的场景。

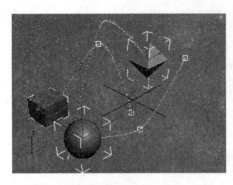
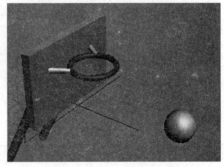

图 13-44　表达式控制器作用效果　　　　图 13-45　篮球及框架场景

❸在左视图创建一条轨迹曲线，作为球入网时的路径，如图 13-46 所示。

❹选中球体，单击主菜单栏上的【Curve Editor】(曲线编辑器)，在子菜单下选择【Track View-Curve Editor】(轨迹视图-曲线编辑器)，在左侧层次列表中右击【Position】(位置)选项，在弹出的快捷菜单中选择【指定控制器】命令，在弹出的对话框中选择【Path Constraint】(路径约束)控制器。

❺进入【Motion】(运动)命令面板，按下【Parameters】(参数)按钮，在【Path Parameters】(路径参数)卷展栏下单击【Add Path】(添加路径)，在视图中单击椭圆形曲线。观察透视图中篮球的位置已经被限制在轨迹曲线上了，如图 13-47 所示。

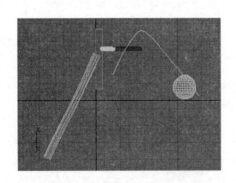
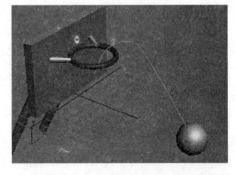

图 13-46　绘制入网轨迹曲线　　　　图 13-47　给篮球添加路径控制器

❻在参数区中勾选【Follow】(跟随)选项，播放动画，观察篮球入网的精彩瞬间。

13.5 课后习题

1. 填空题

（1）生成动画预览的命令是_____。

（2）【Track View-Curve Editor】（轨迹视图-曲线编辑器）的层级区有_____、_____和_____等几个主要的层级。

（3）使物体沿固定曲线移动的控制器是_____。

（4）使物体一直面向目标物体的控制器是_____。

2．问答题

（1）什么是关键帧？什么是关键帧动画？

（2）如何打开轨迹视图？轨迹视图有什么作用？

（3）动画控制器大概分为哪几类？

（4）噪波控制器的应用步骤有哪些？

3．操作题

（1）利用关键帧动画制作一段简单动画。

（2）利用路径限制控制器制作足球射门的动画。

（3）创建简单对象，练习使用噪波位置控制器制作动画的方法。

（4）创建简单对象，练习使用线性位置控制器制作动画的方法。

（5）创建简单对象，练习使用朝向控制器制作动画的方法。

第 14 章　渲染与输出

教学目标

创建三维模型并为它们赋予模拟真实的材质后，最终的目的是要渲染成效果图，或者是输出一个动画视频文件，这样才能把我们设计的动作、材质和灯光效果完美地表现出来。渲染在建模过程中会经常用到。后期制作合成是在做好动画之后，为其添加片头、片尾、各种特效等合适的要素，使作品更加完美，符合人们的视觉要求。本章就来介绍渲染工具的使用以及后期合成的使用。

教学重点与难点

➢ 渲染场景工具的使用
➢ 静态图像的合成
➢ 动态视频的合成

14.1　渲染工具的使用

3ds Max 提供了一系列选项用来渲染静态图像。工具栏中有四个图标：【Render Setup】（渲染设置）、【Rendered Frame Window】（渲染帧窗口）、【Render Production】（渲染产品）和【Render in the Cloud】（在线渲染）。快速渲染下还有两个按钮【Rendering Iteration】（渲染迭代）和【ActiveShade】（着色渲染）。

14.1.1　使用快速渲染工具

❶单击【File】（文件）菜单中的【Reset】（重置）命令，重新设置系统。

❷打开【File】（文件）菜单，选择【Open】（打开），选择一个以前做好的场景文件。这里选择一个电脑（光盘中的源文件/14 章/电脑.max）文件，如图 14-1 所示。读者可任意选择。

❸单击工具栏上的【Render Production】（渲染产品）按钮，结果如图 14-2 所示。

❹常用到的按钮有保存、复制、颜色控制及删除按钮。

❺单击【Save Bitmap】（保存图像）按钮，此时弹出保存对话框，如图 14-3 所示。输入文件名，选择保存类型和文件路径将文件保存。

❻单击【Clone Renderd Frame Window】（克隆渲染帧窗口）按钮，此时，渲染窗体就被复制出一份，结果如图 14-4 所示。

❼颜色控制按钮控制图像的显示方式。默认情况下，三个颜色的按钮均处于按下状

态，单击【Enable Red Channel】（启用红色通道），使其处于弹起状态，则红色通道关闭，观察颜色的变化，如图 14-5 所示。

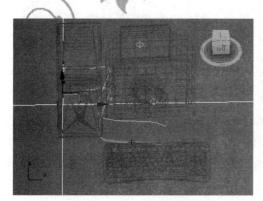

图 14-1 调入场景文件

图 14-2 快速渲染后的场景

图 14-3 保存图像对话框

图 14-4 复制渲染窗体

❽关闭【Enable Blue Channel】（启用蓝色通道），仅使前面两个通道起作用，观察图像颜色的变化，如图 14-6 所示。

图 14-5 关闭红色通道

图 14-6 关闭蓝色通道

其他命令都比较简单，这里不再详细介绍。

14.1.2 使用渲染场景工具

❶单击【File】（文件）菜单中的【Reset】（重置）命令，重新设置系统。

❷打开【File】菜单，选择【Open】（打开），选择一个以前做好的场景文件。这里选择一个亭子（光盘中的源文件/14 章/亭子.max）的文件，读者可任意选择。

❸单击工具栏上的【Render Setup】（渲染设置）按钮，此时弹出渲染对话框，如图 14-7 所示。

❹在渲染对话框中，默认情况下为渲染一帧，对动画而言，可以设置渲染的帧范围。在这里也可以设置输出的尺寸、选项等高级参数。

❺设置好各项参数后，单击右上方的【Render】（渲染）按钮，即可看到渲染而成的图片，如图 14-8 所示。

图 14-7　渲染设置对话框

图 14-8　渲染场景后的图片

14.2　后期合成

14.2.1 静态图像的合成

❶单击【File】（文件)菜单中的【Reset】（重置）命令，重新设置系统。

❷打开【File】（文件）菜单，选择【Open】（打开），选择一个以前做好的场景文件。这里选择苹果文件（光盘中的源文件/14 章/苹果.max）。为了控制方便，添加一架摄像机。调好的摄像机视图如图 14-9 所示。

❸选择菜单【Rendering】（渲染）/【Video Post】（视频后期处理）打开视频后期处理对话框，此时对话框左边的导航栏中只有【Queue】（队列）选项，如图 14-10 所示。

❹单击视频后期处理对话框工具栏上的【Add Image Input Event】（添加图像输入事件）按钮，添加一个图片输入事件。在弹出的对话框中选择一幅如图 14-11 所示的图片（光盘中的源文件/贴图/ MEADOW1.jpg）作为场景的背景。

❺单击视频后期处理对话框工具栏上的【Add Scene Event】（添加场景事件）按钮打开添加场景事件对话框。在弹出的对话框中选择 Camera01，作为当前场景载入。

❻单击视频后期处理对话框工具栏上的【Add Image Input Event】（添加图像输入事件）按钮，添加一个图片输入事件。在弹出的对话框中选择一幅如图 14-12 所示的图片（光盘中的源文件/贴图/ nangua.jpg）作为场景的前景。此时，后期制作对话框中左侧的层级列表如图 14-13 所示。

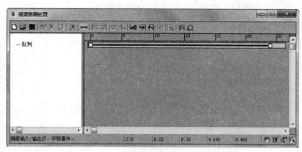

图 14-9　摄像机视图中的苹果文件　　　　图 14-10　视频后期处理对话框

图 14-11　背景图片　　　　　　　图 14-12　前景图片

❼按住 Ctrl 键单击视频后期处理对话框工具栏左侧层级列表中的 MEADOW01.JPG 和 Camera01 层级。单击后期制作对话框工具栏中的【Add Image Layer Event】（添加图像层事件）按钮，此时弹出对话框。

❽在【Layer Plug-In】（层插件）的下拉列表中选择【Alpha Compositor】（Alpha 合成器）类型，单击【OK】（确定）键完成图层添加。添加后的层次列表如图 14-14 所示。

❾在视频后期处理对话框工具栏左侧层级列表中双击 nangua.jpg 层级，打开编辑输入图片事件对话框，如图 14-15 所示。

❿单击【Option】（选项），弹出图像输入属性对话框。选中【Custom Size】（自定义大小）复选框，并适当调整图片大小。图片输入属性对话框如图 14-16 所示。

299

　　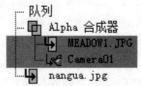

图 14-13　层级列表　　　　　图 14-14　添加图层后的层级列表

⓫激活摄像机视图，适当调整苹果在摄像机视图中的位置。

⓬单击工具栏上的【Execute Sequence】（执行序列）按钮渲染场景。在弹出的对话框中设置输出图像的尺寸。然后单击【Render】（渲染）按钮，合成的结果如图 14-17所示。

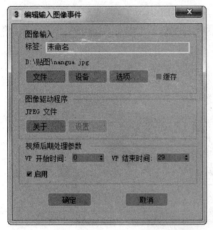　　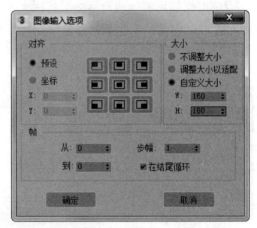

图 14-15　编辑输入图像事件对话框　　　　图 14-16　图片输入属性对话框

图 14-17　图像合成的结果

14.2.2　动态视频合成

在进行动态视频合成之前，需要先确定视频的总体情节。本例中的情节是这样的：首先出现一个开始的字幕，随着字幕的消失，动画开始播放，动画播放结束时，出现结束字幕。下面举例介绍。

❶单击【File】（文件)菜单中的【Reset】（重置）命令，重新设置系统。

❷打开【File】（文件)菜单，选择【Open】（打开），选择一个以前做好的动画文件。这里选择 13.3.3 节中的动画文件（光盘中的源文件/14 章/朝向动画.max），调整后的摄

像机视图如图 14-18 所示。读者可任意选择。

图 14-18　打开动画文件

❸选择菜单【Rendering】（渲染）│【Video Post】（视频后期处理）打开视频后期
处理对话框，此时对话框左边的导航栏中只有【Queue】（队列）选项，如图 14-19 所示。

❹单击视频后期处理对话框工具栏上的【Add Image Input Event】（添加图像输
入事件）按钮添加一个片头图片。这个图片可以在 3ds Max 中制作，也可以用其他绘
图软件制作，这里是在 3ds Max 中完成的，读者可直接使用光盘中的贴图/start.bmp
文件，如图 14-20 所示。

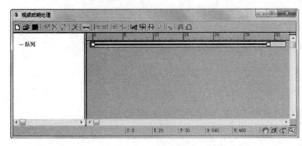

图 14-19　视频后期处理对话框　　　　　图 14-20　片头图片

❺单击视频后期处理对话框工具栏上的【Add Scene Event】（添加场景事件）按钮
打开添加场景事件对话框。在弹出的对话框中选择 Camera001，作为当前场景载入。

❻单击视频后期处理对话框工具栏上的【Add Image Input Event】（添加图像输入
事件）按钮添加一个片尾图片，此处用光盘中的贴图/end.bmp 文件，如图 14-21 所示。

❼单击工具栏上的【Add Image Output Event】（添加图像输出事件）工具按钮添
加图像输出事件，在弹出的对话框中单击 文件... 按钮选择输出图像的保存位置、文件名
和文件格式，然后单击【OK】（确定）按钮确定，如图 14-22 所示。

❽添加事件后的视频后期处理对话框如图 14-23 所示。

❾单击选中视频后期处理对话框左侧层级列表中的 start.bmp，使其处于蓝颜色选
中状态，此时右侧的范围条呈现红色。

❿单击工具栏上的【Add Image Filter Event】（添加图像过滤事件）按钮添加图
像过滤事件，此时弹出添加图像过滤事件对话框。在下拉列表中选择【Fade】（简单擦除）
选项，如图 14-24 所示。

图 14-21　片尾图片

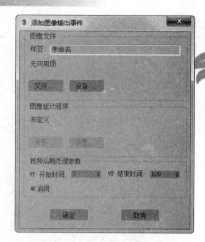

图 14-22　添加图像输出事件对话框

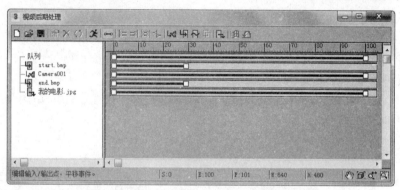

图 14-23　添加事件后的视频后期处理对话框

⓫单击【Setup】（设置）按钮，随后弹出简单擦除控制对话框，如图 14-25 所示。选择【In】（推入）选项，然后点击【OK】（确定）键结束简单擦除操作。

图 14-24　添加图像过滤事件对话框

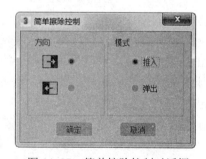

图 14-25　简单擦除控制对话框

⓬用同样的方法，为片尾图片添加简单擦除效果。

⓭添加效果后的视频后期处理对话框如图 14-26 所示。

⓮添加好了事件，剩下的事情就是调整各事件的时间范围了。选中 start.bmp 层级的范围条，点取其右端点，用鼠标拖动到第 30 帧的位置。提示：调整时应结合下面的状态栏，这样会精确地知道拖动到哪一帧。

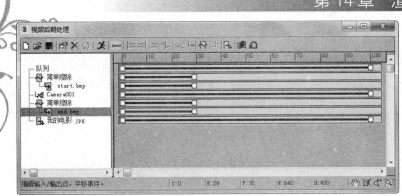

图 14-26　添加简单擦除效果后的视频后期处理对话框

⓯用同样的方法，拖动【Fade】（简单擦除）层级的范围条到第 30 帧的位置。

⓰选中 Camera001 层级的范围条。点取其左端点，用鼠标拖动到第 30 帧的位置；然后点取其右端点，用鼠标拖动到第 130 帧的位置。

⓱用同样的方法，将下面【Fade】（简单擦除）层级范围条和 end.bmp 层级范围条的左边端点拖动到第 130 帧，右边端点拖动到第 160 帧。

⓲将我的电影.jpg 层级范围条的右端点拖动到第 160 帧。

⓳调整好各事件时间范围的视频后期处理对话框，如图 14-27 所示。

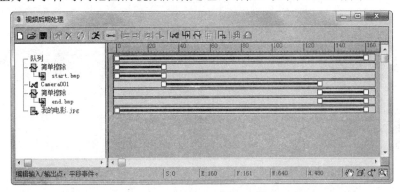

图 14-27　调整好各事件时间范围的视频后期处理对话框

⓴单击工具栏上的【Execute Sequence】（执行序列）按钮渲染场景。在弹出的对话框中设置渲染的帧数从 0～160。然后单击【Render】（渲染）按钮，渲染中的部分帧如图 14-28 所示。

图 14-28　渲染中的部分帧

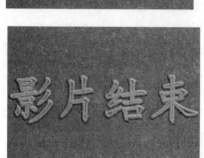

图 14-28　渲染中的部分帧（续）

14.3　课后习题

1．填空题

（1）渲染方式有＿＿＿、＿＿＿、＿＿＿和＿＿＿。

（2）Video Post 的工作元素有：＿＿＿、＿＿＿、＿＿＿和＿＿＿等。

（3）3d max 系统默认的图像过滤器有＿＿＿、＿＿＿等几种类型。

2．问答题

（1）如何设置渲染图像的尺寸？

（2）如何设置渲染动画的帧数范围？

（3）如何输出渲染动画到文件？

（4）静态图像合成的一般步骤是什么？

（5）动态视频后期合成的一般步骤是什么？

3．操作题

（1）创建简单对象，利用不同的渲染工具进行渲染。

（2）找到【Video Post】（视频后期处理）对话框，熟悉操作界面及其功能。

（3）调用自己做好的一段动画，尝试后期合成与输出，制作一段小电影。

部分习题答案

第1章 填空题

（1）片头广告　影视特效　建筑装潢　游戏开发

（2）combustion

（3）character studio

第2章 填空题

（1）三维造型　灯光

（2）线　关键点

（3）名字

（4）实例

第3章 填空题

（1）点层次　线段层次

（2）【Corner】　【Bezier Corner】

（3）差集　交集

（4）一半

第4章 填空题

（1）10

（2）13

（3）3

（4）6

（5）4

第5章 填空题

（1）按路径放样　按截面放样

（2）Scale（缩放）　Twist（扭曲）　Teeter（轴向变形）　Bevel（倒角）　Fit（适配变形）

（3）并集　差集　交集和剪切

（4）九　Boolean（布尔运算）　Loft（放样）　Scatter（离散）

（5）Ctrl

（6）【Mesh Smooth】

第6章 填空题

（1）点曲线　CV曲线

（2）结构网格　曲线　从属格线

（3）通用卷展栏　显示线参数卷展栏　曲面近似卷展栏

（4）产生牵引和排斥的效果

第7章 填空题

（1）创建参数　通过物体修改编辑器　变换　空间变形结合

（2）锁定堆栈　显示最终结果开/关按钮　独立　删除编辑修改器

（3）节点　边界　面　多边形　元素

（4）从修改器堆栈中进入　在Selection卷展栏中单击子物体按钮

第 8 章 填空题

（1）3×2

（2）热材质　暖材质　冷材质

（3）7

（4）由若干材质通过一定方法组合而成的材质

第 9 章 填空题

（1）4

（2）12

（3）Opacity 贴图通道

（4）Self-Illumination 贴图通道

（5）6

第 10 章 填空题

（1）6　泛光灯　目标聚光灯　自由聚光灯　目标平行光灯

（2）泛光灯

（3）目标摄像机　自由摄像机　物理摄像机

（4）摄像机　目标

第 11 章 填空题

（1）Bomb 变形体

（2）Ripple 变形体

（3）6

（4）雪　飞沫

第 12 章 填空题

（1）标准雾　分层雾　体雾

（2）背景贴图　大气效果

（3）fireball　tendril

（4）产生光晕效果

第 13 章 填空题

（1）Make Preview（位于 Animation 菜单下）

（2）World（世界）　Sound（声音）　Video Post（视频通道）

（3）路径限制控制器

（4）朝向控制器

第 14 章 填空题

（1）渲染场景　快速渲染　渲染草图　着色渲染

（2）对象参数对话框　渲染场景对话框

（3）场景事件　图像输入事件　图像过滤器事件　图像分层事件

（4）衰减　辉光